개정판

Management & Commencement of

Food Service Business

최신 외식산업의 창업 및 경영

김은숙 · 한동여 공저

백산출판사

Preface_

21세기의 외식산업은 급속한 성장을 거듭하여 거대한 산업으로 발전하여 왔다. 국민소득과 여가시간의 증대로 급속히 증가하고 있는 외식산업은 선진국의 경제여건과 더불어 외식산업의 환경이 놀라울 정도로 그 범위와 규모가 커지고 있는 실정이다.

이렇게 변화하는 외식산업의 현상을 감안하여 이 책은 외식관련 분야를 전공하는 학생들이 좀 더 쉽게 접근하고 이해할 수 있도록 하였다.

외식산업의 발전과 함께 사회적 관심이 증가하고 학문적 관심 또한 증가하고 있으므로 외식산업과 관련된 학과가 많이 증설되는 것 또한 이 학문의 발전으로 연결되리라 예상하고 이에 따라 외식산업발전에 기여할 수 있는 여건 또한 조성될 것으로 보인다.

이 책의 구성은 크게 4개 영역으로 분류하였다. 제1부는 외식산업의 기초 부분으로 외식산업의 이해와 발전과정 및 외식산업의 환경요인들을 살펴보았고, 제2부는 외식산업의 경영관리 부분으로 외식산업의 창업과 상권분석 및 외식산업의 조직관리를 분석하여 외식산업의 창업현장에서 도움이 되도록 하였으며, 제3부는 외식산업의 마케팅 부분으로 외식산업과 서비스, 외식산업과 소비자행동, 외식산업과 고객만족경영을 통해서 실천적인 외식산업현장에 도움이 되고자 하였으며, 제4부는 외식산업의 운영실무 부분으로 외식산업의 운영지침과 메뉴관리, 외식산업의 식재료관리를 통한 현장 중심의 운영실무를 다루었다.

각 장마다 실질적인 사례들을 모아놓았기 때문에 외식산업과 관련된 분야를 공부하는 학생들뿐만 아니라 외식업체에서 근무하시는 실무자들에게 많은 정보를 제공하였기에 이 책이 외식산업에 대한 관심과 연구의 영역이 되기를 바라는 마음 간절하다.

향후 수정되어야 할 부분과 오류 및 부족한 부분은 보완·발전시켜 나갈 것임을 약속드립니다.

끝으로, 이 책의 출간을 흔쾌히 맡아주신 백산출판사의 진욱상 사장님, 진성원 상무님 그리고 편집부 김호철 부장님을 비롯한 편집부 여러분의 노고에 진심으로 감사드립니다.

저자 일동

Contents_

PART_1 외식산업의 기초

PART_2 외식산업의 경영관리

PART_3 외식산업의 마케팅

PART_4 외식산업의 운영실무

PART_1

외식산업의 기초

제1장_외식산업의 이해　제2장_외식산업의 발전과정　제3장_외식산업의 환경

외식산업의 이해

01 외식산업의 의의와 특징

1. 외식의 의의

최근 한국은 국민소득이 높아지고 삶의 질quality of life이 많이 향상되었다. 그래서 가정 밖에서 음식을 사먹는 외식활동이 자연스러운 일상생활의 한 부분이 되면서 외식에 대한 관심이 점차 높아지기 시작하였다.

국어사전의 의미를 살펴보면, 외식(外食)이란 "가정이 아닌 밖에서 음식을 사서 먹는 것"이라고 정의내리고 있다. 그러나 이러한 외식의 국어사전적인 정의만을 가지고 외식을 정의하기는 약간의 무리가 있다고 할 수 있다. 왜냐하면 외식과 관련한 다양한 업종과 업태의 등장, 식생활의 변화, 음식의 다양한 공급방법들, 외식업 관련 유통구조 변화 등으로 외식의 범위를 명확하게 규정하기 어렵기 때문이다.

일본의 한 외식산업 관련 연구소에서는 "가정 내에서 음식을 만들거나 먹는 가정 내 식생활은 내식, 가정 외에서 음식을 만들거나 먹는 가정 외 식생활은 외식"이라고 내식과 외식에 대한 정의를 구분하기도 하였다. 또한 최근에는 테이크아웃take out 형태의 외식업소에서 제공하는 요리를 가정 안에서 먹는 외식의 내식화 현상과 가정 내에서 인스턴트식품이나 배달음식을 제공받아 식사를 하는 내식의 외식화 현상이 두드러지고 있다고 말하고 있다.

도이 토시오는 "가정 외에서 식사를 하는 행동은 물론 가정 외에서 준비한 음식물을 가정 내에서 반조리 내지는 바로 먹을 수 있도록 준비한 음식물도 외식으로 인정해야 한다"며 외식의 범위를 보다 넓게 해석하고 있다. 그는 내식에 대하여 가정 내의 식사는 가정에서 조리가공을 하는 내식적 내식과 가정에서 일부 조리가공은 하지만 조리된 상품이나 반찬을 말하는 외식적 내식으로 내식을 구분하였다.

또한 외식에는 가정에서 먹을 수 있는 식사내용을 가정 외에서 간단하게 먹을 수 있도록 하는 배달도시락, 배달피자 등과 같은 대중적 식사를 내식적 외식으로 보았다. 반면에 외식적 외식은 그야말로 외식의 개념으로 맛있는 음식을 제공하는 전문 외식업소에서의 식사라고 표현하였다.

시오다 쵸애이는 외식이란 "먹는 것이나 마시는 것 등을 총칭하는 음식이라 말하고, 그 음식은 목적, 장소, 음식물의 내용, 공급자, 소비자 등 여러 가지 요인에 따라 가정 내와 가정 외를 구별하여 내식과 외식으로 구분하여 정의할 수 있다"고 하였다. 외식이라는 말이 가정 내에서의 생산과 소비에 투입되는 노동을 덜어준다는 목적을 포함한 개념이라면, 가정 외에서 생산된 것을 가정 내・외를 불문하고 먹는 경우를 어느 정도 외식에 포함시켜야 한다고 주장하였다. 따라서 인스턴트식품, 레토르트식품, 통조림, 냉동식품, 반조리제품 등을 외식에 포함시키는 것도 가능하다고 하였다.

이상에서와 같이 외식에 대한 여러 정의들을 종합해 보면, 외식이란 식생활, 식사, 음식 및 소비자의 식사형태, 장소 등이 가정 내에서 이루어지는지 아니면 가정 외에서 이루어지는지에 따라서 외식과 내식에 대한 정의를 내리는 것이 가장 일반적이라고 볼 수 있다.

현대적인 의미에서의 외식개념을 간략하게 정리하면, 〈표 1-1〉과 같다.

표 1•1 외식과 내식의 개념적 구분

구 분		특 징	예
내 식 (in-house)	내식적인 내식	・가정 내에서의 일상적인 식사형태 ・가정 내 직접 조리, 가공	・집에서 엄마가 해주시는 가정 식사
	외식적인 내식	・완제품, 반제품을 구입하여 가정 내에서 식사하는 형태	・출장연회, 배달음식으로 식사

외 식 (eating-out)	내식적인 외식	· 가정 내에서 조리한 음식을 외부에서 식사하는 형태	· 야유회에 가서 집에서 만든 김밥으로 식사
	외식적인 외식	· 외식업소에서 식사하는 형태	· 외식업소의 식사

〈표 1-1〉과 같이 내식과 외식은 겹치는 부분이 있고, 경계가 모호한 것이 있으므로 다음의 예를 통해 외식과 내식의 차이를 생각해 보는 것도 필요하겠다.

① 어머니께서 식품점에서 식품재료를 구입하셔서 집에서 요리를 하여 식구들이 함께 맛있게 먹었다.
② 어머니께서 식품점에서 식품재료를 구입하셔서 집에서 요리를 하여 대공원 가족나들이에서 먹었다.
③ 아버지의 승진을 축하하기 위하여 시내에 있는 패밀리레스토랑에서 온 식구가 저녁을 맛있게 먹었다.
④ 옆집 사는 친구가 나를 초대하여 식품점에서 사온 냉동피자를 오븐에서 요리하여 맛있게 먹었다.
⑤ 아버지께서 내 생일날 피자를 사오셔서 집에서 맛있게 먹었다.
⑥ 아버지께서 갑자기 친구들을 모시고 오셔서 어머니가 중국집에 전화하여 중국 음식을 배달시켜 접대를 하셨다.
⑦ 일식집에서 사온 초밥을 집에서 온 가족이 맛있게 먹었다.
⑧ 생선회집에서 배달하는 회를 주문하여 맛있게 먹었다.
⑨ 집에서 준비해 온 도시락을 학교 구내식당에서 맛있게 먹었다.

위의 예시와 같이 먹는 장소만을 기준으로 외식과 내식을 구분하면 ①, ⑤, ⑥, ⑦, ⑧은 내식, ②, ③, ⑨는 외식이다. 그리고 ④의 경우 친구는 내식, 초대받은 나는 외식을 한 것이다.

만약 구입한 식품재료의 상태와 장소, 조리한 장소, 그리고 소비한 장소 등을 고려하여 내식과 외식을 구분하면 피자집에서 사온 피자를 집에서 먹은 ⑤의 경우, 중국집에서 중국음식을 시켜 집에서 먹은 ⑥의 경우, 일식집에서 사온 초밥을 집에서 먹은 ⑦의 경우, 그리고 생선회집에서 배달된 회를 집에서 먹은 ⑧의 경우 음식을 생산한 장소는 외부(중국집, 일식집, 피자집, 생선회집 등)이고, 소비한 장소는 내 집이기 때문에 외식적 내식이다. 또한 도시락을 준비한 장소는 내 집이고 먹은 장소는 학교의 구내식당인 ⑨의 경우를 내식적 외식이라고 한다. 최근에는 외식과 내식의 중간형태를 중식이란 이름으로 구분하는 경우도 있다.

미니사례 1·1

눈 오면 파스타, 추우면 짬뽕 …
날씨 따라 바뀌는 '앱(App · 애플리케이션)의 입맛'

'맛집 앱' 통해 본 날씨와 음식

눈 올 땐 '로맨틱한 음식'
창밖 보며 분위기 낼 수 있는
이탈리아 식당 주로 찾아

'맛'보다 '편리함' 따지기도
갑자기 덥거나 추워지면
배달되는 중국음식 인기

추울 땐 삼겹살 · 국수도 인기
날씨 궂으면 체력 소모 커
고기 · 밀가루 등 찾게 돼
TV 등 통한 '학습효과'도

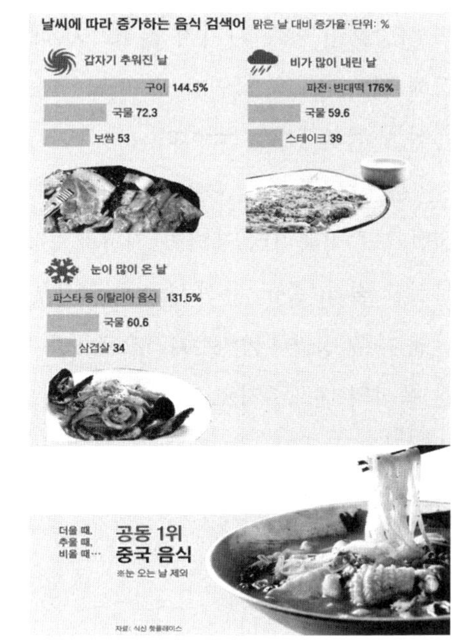

비가 오면 빈대떡이나 김치전이 생각난다는 사람들이 많다. 실제로 그럴까. 그리고 눈이 내릴 때, 갑자기 날씨가 추워지거나 더워질 때에는 사람들이 어떤 음식을 떠올릴까.

다운로드 횟수 60만회를 돌파한 맛집 애플리케이션 '식신 핫플레이스'가 날씨가 갑자기 변했을 때 검색이 급증하는 음식 또는 식당 관련 단어들을 뽑았다. 식신 핫플레이스는 메뉴나 음식점 이름 등으로 지역별 맛집을 검색하는 애플리케이션이다. 특정 시점에 어떤 검색어가 많이 등장하는지 분석해보면, 그때 사람들이 먹고 싶어 하는 음식이나 가고 싶은 음식점을 유추할 수 있다.

우선 기온이 올라가거나 떨어지고 비가 오는 등 날씨가 급격하게 변한 날 사람들은 '중국 음식'을 가장 많이 검색했다. 중국 음식은 눈 오는 날을 제외하고 모두 1~2위를 기록했다. 지난 1일 전국의 평균 기온이 영하 1.1도를 기록했다. 12월 초순 날씨로는 35년 만에 가장 추운 날 중 하루였다. 그날 중국 음식을 검색한 사람은 전날의 7.1배가 되면서 추운 날 검색량이 늘어난 단어 중 1위를 차지했다. 더운 날에도 상황은 마찬가지였다. 비 오는 날에는 '파전, 빈대떡'에 이어 2위를 기록했다. 식신 핫플레이스 측은 "갑자기 더워지거나 추워지면 사람들이 밖에 나가기 싫어하기 때문에 음식을 배달시켜 먹으려는 성향이 강해지는 것으로 보인다"고 해석했다. '맛'이 아니라 '편리함'에 이끌려 중국 음식을 검색했다는 것이다.

추운 날씨와 중국 음식의 밀접한 관계를 보여주는 통계는 더 있다. 기상청과 신한카드 빅데이터 센터가 지난해 1월부터 올해 8월까지 서울 요식업 매출을 분석한 결과, 중국 음식 매출은 맑은 날 하루 평균 11만 2000건이지만 눈 오는 날엔 하루 평균 12만 9000건으로 1만 7000여건 늘어난다. 중국 음식과 함께 배달 음식의 대표주자로 대접받는 피자도 같은 움직임을 보인다. 맑은 날 230만 3000건이던 피자 판매는 눈이 오면 346만 8000건으로 하루평균 116만 5000건 늘어났다. 박창훈 신한카드 DB마케팅팀장은 "날이 궂으면 배달 음식이 강세를 보인다"고 말했다.

✤눈 오는 날

가장 인기 있는 식당은 파스타 등을 파는 이탈리아 식당이다. '로맨틱한 분위기'가 강점이다. 11월부터 1월의 눈 오는 날엔 연말연시 분위기나 데이트를 즐기기 위해 이탈리아 식당을 검색하는 사람들이 많다. 식신 핫플레이스 서양민 대리는 "눈 오는 날엔 창 밖을 보면서 분위기를 내려는 사람들이 이탈리아 레스토랑을 많이 찾아본다"고 말했다. 그 뒤를 이어 따뜻한 국물 종류가 인기를 끌었다. 전골·샤부샤부 등 국물요리가 2위를 차지했다. 3위는 삼겹살이었다.

✤갑자기 기온이 뚝 떨어진 날

날씨가 급작스레 추워졌다고 느껴지는 날엔 불가에서 온기를 쬐며 먹는 음식이 인기다. 중국 음식 다음으로 추워진 날 가장 인기를 끈 음식은 삼겹살 ·

조개구이 같은 '구이' 종류였다. 맑은 날에 비해 144%가 증가했다. 그다음으로 국수나 전골 같은 따끈한 국물요리, 보쌈이 뒤를 이었다. 한파가 몰아친 지난 1일엔 겨울 제철 음식인 '굴'을 검색한 사람도 전날보다 2배로 늘었다.

❖비 오는 날

'파전, 빈대떡'이 맑은 날에 비해 176% 증가했다. 예부터 많이 들었던 내용 그대로였다. 배명진 숭실대 소리공학연구소장은 "오래전부터 부침개, 빈대떡 등을 먹어온 우리나라 사람들은 비 내리는 소리를 밀가루 반죽을 기름에 지지는 소리와 비슷하다고 생각한다"고 말했다. 2위는 전골 같은 국물요리, 3위는 스테이크였다.

갑자기 더워진 날에는 여름 대표 음식인 '냉면, 빙수, 삼계탕' 순으로 검색이 늘었다. 전문가들은 날씨 변화에 따라 생각나는 음식이 달라지는 것은 '학습효과' 덕이라고 분석한다. 이영은 원광대 식품영양학과 교수는 "'추울 땐 불 앞에서 먹는 음식이 최고' '겨울엔 굴' '비 오는 날엔 빈대떡'처럼 주변 사람이나 TV, 영화 등을 통해 날씨와 어울리는 음식에 대한 이야기를 늘 들어왔기 때문에 날씨 변화가 일어날 때 특정 음식을 연상하게 되는 것"이라고 말했다.

날씨가 급격하게 변할 때 음식을 먹으면서 '신체적 스트레스'를 해소한다는 분석도 있다. 황상민 연세대 심리학과 교수는 "'음식을 먹는 것'은 사람의 보편적인 스트레스 해소법"이라며 "날씨가 급격하게 변하면 몸이 날씨에 적응하려 하고, 적응 과정에서 오는 스트레스를 해소하는 방법으로 음식 먹기를 선택하는 것"이라고 말했다.

사람들이 찾는 음식 순위권에 '밀가루'와 '고기'요리가 빠지지 않는 이유도 있다. 바로 체력 보강 때문이라는 것이다. 이재동 경희대 한방병원 침구과장은 "기온 변화가 크고 날씨가 궂으면 몸이 날씨에 적응하려 하면서 체력 소모가 많이 일어난다"며 "밀가루 같은 탄수화물은 섭취했을 때 빠르게 에너지로 전환되고, 고기는 체력을 보완하는 데 도움이 되는 고단백 식품이기 때문에 몸이 자연스럽게 찾게 되는 것"이라고 말했다.

출처 : 조선일보, 2014. 12. 20일자

2. 외식산업의 의의

1) 외식산업의 의의

외식산업은 국가 전체 산업 중 큰 부분을 차지하고 있는 중요한 산업으로 외식서비스 산업이라고도 하며, 가정에서의 식사 범위를 벗어나 음식과 음료를 생산하고 제공하는 다양한 외식경영활동의 본질적인 요소를 포함하고 있다. 즉 한식, 중식, 일식, 양식, 패스트푸드, 패밀리레스토랑 등의 일반 외식업소, 호텔의 식음료업장, 단체급식, 아이스크림, 커피전문점, 제과점, 카페 등을 통해 다양하게 이루어지고 있는 아주 넓은 의미의 외식경영활동을 하는 사업들의 집합체이다.

외식산업이라고 하는 것은 1950~1960년대 미국의 경제발전에 따른 식생활의 변화와 함께 미국에서 'Foodservice Industry'라는 용어로 정착되기 시작하면서부터 사용되었다. 일본에서는 1970년대 〈마스꼬미〉라는 잡지에서 '외식산업(外食產業)'이란 용어를 처음 쓰기 시작하였다. 우리나라에서는 음식의 생산 및 판매와 관련된 사업들이 밥장사, 물장사, 먹는 장사, 요식업(料食業), 식당업(食堂業), 음식업(飮食業) 등으로 불려왔지만, 해외브랜드 외식기업들이 본격적으로 진출하기 시작한 1980년대 후반부터 업소들의 업종 및 업태가 다양해지고 대규모화・전문화되는 양상이 나타나면서, 외식산업이라는 용어가 본격적으로 사용되기 시작하였다.

따라서 외식산업이란 "식사와 관련된 음식・음료・주류 등을 제공할 수 있는 일정한 장소에서 직・간접적으로 생산 및 제조에 참여하는 특정인 또는 불특정다수에게 상업적 혹은 비상업적으로 판매 및 서비스 경영활동을 하는 모든 업소들의 집합체"라고 정의내릴 수 있다.

2) 외식산업의 형태

업종은 외식업체에서 판매하는 음식을 단순하게 유형화한 것이다. 외식산업은 크게 네 가지로 구분되는데, 한식, 일식, 양식, 중식 등을 말한다. 최근에는 동서양의 음식재료를 혼합하여 퓨전음식의 유형과 외국 전통음식Ethnic Foods의 유형이 등장하고 있다.

업태란 고객의 다양한 취향이나 기능을 기준으로 가격, 서비스, 서비스 제공시간,

분위기 등에 따라 분류하는 것이다. 예를 들어 패스트푸드, 패밀리레스토랑, 캐주얼 다이닝, 파인 다이닝 등으로 구분하는 방법이 있다.

표 1-2 외식산업의 업종과 업태

구 분	패스트푸드	패밀리레스토랑	캐주얼 다이닝	파인 다이닝
객단가 서비스 메뉴 제공시간	3,000원 선 셀프, 카운트 서비스 한정된 메뉴 5분 이내	8,000~15,000원 정형화된 풀 서비스 다양한 메뉴 15~30분 이내	10,000~20,000원 풀 서비스 선택성 있는 메뉴 15~30분 이내	20,000원 이상 고급서비스 한정된 메뉴 30~60분 이내
한 식	우리만두 미가 도시락 분식집	함흥냉면 마포돼지갈비 대중 한식점	늘봄공원 삼원가든(쇠고기) 대중 한정식	용수산, 석파랑 고급 한정식 호텔 한정식
중 식	취영루 만두전문점	대중 중식당	선궁 로터스가든	만리장성 호텔 중식당
일 식	장우동 장터국수	기소야 미도야	군산횟집 부산횟집	코오라 베니하나 호텔 일식당
양 식	KFC 맥도날드 피자헛	코코스 스카이락 마이 하우스	TGI 베니건스 마르쉐	아테네 호텔 양식당

3. 외식산업의 특징

외식산업이 지니고 있는 특징을 다른 산업과 비교해 볼 때 여러 가지의 차이점이 있다. 즉 외식산업이 음식과 음료를 만들거나 가공한다는 점에서는 제조업과 같지만 일반 대중에게 직접 판매를 한다는 점에서는 소매업이고, 상품의 생산 외에 장소가 갖는 특성과 인적 자원이 판매에 막대한 영향을 미친다는 점에서는 서비스업의 특징을 갖고 있다.

외식산업이 지니고 있는 특징을 간략하게 살펴보면 다음과 같다.

1) 소규모·영세성

외식업체의 해외브랜드는 세계적 대규모의 체인기업도 있으나, 개별 점포단위로 보면 영세성의 산업적 특성을 지니고 있다. 현재 우리나라의 외식업소를 분석해 보면, 종업원 4명 이하 점포가 전체의 70% 수준에 있으며, 1점포당 매출액, 종업원 1인당 매출액도 타 산업에 비하여 현저히 낮아서 노동생산성 역시 낮음을 알 수 있다.

외식산업은 다른 산업에 비해 적은 자본과 특별한 기술이 없어도 누구든지 쉽게 참여할 수 있는 산업이라 생각하고 있다. 그러나 경영자의 사업가적인 마인드와 경영전략 등의 부족으로 인하여 실패율이 다소 높은 사업이기도 하다. 또한 대다수의 외식관련 업소들이 영세성으로 인해 임대형식으로 운영하고 있기 때문에 안정성이 낮은 점이 특징이라고 할 수 있다.

2) 높은 인적 의존성

외식산업은 타 산업에 비해 생산부문에 있어서 자동화의 한계점과 함께 서비스부문에서의 높은 인적 의존성이 차지하는 비율이 매우 높다고 볼 수 있다. 따라서 사람의 손에 의존하는 부분이 많아서 인건비가 차지하는 비중이 매우 높아 노동집약적 산업이라고 할 수 있다. 특히 서비스의 제공여부에 따라 성공여부가 좌우되는 만큼 외식산업에 있어서 사람이 제공하는 서비스는 매우 중요하다고 볼 수 있다.

3) 시간과 공간의 제약성

외식산업은 영업을 할 수 있는 시간이 제약되어 있다. 따라서 한정된 시간에 대부분의 매출이 이루어지므로 종업원들의 인력관리가 필요하며, 공간의 활용에 있어서도 수요가 불규칙함으로 인해 공간이용에 여러 가지의 애로사항이 발생하게 된다.

외식산업은 서비스산업이라고 할 정도로 서비스의 제공이 중요한 문제로 등장한다. 특히 서비스는 소멸성, 비분리성이라는 특성으로 인해 외식업소를 이용하는 고객들은 맛있는 음식을 제공받기 위해서 종종 기다려야 한다. 대기는 고객이 서비스를 받을 준비가 되어 있는 시간부터 서비스가 개시되기까지의 시간을 의미하며, 고객들이 기다리게 되는 일은 서비스를 제공받기 전, 서비스를 제공받는 도중 그리고 서비스를 제공받고 난 후에 모두 발생할 수 있다. 음식점의 경우 자리에 앉기까지 기다리는 경우, 주문을 받고 식사가 나올 때까지 기다리는 경우, 식사 후 요금의 계산과정에서 기다려야 할 때가 있다.

대기는 어쩔 수 없이 발생하는 것이지만 모든 고객들이 이러한 상황을 이해하고 당연한 것으로 받아들이는 것은 아니다. 많은 사람들은 서비스를 받기 위해 기다리는 것을 부정적인 경험으로 인식하고 있다. 따라서 외식업소의 경우 이러한 서비스를 제공하기 위한 시간적·공간적 제약을 잘 해결해야만 할 것으로 보인다.

4) 식자재의 부패 용이성

외식산업에서는 음식을 생산하는 식자재와 상품의 보존방법 및 기간이 짧아서 관리를 소홀하게 하면 부패의 위험성이 매우 높아서 관리에 신중을 기해야 한다. 또한 위생관리의 문제도 발생할 염려가 있으므로 특별히 다른 어떤 산업에 비해 부패와 위생에 주의를 요하는 산업이라고 할 수 있다.

5) 입지의존성

외식산업은 그 영업점을 고객이 스스로 찾아와 상품을 구매하거나 서비스를 제공받는 곳이기 때문에 외식업소의 장소에 따라 영업실적에 큰 차이를 보이게 된다. 따라서 다른 산업에 비해서 입지의존도가 매우 높은 산업이라고 볼 수 있다.

점포의 영업이 여러 요인에 의해 결정되지만, 실제로 가장 영향이 큰 요인은 점포가 입지한 요인에 의해 영업의 상당부분이 결정되어지므로 입지에 대한 의존성이 다른 어떤 업종보다 크다고 볼 수 있다. 대부분의 외식점포 입지가 번화가, 역전 오피스가, 교외의 도로변road side 등에 있으며, 중소도시에서도 중심가나 주택단지에 있는 것은 영업실적이 입지조건에 의해 크게 좌우된다.

6) 기타

외식산업의 기타 특징들을 보면, 첫째, 종업원의 이동이 심하다. 둘째, 타 산업에 비해 성장률이 높고 비교적 적은 자본으로 창업이 가능하므로 타 업종으로부터 수시로 위협을 당할 수 있다. 셋째, 상품의 계절적 변화가 심하여 계속적인 변화가 필요하다. 넷째, 대량화·표준화·전문화 등에 의한 능률향상이 대단히 어려운 산업이다.

미니사례 1·2

맛도 패션이다 … 한국인 혀 끝의 '권력 이동' 10년史

2000년대 중반 이후, 인기 끈 음식의 변화 '천지개벽' 수준이라는데…

이태리식, 소수에서 대중으로
한때 佛 요리만큼 대우받던 고급 서양식… 이젠 가정집서 라면 끓이듯 스파게티 요리
2007년 에드워드 권 등 스타 요리사 등장, 개성 있는 음식 선보이며 '美食 세계' 넓혀

막걸리를 보라, 술에도 '패션' 있다
소주에 밀리고 와인에 치였던 막걸리, 韓食 세계화 타고 열풍… 최근 거품 꺼져
국민소득 2만불 시대 '웰빙' 수요 커져… 해산물 뷔페 늘고 정육식당들 문 열어

올해의 키워드, 디저트 & 단팥빵
백화점, 호텔 대신 '美食 트렌드' 이끌어… 식품관에 햄버거 · 갈비 등 최고 맛집 유치
한입거리 '디저트'가 미식계의 소황제로… 한편에선 푸근한 단팥빵 · 고로케가 인기

지난 7월 26일 서울 삼성동 현대백화점 무역센터점 지하에 전에 없던 긴 줄이 생겼다. '디저트계의 피카소'라는 프랑스 제과명장 피에르 에르메의 이름을 내건 국내 첫 매장 앞이었다. 개당 4000원인 마카롱을 사려고 150여명이 기다렸다. 개업한 이날 하루 매출은 4000만원이었다.

맛도 패션이다. 경기를 타고 유행을 따른다. 4000원짜리 한입 간식을 사려고 줄을 서는 풍경은 지난 10년간 급속도로 변모해온 대한민국 음식 문화를 단적으로 보여준다. IMF의 여진이 남아 있던 2000년대 초반만 해도 2000원이면 속이 든든해지는 저가 메뉴가 주도했다. 2005년 발간을 시작한 레스토랑 가이드 '블루리본'은 이달 10주년 기념판을 낼 예정이다. 10년 전 서문에는 '언젠가는 이탈리아 음식을 대중적으로 즐길 날이 오기를 희망한다'고 씌어 있다. 이제는 가정집에서 라면 끓이듯 스파게티를 만들어 먹는다. 혀끝의 권력은 불과 10년 사이 소수에서 대중으로 빠르게 옮겨왔다.

❖ 10년 변모의 상징, 스파게티

10년 역사 중 가장 두드러진 것은 이태리 식당의 변모다. 이태리식은 한때 고급 서양식이었다. 2006년에는 고급 정찬의 상징인 프랑스식을 밀어낼 정도로 성장했다. 고급 서양식을 먹고는 싶은데 거추장스러운 격식은 싫은 이들이 보다 친근한 이태리식으로 옮겨갔다. 쉐라톤워커힐호텔은 20년간 운영한 프랑스 식당 '세라돈'을 닫고 이태리 식당 '델 비노'를 열기도 했다. 레스토랑 가이드인 '다이어리R'의 분류도 이태리식의 득세를 보여준다. 조리법 분류가 확실하고 추천 등급 이상을 받은 전국 식당 4800곳 중 프랑스식이 73곳, 이태리식이 261곳으로 3배 이상 많았다.

무겁고 복잡한 프랑스식 소스보다는 올리브, 토마토, 크림소스로 활용이 다양한 이태리식이 개업하기도 쉬웠다. 이태리 식당은 우후죽순으로 늘며 2009년 정점을 찍었다가 저가 프랜차이즈가 난립하며 정체기를 맞았다. 최근에는 고급 정식부터 1만원 이하 저가 메뉴까지 가장 넓은 스펙트럼을 가진 음식으로 자리 잡았다.

❖ 국민소득 2만 달러 시대, 식문화 지형도 흔들어

2008년은 식문화의 지형도를 뒤흔든 해다. 국민 소득 2만 달러 시대가 만개하며 양보다 질을 따지는 단계로 접어들었다. 아메리카노의 전국시대가 이 무렵 시작됐다. 스타벅스가 국내 1호 매장을 연 지 햇수로 10년 만에, 가루를 타

먹는 커피가 아니라 원두로 뽑아먹는 에스프레소를 전 국민이 일상적으로 마시게 됐다.

대중화 뒤엔 반드시 고급화 바람이 분다. 흔한 아메리카노에 만족하지 못한 소비자들이 직접 손으로 내려먹는 핸드드립 커피에 빠졌다. 곳곳에 강좌도 개설돼 인기를 끌었다. 지난해부터는 미국 뉴욕의 스페셜티(specialty) 커피가 소개됐다. 쉽게 말해 고급 원두를 쓰는 커피다.

소득이 높아지면서 건강식, 유기농 음식에 대한 욕구가 높아졌다. 고기만 찾던 이들이 해산물을 찾으면서 시푸드 뷔페 식당이 영토를 넓혔다. 고기 중에서는 소고기, 그중에서도 한우를 주로 파는 정육식당이 생겼다. 2008년 5월 광우병 파동 여파였다. 고가(高價)의 한우를 믿고 먹으려는 손님이 몰렸다.

❖ 스타 요리사의 등장, 미식의 업그레이드 이끌어

스타 요리사의 탄생은 미식 문화의 도약에 크게 일조했다. 첫 주자는 에드워드 권(권영민)이다. 2007년 두바이의 7성급 호텔이라는 버즈 알 아랍의 총괄조리사로 국내에 소개됐다. 화려한 이력에 뛰어난 대중 친화력으로 인기를 끌면서 '요리사도 뜰 수 있다'는 인식이 생겼다. 식당 이름이 아니라 요리사 이름을 믿고 찾아가는 이들이 많아졌다. 뚜또베네 등 청담동 이태리 식당의 인기를 주도한 박찬일, 압구정동 고급 한식당 '정식당'의 임정식 등이 대중의 주목을 받았다. 미국 요리학교인 CIA나 프랑스 코르동블루에서 배운 이들이 잇따라 귀국하면서 엘리트 요리사의 시대를 열었다. 임정식씨는 미국 뉴욕에 '정식'이라는 레스토랑을 열어, 지난해에 이어 올해도 미슐랭가이드의 별 2개를 받는 저력으로 한국 요리사의 실력을 과시했다.

❖ 막걸리의 상승과 추락

마시는 술도 뜨고 진다. 극적인 상징이 막걸리다. 2008년 정부가 치고 나선 것이 한식 세계화다. 2017년까지 한식을 세계 5대 음식으로 키우겠다고 한식재단을 설립하고 대통령 부인이 요리책도 냈다. 한식을 먹자니 술도 어울려야 했다. 1960년대까지 국민주였으나 소주에 밀리고 와인에 치였던 막걸리가 부각됐다. 유산균이 많아 건강에 좋다고 웰빙 음식으로도 소개되며 연간 70%대의 높은 성장률을 과시했다.

막걸리의 부상은 와인 인기에 대한 반동도 작용했다. 국민소득이 늘면서 고급 식문화에 대한 갈증이 와인으로 쏠렸다. '이 맛은 해 질 녘 하늘에 끝없이 울려 퍼지는 종소리에서 느끼는 신의 목소리와 같다'는 식의 추상적이고 감각적인 수사로 와인의 맛을 묘사하던 일본 만화 '신의 물방울'이 수십만권 팔려나갔다. 점차 부담을 느끼던 대중이 돌아서면서 일시에 막걸리로 몰렸다. 부담감은 해소됐으나 입맛을 충족하기에는 한계가 있었다. 막걸리 열풍은 3년을 못 넘겼다. 2011년을 정점으로 3년째 출하량이 곤두박질 치고 있다.

❖ 미식의 리더, 호텔에서 백화점으로

2000년대 중반까지도 맛의 최전선을 가늠하려면 호텔로 가야 했다. 해외 최신 유행도 호텔이 앞장서 들여왔다. 최근에는 백화점이 미식의 리더로 부상했다. 먼저 나선 것은 갤러리아백화점이다. 2012년 10월 식품 편집매장인 고메이 494를 개장하며 스타 요리사의 메뉴를 한자리에 불러모았다. 햄버거, 갈비 등 분야별 최고 맛집을 유치해 크게 성공하자 다른 백화점도 잇따라 식품관을 재단장했다.

불황 때 적은 지출로 만족감을 느끼려는 '작은 사치(small luxury)'를 반영하는 것이 화장품 중 립스틱, 음식으로는 디저트다. 백화점 식품관을 영토로 디저트가 미식계의 소황제로 등극했다. 한입 거리가 미식계를 장악했다고 하면 의아할 수 있다. 결론은 숫자가 말한다. 벨기에 초콜릿 고디바의 백화점 매장 월평균 매출은 3억원, 일본 오사카의 롤케이크 몽슈슈는 5억원이다. 백화점 해외 명품 패딩 점퍼의 월 매출이 4억~5억원인 점에 비춰보면 그 위세를 짐작할 수 있다.

바다 건너온 해외 명품의 느낌도 원하지만 푸근한 음식도 먹고 싶다. 그래서 뜬 것이 단팥빵과 고로케다. 지하철역을 중심으로 인기가 폭발한 '서울연인'의 단팥빵, 압구정과 명동의 고로케 전문점들은 '수제' '즉석' 열풍을 타고 매일 수백 개씩 팔려나간다.

출처 : 조선일보, 2014. 10. 11일자

02 외식산업의 분류

외식산업은 각 나라의 국민소득이 향상되면서 다양한 식생활의 변화와 외식행태의 변화를 가져왔다. 따라서 각 나라마다 외식산업의 정의와 범위를 합리적으로 설정하기 위한 연구가 이루어져 왔다. 미국과 일본의 경우에는 이미 외식산업의 분류가 체계적으로 이루어져 있으며, 우리나라의 경우에도 시대적인 환경변화에 대응하면서 보다 유연한 외식산업의 분류가 필요한 것 같다. 다음에서는 미국, 일본 및 한국 등이 분류하고 있는 외식산업의 분류체계를 비교함으로써 보다 명확한 외식산업의 범위에 대해 살펴보고자 한다.

1. 미국 외식산업의 분류

미국의 외식산업은 이미 오래전부터 체계적인 연구활동이 이루어져 왔으며, 외식산업의 분류체계를 정부가 아닌 민간협회에서 주도해 왔다. 특히 미국 레스토랑 협회National Restaurant Association; NRA가 영리를 목적으로 하느냐에 따라 상업적 외식사업과 비상업적 외식사업으로 분류하고 있다. 상업적 외식사업은 영리를 목적으로 음식을 판매하는 모든 외식업소가 포함되고, 비상업적 외식산업은 학교, 회사, 군대 등과 같은 단체에 음식을 판매하는 외식업소를 말한다. 미국의 식당협회에 의한 외식산업의 분류는 〈표 1-3〉과 같다.

표 1-3 미국 식당협회(NRA)의 외식산업 분류

구 분		항 목
상업적 외식사업	영리적 외식업 (Commercial Food service)	일반 외식업체(Eating places) · 일반음식점(Fullservice restaurants) · 전문, 패스트푸드음식점(Limited-service, Fast food restaurants) · 카페테리아(Commercial cafeterias) · 출장음식(Social caterers) · 간이음식점(Ice cream, frozen custard stands) · 바 또는 여관음식(Bars and taverns)

구 분		항 목
상업적 외식사업	영리적 외식업 (Commercial Food service)	위탁경영(Food contractors) · 공장, 산업시설(Manufacturing & Industrial plants) · 상업건물(Commercial & Office Bldg.) · 초, 중, 고등학교(Primary and secondary schools) · 대학교(Colleges & Universities) · 병원과 탁아소(Hospitals and Nursing Homes) · 오락 및 스포츠센터(Recreation & Sports centers) · 기내식 항공기(In-transit, Airlines) 숙박시설(Lodging places) · 호텔식당(Hotel restaurants) · 자동차호텔식당(Motor-Hotel restaurants) · 여관급 식당(Motel restaurants) 기 타 · 포장마차(Retail-host restaurants) · 자판기 및 무점포 판매점(Vending & Nonstore retailers) · 편의점(Mobil caterers) · 오락 및 스포츠용품점(Recreation & Sports)
비상업적 외식사업	비영리목적 급식업 (Institutional Food service)	· 직원식당(Employee restaurant services) · 국·공립 초, 중, 고등학교(Public elementary & Secondary school) · 대학교(Colleges & Universities) · 교통시설(Transportation) · 병원(Hospitals) · 탁아소, 고아원, 특수재활원, 양로원(Nursing Homes, Homes for aged, blinded, orphans, mentally & physically disabled) · 클럽, 스포츠와 오락시설(Clubs, sporting & Recreational Camps) · 교도소(Community centers)
	군대급식 (Military Food service)	· 장교식당(Officers & Non-commissioned Officers Clubs) · 일반군인식당(Food service-military exchanges)

자료 : 한국외식산업연구소(2003), 『외식산업경영론』, 서울 : 백산출판사, p. 28.

2. 일본 외식산업의 분류

일본에서는 1970년대에 외식산업이 학문적인 체계를 갖추어서 연구되어 왔으며, 통상산업성(通商産業省)에서 상업통계의 목적으로 분류된 일본 표준산업분류표를 가장 일반적으로 사용하고 있는데, 이는 〈표 1-4〉와 같다.

표 1-4 일본 표준산업협회의 외식산업 분류

분 야	정 의	업 소
식당, 레스토랑	주로 주식을 그 장소에서 먹을 수 있는 영업소(서양요리점, 일식 및 중화요리점은 제외)	식당, 대중식당, 기호음식점, 미반 식당
일본요리점	특정한 일본요리를 제공하는 업소(초밥 제외, 소바, 유흥음식을 제공하는 영업소)	덴뿌라, 장어, 산천어, 청진, 돌솥밥, 주먹밥, 다채욱 등
서양요리점	주로 서양요리를 제공하는 영업소	그릴, 레스토랑, 러시아·이태리·프랑스 등 서양요리점
중화요리점 (동양요리점)	중화요리 및 동양제국의 민속요리를 제공하는 영업소	중화요리, 상해·북경·대만·사천요리, 한국요리, 중화국수, 만두집 등
소바(국수), 우동점	일본식 국수와 우동을 제공하는 영업소	소바(국수)집, 우동집 등
요 정	주로 일본요리를 제공하고, 접대하는 고객에게 유흥음식을 제공하는 영업소	요정 등 기생집
바, 카바레, 나이트클럽	주로 주류 혹은 요리를 제공해서 접대하는 고객에게 유흥음식을 제공하는 영업소	카페, 살롱, 카바레, 나이트클럽, 바, 스낵바 등
주장, 비어홀	대중적 설비를 갖추고 주로 주류 내지 요리를 제공하는 영업소	대중주장, 조류구이집, 오뎅집, 주방, 비어홀 등
끽다점	주로 커피, 홍차, 청량음료 또는 간단한 식사를 제공하는 업소	끽다점, 음악다실, 순끽다, 스낵 등

자료 : 김헌희·이대홍(2002), 『외식산업경영의 이해』, 서울 : 백산출판사, p. 20.

3. 한국 외식산업의 분류

우리나라는 1980년대 후반 외식산업에 대한 연구가 활발하게 진행되었고 점차 발달하기 시작하였다. 그러나 외식산업에 대한 정확한 개념이 정립되지 않았고, 정부주도하에 외식업소에 대한 분류체계가 구분되었다. 지금까지의 분류기준을 보면, 한국표준산업분류표상의 분류, 식품위생법상의 분류, 표준소득률표상의 분류, 관광진흥법상의 분류 등에서 외식산업의 분류체계를 살펴볼 수 있다.

본문에서는 그중에서 한국표준산업분류표Korea Standard Industrial Classification; KSIC에 대하여 설명하고자 한다. 한국표준산업분류는 산업에 관련된 통계작성을 위한 표준

분류로서 산업활동의 동질성을 기준으로 하여 모든 산업활동을 체계적으로 유형화한 것이다.

우리나라의 외식업소는 대분류와 중분류로 숙박 및 음식점이고, 소분류로는 음식점업이며, 세분류는 식당업과 주점업, 다과점업 등으로 되어 있다. 우리나라에서 영업하고 있는 외식업소를 대분류, 중분류, 소분류 등으로 세분화하여 설명하면 〈표 1-5〉와 같다.

표 1•5 통계청 한국표준산업분류(KSIC) I. 숙박 및 음식점업(56)

중분류	소분류	세분류	세세분류
56 음식점 및 주점	561 음식점업	5611 일반 음식점	56111 한식 음식점업
			56112 중식 음식점업
			56113 일식 음식점업
			56114 서양식 음식점업
			56119 기타 외국식 음식점업
		5612 기관 구내식당업	56120 기관 구내식당업
		5613 출장 및 이동 음식업	56131 출장 음식 서비스업
			56132 이동음식업
		5619 기타 음식점업	56191 제과점업
			56192 피자, 햄버거, 샌드위치 및 유사음식점
			56193 치킨 전문점
			56194 분식 및 김밥 전문점
			56199 그 외 기타 음식점업
	562 비알콜 음료점업	5621 주점업	56211 일반 유흥 주점업
			56212 무도유흥 주점업
			56219 기타 주점업
		5622 비알콜 음료점업	56220 비알콜 음료점업

자료 : 통계청 자료 편집

미니사례 1·3 [日本 초밥 장인이 말하는 초밥의 역사]

초밥, 처음엔 길거리 패스트푸드였다

7세기, 생선 절여 밥 채운 게 시초
18세기, 서민 상대 포장마차 판매
지금처럼 날생선 얹은 건 50년 전

윗줄은 오늘날의 초밥, 아랫줄은 18세기 중반의 초밥을 재현한 것. 요즘 초밥 보다 2~2.5배 크다. 길거리 간식 달걀빵과 비슷한 크기와 모양이다.

다카시마씨의 '초밥 맛있게 먹는 법'

다카시마씨의 '초밥 맛있게 먹는 법'

"3분 안에 먹어라" 초밥은 생선살이 마르면 맛이 없다. 가능한 한 빨리 먹어야 좋다. 생선 종류·날씨·계절 따라 다르지만 보통 2~3분 이내 넉어야 맛있다. 그래서 테이블보단 요리사 앞 카운터 좌석이 더 맛있다.

"젓가락보단 손으로" 젓가락보다 더 부드럽게 잡을 수 있어서 초밥이 덜 부서진다. 여성 손님이 늘면서 젓가락 사용이 대세가 됐지만, 초밥은 원래부터 손으로 먹는 음식이다.

"간장은 생선에 찍는다" 초밥을 손이나 젓가락으로 잡고 살짝 돌려 생선살로 간장을 찍는다. 밥을 찍으면 밥알이 떨어지거나 간장이 너무 많이 묻는다.

"소금을 찍어보라" 색다른 맛을 느낄 수 있다. 생선 자체의 맛을 더 잘 드러내기도 한다.

"초밥 사이사이 초생강을" 종류가 바뀔 때마다 초생강 한두 점을 씹는다. 입에 남은 맛을 씻어내 새로운 초밥의 맛을 더 잘 느낄 수 있다. 녹차로 입을 헹궈도 좋다.

과장을 조금 보태자면, 초밥이 주먹만 했다. 평소 먹어온 한입 크기 생선초밥보다 3배는 커 보였다. 이 초밥을 쥐여준 63빌딩 일식당 슈치쿠 초밥요리사 다카시마 야스노리(高島康則·47)씨는 20년째 한국에서 초밥만 만들어온 장인. 그는 "150년 전 탄생 당시의 에도마에즈시(江戶前壽司)는 이만했다"고 말했다.

에도마에즈시는 '에도(江戶) 성문 앞(前)에서 파는 초밥(스시·壽司)'이란 뜻. 에도는 도쿄의 옛 이름이다. 다카시마씨는 "에도마에즈시는 현대 초밥의 원형"이라고 했다.

일본에서 생선초밥을 만들어 먹은 건 7세기로 알려졌다. 붕어 따위 민물생선 내장을 제거한 다음 소금에 절이고 밥을 채워 삭혔다. 우리의 식해와 비슷했다. 16세기부터는 도시락 같은 틀에 밥과 생선살을 담아 짧게는 며칠, 길게는 몇 달씩 숙성시켜 먹었다. 성미 급한 에도 사람들은 생선초밥이 숙성될 때까지 기다리지 못했다. "18세기 중반 에도성 앞 포장마차 주인들이 식초로 간한 밥에 생선살을 올려 팔기 시작했습니다. 하루도 채 걸리지 않았으니, 당시로서는 '패스트푸드'였죠. 인기를 끌자 같은 방식으로 초밥을 만들어 파는 가게가 성 안에도 생겨났어요. 포장마차 손님들은 가게 앞에 서서 허기를 때웠고, 가게 손님들은 '테이크아웃' 해서 집에 가져가 먹었죠."

당시 초밥은 주머니 사정이 넉넉지 않은 노동자들이 식사 대용으로 먹었기 때문에 크고 양이 많았다. 다카시마씨는 "요즘 초밥은 샤리(밥) 30g에 생선 15g이 표준"이라며 "18세기에는 2~2.5배 더 커서 두세 입에 나눠 먹어야 할 정도였다"고 말했다. 냉장 시설이 없었던 시절이라 날생선은 사용하지 않았다. 간장에 절인 참치나 초절임 전어, 데친 새우나 오징어를 사용했다. "현재 먹는 날생선을 얹은 초밥은 역사가 50여 년에 불과합니다. 샤리는 2차대전 이후 차츰 작아졌고요."

다카시마씨는 1995년부터 한국에서 일했다. 그는 "이제 일본과 한국의 초밥 문화는 큰 차이가 없다"고 말했다. "1990년대 중반 한국에 처음 왔을 때는 '올챙이스시'라고 해서 밥은 적고 생선살이 길게 꼬리처럼 늘어진 초밥이 유행이었습니다. 붉은살 생선을 선호하는 일본과 달리 흰살 생선을 선호하는 손님이 더 많았고요." 하지만 그는 "한국 손님들이 선어(鮮魚)보다 활어(活魚)를 선호하는 건 여전히 일본과 다르다"고 말했다. 잘 만든 초밥을 알아보는 방법은 없을까. 다카시마씨는 "겉은 단단하지만 속은 부드러워야 한다"고 말했다. "꼬챙이로 초밥을 세로로 찔러 관통한 다음 살짝 들어 올릴 수 있지만, 입에 넣으면 밥알이 확 퍼지며 생선살과 고루 섞이는 느낌이 나야 합니다."

출처 : 조선일보, 2014. 12. 10일자

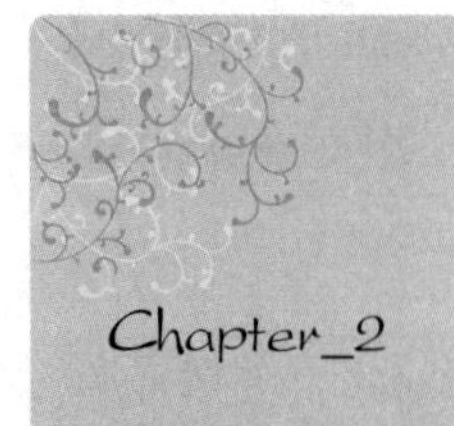

외식산업의 발전과정

01 미국 외식산업의 발전과정

미국의 외식산업 발전을 보면, 유럽 국가들에 비하여 그 역사와 문화적 전통이 매우 짧다고 할 수 있다. 그러나 시작은 늦었지만 제2차 세계대전 이후 우수한 과학기술과 미국 특유의 실용적이고 합리적인 경영방법을 바탕으로 급속한 경제적 발전을 이루었다. 최근에는 세계의 경제뿐만 아니라 세계의 외식산업을 선도하는 최강국의 위치를 차지하고 있다고 할 수 있다.

미국에 있어서 외식산업의 태동은 1920년대라고 할 수 있지만 산업으로서 본격화된 것은 1950년대였고, 1960년대는 미국 내 외식산업의 번영뿐만 아니라 외국에 미국의 외식기업이 진출하는 등 국제적으로도 커다란 지위를 차지하게 되었다.

미국에서는 특히 패스트푸드를 중심으로 외식산업이 발전하였는데, 그 이유는 다양한 인종으로 구성된 복합국가이며, 미국인들은 식습관상 즐기는 식사를 하고 있으며, 스피드와 편의주의를 추구하고, 여성의 사회참여와 사회적 현상으로서 핵가족과 전후의 젊은 세대증가 등이 외식산업의 발전을 더욱 촉구하였다. 이러한 사회환경 속에서 미국의 외식산업은 다양화되었고, 급속한 성장을 거치면서 산업화에 성공했을 뿐만 아니라 세계적인 다각적·다국적 외식기업을 탄생시킨 것이다(〈표 2-1〉 참조).

표 2-1 미국 외식산업의 성장과정

연 도	국민소득	특 징
1920년대	0	· 음식업의 태동기 · 레스토랑, 열차식, 호텔식, 카페테리아, 급식, 프랜차이즈, 센트럴키친(central kitchen) 출현 · 한정된 장소에서만 고객대상의 영업. 새로운 경영방식 등장 · 델모닉(1827), 하이베(1876), 톰슨(1893), 나센(1916) 등
1930년대	$440	· 외식산업의 태동기(음식점→외식산업) · 로드사이드 레스토랑, 커피숍, 기내식 출현 · 도심과 리조트 중심, 생산자 지향 · 하워드 존슨(1935), 빅보이(1936), 메리어트(1937) 등
1940년대	$750	· 외식산업의 전환기 · 아이스크림, 도넛의 출현 · 개인판매지향, 부분적인 합리화 추구 · 데이리 퀸(1940), 던킨(1941) 등
1950년대	$1,875	· 외식산업의 도약기 · 프라이드치킨, 호텔업, 병원급식, 커피숍, 햄버거, 피자 출현 · 개인판매에서 대량판매지향, 테이크아웃, 퀵 서비스, 경영혁신, 세계 외식산업의 혁명(시스템화 출현) · KFC(1952), 홀리데이(1952), ARA(1953), 맥도널드(1955), 피자헛(1958) 등
1960년대	$2,800	· 외식산업의 성장기 · 스테이크, 로스트비프, 샌드위치, 게요리, 시푸드, 패밀리레스토랑 출현 · 시스템화 상장기업화, 대량판매지향, 기업인수 및 합병(M&A) 등 · 아비스(1964), 래드랍스터(1968), 쇼니스(1968), 웬디스(1969) 등
1970년대	$4,952	· 외식산업의 성숙기 · 신 콘셉트(concept) 및 신 업태의 출현 · 프랜차이즈의 직영화, 드라이브 수루(drive-through) 유행, 대기업 참여 등
1980년대	$15,000	· 외식산업의 고도성숙기 · 자본력에 의한 경쟁가속, 내식과 외식 경쟁치열 · 외식의 국제화, 민족 · 민속요리의 활성화
1990년대	$27,000	· 외식산업의 안정성숙기 · 특화시장, 틈새시장 공략, 감성형, 테마콘셉트형 등 · 21세기 미래도구 연구, 고객만족과 감동연출, 창의적인 아이디어 중시 · 퓨전형 활성화, 테마콘셉트형 등
2000년대	$41,800 (2005년)	· 외식산업의 정체기 · 대량 개별화 현상 · 개성과 라이프스타일에 기인한 고감성 외식의 출현 · 품질과 서비스 측면의 극심한 양극화 초래

자료 : 홍기운(2003), 『최신외식사업개론』, 서울 : 대왕사, p. 81 및 저자 재수정

1. 외식산업의 태동기(1800년대)

1826년 미국 최초의 레스토랑인 유니온 오이스터 하우스Union Oyster House가 보스턴에 세워졌다. 그 후 1827년 코렌죠 델모니코Corenzo Delmonico가 윌리암 스트리트William Street에 상업계의 굵직한 부호들을 위해 오늘날과 같은 현대적 모습을 갖춘 레스토랑에서 케이크와 와인을 판매하는 델모니코Delmonico's를 개점하였다. 이 레스토랑은 화려한 연회와 371가지나 되는 메뉴를 최초로 영어와 프랑스어로 표기하면서 국제적으로 명성을 얻었다. 1923년까지 그의 가족들은 뉴욕시에 9개의 다른 레스토랑을 개업하였다. 델모닉사는 메뉴판을 사용하는 점포의 경영방식을 채택하여 운영하는 등 뉴욕시를 중심으로 지점망을 확대해 나갔다.

1876년에는 프레드 하베이Fred Harvey가 캔사스의 토페카Topeke역에 레스토랑을 개점한 이후 애치슨Atchison역, 산타페Santa Fe역 등에 레스토랑을 개점하면서, 이것이 오늘날 대규모 체인레스토랑의 효시가 되었다. 1912년 프레드 하베이는 12개의 호텔과 철도역을 중심으로 65개의 레스토랑과 60개의 다이닝 카dining car를 운영하였다.

1930년대에는 하워드 존슨Howard Johnson사가 대도시 교외의 도로변road side에 레스토랑을 개업하기 시작하면서 급성장하였다. 1936년 빅보이Big Boy사의 커피숍, 1937년 메리어트Marriott사가 기내식, 1940년 데이리 퀸Dairy Queen사의 아이스크림, 1941년 던킨도너츠Dunkins Donut사의 도넛을 출점하면서 외식산업으로서 기반을 마련하였다. 그러나 이 시대의 제2차 세계대전은 미국의 경제·사회구조 전반을 변화시켰으며, 특히 핵가족화, 소득증대, 레저문화지향, 여성의 사회진출 등 전쟁 전과는 전혀 다른 사회구조를 나타내면서 외식산업 발전에 대한 확고한 기틀을 마련하는 계기가 되었다.

2. 프랜차이즈 본격 도입(1950년대)

미국은 제2차 세계대전 이후 외식산업을 포함한 관광산업이 급속도로 발전하기 시작하였다. 이 당시 일반 소매업체들의 연간 성장률이 6%였지만, 외식산업의 성장률은 그 2배인 10~11%의 괄목할 만한 성장을 하였다. 이러한 성장의 가장 큰 요인은 바로 단체급식의 증가와 패스트푸드의 등장이었으며, 공장과 회사에서 직원들의 식사를 제공하는 시스템을 갖추기 시작하면서부터이다.

1950년대 이후는 미국의 최대 경제부흥기였다. 패스트푸드는 1940년대 후반과 1950년대에 이르러 본격적으로 시작되었는데, 저렴한 가격과 신속한 서비스와 닭요리 상품 등을 주로 개발하면서 대중에게 폭발적으로 인기를 얻었다. 낮은 가격과 높지 않은 이익을 대량판매로 대체하면서 성장해 나갔다. 또한 한정된 메뉴를 앞세워 경영의 합리화와 간편성을 꾀하였으며, 일정한 기술을 습득함으로써 간단한 음식의 제조와 서비스를 제공할 수 있게 되었다.

1950년대가 세계 외식산업의 혁명, 미국 외식산업의 신기원, 외식산업 시스템화의 출현, 패스트푸드의 효시 등으로 불리게 된 것은 맥도날드가 등장한 때부터이다. 맥도날드의 창업자 레이 크락Ray A. Kroc은 당시 자동차산업에서 활용하고 있는 자동화의 과학화를 외식업에 적용하여 과학적인 관리기법, 품질균일화, 신속한 형태의 셀프서비스, 경제성 등을 고려한 대량시스템의 프렌차이즈 기법, 기계화에 의한 조리법 등 창조적인 경영혁신을 이룩하여 비약적인 발전을 하게 된 것이다.

1952년 커넬 센더스에 의해 켄터키 프라이드치킨Kentucky Fried Chicken이 창업되고 프랜차이즈시스템을 도입하여 성공시켰으며, 1952년 캐먼즈 윌슨은 홀리데인 인Holiday Inn이라는 호텔업에 진출하여 서비스의 표준화, 셀프서비스 시스템 도입, 프랜차이즈 체인에 의한 대량출점 등 경영혁신을 시도하였다.

3. 외식산업의 성장(1960~1980년대)

1960년대 후반부터 1970년대 전반까지는 외식산업의 매수나 합병이 가속화되었다. 1970년대부터는 성장일변도의 다양한 업태출현과 기존 업체 간의 경쟁이 치열하게 전개되는 시기로서 업종 및 업태별 신규출현이 대량 속출하면서 미국 외식산업에 있어서 전성기를 맞이하게 되었다.

1980년대는 마케팅전략을 적극적으로 활용하던 시기로서 외식업체 간 매수, 합병, 시장점유율 확대 등 자본력에 의한 경쟁이 치열해지면서 계열화를 통한 외식그룹화가 증폭되었다. 경영의 합리화가 이루어지고 거대 식품업체에서 외식분야에 진출할 뿐만 아니라 유럽, 일본, 동남아시아 등의 자본이 미국 외식산업에 참여하게 됨에 따라 국제적인 다양성을 추구하게 되었다.

특히 1980년대의 특징인 건강지향, 다양한 고객욕구에 대한 충족, 고급화·차별화 중심의 신업태 및 신개념지향, 민족요리의 시스템화 등 대자본화와 고객밀착형 위주의 고도화를 추구하였다. 따라서 외식산업은 본격적인 산업분야로 뛰어들어 정착되었고, 자본력·경쟁기술력·마케팅력·인재력 등을 중시하면서 성장하였다.

4. 외식산업의 재도약기(1990년대)

1990년대는 미국 경제의 대호황으로 외식산업의 재도약기를 맞이하였다. 소비자들의 외식기회는 폭발적으로 증가하였으며, 외식산업이 미국의 4대 산업으로 부상할 만큼 거대산업으로 자리잡기 시작하였다. 퓨전요리와 퓨전레스토랑이 관심을 끌기 시작하였으며, 각국의 민속요리는 외식소비자와 미식가들의 인기를 끌기 시작하였다. 또한 업종과 업태의 구분이 모호해지는 복잡화 현상이 대두되기 시작하였다.

5. 정체기(2000년대)

2000년대는 이미 시장이 포화상태이기 때문에 성장이 정체하고 있는 것으로 보여진다. 최근에 소비자들은 다양한 라이프스타일을 가지며, 다른 사람과 차별화된 개성을 표현하고자 하는 추세이다. 최근의 외식소비 패턴은 소비자의 대량 개별화 현상이 뚜렷하기 때문에 그들의 소비취향을 만족시키기 위한 감성마케팅을 적용한 외식기업들이 다수 출현하고 있다.

외식업체별로 음식상품과 서비스품질의 차이가 극심하기 때문에 이에 따른 결과도 성공과 실패로 극명하게 나타나고 있다. 또한 소비계층의 소득불균형과 양극화 현상에 기인하여 소비의 가격양극화 현상도 뚜렷하게 보여지고 있다. 한편으로는 테이크아웃, 옥외 레스토랑, 저렴한 외식업소 등이 증가하는 추세에 있다.

미니사례 2·1

아이스크림의 역사

얼려 먹던 과즙 음료… 아이스크림 기원이 되다

얼음에 벌꿀 얹어 먹은 네로 황제, 이탈리아 귀족은 과일즙 얼린 디저트
아이스크림은 만드는 과정 어려워 귀족 · 황제만 즐긴 귀한 음식이었죠

19세기 아이스크림 기계 나오자 대량 생산돼 누구나 즐기게 됐어요

여름마다 우리를 유혹하는 시원하고 달콤한 아이스크림과 빙수는 과연 언제 생겼을까요? 아이스크림과 빙수는 얼음 저장 기술이 발달하면서 나타났어요. 인류 문명의 발상지인 메소포타미아에서는 기원전 2000년 이전부터 창고를 지어 얼음을 보관하였다고 해요. 기원전 1100년경 중국에서도 겨울철에 얼음을 쉽게 녹지 않는 곳에 보관했다가 여름에 써먹었지요. 고대 그리스와 고대 로마에서도 근처 산에서 얼음이나 눈을 가져다가 구덩이에 보관했답니다.

기원전 300년경에는 마케도니아의 알렉산더 대왕이 페르시아를 공격할 때 얼음으로 만든 음식을 먹었다는 이야기가 전해지고요. 알렉산더 대왕은 병사들이 더위와 피로에 지쳐 쓰러지자 높은 산에 쌓인 만년설을 가져와 과일즙과 꿀 등을 섞어 먹게 했다고 해요. 로마의 네로 황제도 여름이면 알프스 산에서 가져온 만년설에 과일과 벌꿀을 얹어 먹었답니다. 그런데 알렉산더 대왕이나 네로 황제가 먹은 것은 우유를 섞지 않았기 때문에 아이스크림보다는 지금의 빙수나 셔벗(sherbet)에 가까웠어요.

우유가 든 얼음 음식을 처음으로 즐긴 사람은 중국 당나라 황제들이에요. 발효시킨 우유에 곡물 가루와 각종 향신료를 넣은 액체를 금속관에 넣은 다음 얼음 구덩이 안에 넣어서 얼려 먹었다고 해요. 하지만 그 맛이나 모양은 지금의 아이스크림과 거리가 멀었지요. 13세기경 마르코 폴로가 중국 원나라를 방문하고 쓴 '동방견문록'을 보면 원나라 사람들은 우유를 첨가한 차가운 물을 얼려 먹었다고 해요. 그들이 먹은 것은 아마 지금의 요구르트 셔벗과 비슷한 모습일 거예요.

중세 이후 서아시아를 여행했던 유럽 사람들은 아랍인들이 즐겨 마시는 차가운 과즙 음료인 '샤르바트'를 유럽에 소개하였어요. 이 차가운 음료는 유럽 귀족들 사이에서 큰 인기를 끌었답니다. 그런데 얼음이 얼지 않는 계절에 얼음으로 음료를 만들어 먹는 것은 황제나 돈 많은 귀족만 누릴 수 있는 대단한 사치였어요. 얼음을 녹지 않게 운반하기도 어렵지만, 그것을 오랫동안 보관하는 것도 보통 일이 아니었거든요. 얼음을 이용하여 다른 음식 재료를 얼리는 것도 몹시 어려운 작업이었고요. 사실 오래전부터 중국과 아랍, 인도 사람들은 얼음에 소금을 뿌리면 온도가 더 내려가면서 주변 재료를 얼게 한다는 것을 알았지만, 서양 사람들은 이때까지 그 사실을 몰랐답니다. 16세기 중반이 되어서야 이탈리아 과학자들이 눈과 질산칼륨의 혼합물을 채운 양동이에 물그릇을 넣어두면 물이 언다는 사실을 발견하였지요. 이 방법은 곧 유럽 전역으로 퍼졌습니다.

17세기 중반, 이탈리아 사람들은 귀족에게 인기를 끌었던 차가운 음료를 새로운 디저트로 발전시켰어요. 이 디저트는 '소르베트'라고 했는데, 얼음이나 눈에 설탕과 과일즙을 섞은 다음 얼려서 만들었지요. 당시 나폴리에 있는 에스파냐 총독 공관의 주방을 관리하던 안토니오 라티니가 다양한 재료를 넣은 소르베트를 개발하였고요. 그가 만든 소르베트 중에는 우유를 넣은 것도 있었는데, 이것이 바로 최초의 아이스크림이라고 할 수 있답니다.

18세기 프랑스 귀족 사이에서도 아이스크림은 큰 인기를 누렸어요. 이때까지도 아이스크림은 여전히 귀족과 부자들만 즐길 수 있는 사치스러운 간식이었지요. 얼음뿐 아니라 아이스크림의 재료인 설탕이 너무나 귀했고, 아이스크림을 만드는 과정도 어려웠기 때문이에요. 아이스크림은 영국과 신대륙인 미국에서도 인기가 높아서 미국 건국의 아버지인 조지 워싱턴과 토머스 제퍼슨도 즐겨 먹었다고 해요.

19세기에 접어들어 편리하게 아이스크림을 만들 수 있는 기계가 발명되면서 아이스크림은 누구나 즐길 수 있는 간식으로 변했어요. 미국 볼티모어에서 유제품 도매업을 하던 제이컵 퍼셀은 공장을 차려 아이스크림을 대량 생산하기 시작하였고, 19세기 후반에는 길거리에서 아이스크림을 컵에 담아 파는 장사꾼까지 생겨났답니다. 그리고 1904년 열린 미국 세인트루이스 만국박람회에서 아이스크림과 와플을 하나로 합친 아이스크림콘이 처음 등장하여 선풍적 인기를 끌었어요. 또한 아이스크림 공장에서 인공적으로 얼음을 만들 수 있는 냉동 기술이 사용되면서 대량 생산이 더욱 쉬워졌고요. 이후 아이스크림은 전 세계로 퍼져 지금처럼 대중적인 간식이 되었답니다.

음식의 역사를 아는 것은 그 음식의 숨은 맛까지 즐기는 방법이라고 해요. 여러분도 빙수와 아이스크림을 먹을 때 그 역사를 머리에 떠올리고 숨은 맛까지 깊이 느껴 보세요.

출처 : 조선일보, 2014. 7. 29일자

02 일본 외식산업의 발전과정

일본의 외식산업은 제2차 세계대전 후 경제체제의 많은 변화와 함께 식습관 및 식생활에 있어서도 다양한 변화가 나타나기 시작했다. 특히 미국과 같이 패스트푸드에서부터 시작된 일본 외식산업의 발전요인은 경제성장과 소득증대를 토대로 노동의 균등화 현상과 레저문화의 향상, 여성 및 주부의 사회진출 기회의 증가, 핵가족화의 급속한 확대, 자동차의 증가현상 등을 배경으로 급속하게 진전되었다.

외식산업이 소매업으로 분류되어 사회로부터 하나의 산업으로 크게 인식받지 못하였지만, 다양한 외식업소의 출현이 시작되면서 이때를 일본 외식산업의 태동기라고 말할 수 있다. 그러나 1970년대 일본의 외식산업은 국민소득 1만 달러를 달성하는 선진국형 경제구조를 이루었고, 또한 이때 미국의 패스트푸드점들을 선두로 해외브랜드 외식기업들이 일본 외식시장에 진출하기 시작하였다. 이들 외국계 외식기업들의 막강한 자본력과 마케팅, 운영시스템, 체인사업 등은 일본 외식산업시장에 엄청남 경영환경의 변화를 가져오면서 본격적인 외식산업의 성장을 가져왔다(〈표 2-2〉 참조).

1. 외식산업의 태동기(1950년대)

1950년대까지는 전후 세계적인 변화에 편승하여 일본의 경제가 크게 발전하게 되면서 경제력의 증대를 수반하게 되고, 식료품의 수입량도 증가하게 되면서 생산력의 증가와 더불어 식생활수준도 한층 높아졌고, 영양상태도 개선되는 시기여서 1950년대를 일본 음식업의 태동기라 보고 있다.

1960년대는 새로운 기업의 탄생과 함께 기업으로 출발하기 위한 준비단계였다. 1962년 도토루 커피, 1963년 더스킨, 1964년 링거허트가 출점하였고, 미가도의 극장식 레스토랑 등이 등장하였다. 동경올림픽은 오늘날 일본이 선진국으로 돌입한 계기가 된 커다란 국가적 행사였다. 올림픽행사로 세계 각지의 선수단 및 보도진을 위한 식사를 담당하게 되면서 서비스의 집중적인 훈련과 강화는 물론 과학적 시스

표 2-2 일본 외식산업의 성장과정

연 도	국민소득	특 징
1940년대	0	· 요식업으로 전개 · 우동, 덴뿌라, 초밥, 장어요리, 열차식, 구내식당 출현 · 교통 관련지역 출점(열차 내, 역사 내), 일부 중심지 · 不二家(1827), 日本食堂(1938), 西洋(1947), 스카이락(1948) 등
1950년대	$500	· 음식업의 태동기(기업화의 모색과 기반 조성기) · 전통음식중심, 패밀리레스토랑, 아이스크림 출현 · 교통 관련지역, 일부 중심지로 점차 확대 · 로얄(1950), 경존(1950), 죠나산(1954), 예스터데이(1957), 吉野家(1958) 등
1960년대	$1,400	· 외식산업의 태동기 · 프랜차이즈, 센트럴 키친, 기업형 체인화 출현 · 음식업 자유화 · 도토루(1962), 더스킨(1963), 링거허트(1964), 留圓(1964), 東天紅(1964) 등
1970년대	$5,000	· 외식산업의 성장기 · 외식의 대중화, 패스트푸드 전성기, 패밀리레스토랑 활성화 · 기술도입 러시, 레저화, 세계화, 외식기업 상장화 · KFC(1970), 던킨(1971), 맥도날드(1972), 롯데리아(1972), 피자헛(1973), 코코스 (1978) 등
1980년대 (상)	$9,906	· 외식산업의 성장기 · 업종 및 업태 다양화, 테이크아웃점, 카페, 바, 캐주얼레스토랑 출현 · 프랜차이즈 가속화, 다점포지향 등 · 호카호카(1981), 쯔보하찌(1983), 편의점, 델리카숍 유행 등
1980년대 (하)	$23,786	· 외식산업의 안정성숙기 · 고감도화, 정보화, 과학화, 고도화 추구 등 · 센트럴 키친, 물류센터, 종합정보관리 시스템 도입 등 · 외식그룹 태동(스카이락, 로얄, 다이에이, 세이브세존 등)
1990년대	$40,000	· 외식산업의 성숙기 · 해외진출, 복합공동출점, 가격파괴, 업태전환 등 · 종합생활기업 추구, 경영혁신, 규모경제실현 등 · 타 산업과의 변화적응력 속에서 21세기 외식산업의 전략적 변신 모색
2000년대	$31,500 (2005년)	· 외식산업의 침체회복기 · 버블경제의 붕괴로 외식은 마이너스 성장 · 가격의 대폭하락, 고감도 외식업 등장 · 불경기에 생존을 위한 경량 경영혁신

자료 : 홍기운, 전게서, p. 94 및 저자 재수정

템을 활용한 생산을 시작함으로써 외식산업의 새로운 도약의 발판을 마련하였다.

1969년 3월 제2차 자본자유화에 의해 외식업소들이 자유화 업종에 지정되어 기술제휴·합병 등에 의해 해외기업이 갖고 있던 새로운 경영기술의 도입이 가능하게 되었다. 일본의 외식업소들이 성장하는데, 해외 브랜드 외식기업으로부터 프랜차이즈를 통한 다점포 전개, 점포운영의 매뉴얼화 등의 새로운 경영기술을 위시하여 많은 노하우를 얻게 되면서 합리적인 외식사업 경영에 대한 의식개혁이 싹트기 시작하였다. 이러한 영향은 해외 외식기업과 직접관계를 갖지 않은 기업에도 커다란 영향을 주었다.

2. 외식산업의 발전과 도약기(1970년대)

1970년대 일본의 외식산업은 1969년에 실시된 자본자유와의 물결을 타고 KFC, 맥도날드, 웬디스, 미스터도넛 등 주로 미국의 외식브랜드가 도입되기 시작하면서 외식산업의 일대 변혁과 더불어 도약발전기를 맞이하였다. 외식산업에 햄버거·치킨·도넛 등 패스트푸드 중심의 대형 체인형태로 대기업이 탄생하기 시작했으며, 수많은 일본 고유의 외식업소들이 미국 외식체인기업들의 진출에 자극받아 외식사업에 진출하기 시작하였다. 1970년대 3월 일본에서 만국박람회가 개최되면서 국내외에서 약 150여 개의 외식업소가 출점하여 외식산업 발전의 커다란 계기가 되었다.

특히 1965년 후반부터 1975년대에 걸쳐서는 외식사업의 신업태가 개발되어 크게 성장하기 시작하였다. 그전에 존재하지 않았던 햄버거와 같은 신상품과 전국적으로 점포망을 갖춘 외식기업에서 공통된 맛·가격·서비스의 제공 등으로 고객들에게 신뢰감을 주어 소비의욕을 고취시켰으며, 그것은 곧 외식산업시장의 확대에도 공헌하게 되었다.

1970년대 중반기부터 급격한 성장은 패스트푸드를 중심으로 시작되면서 패밀리레스토랑 붐이 조성되기 시작했고, 외식업계의 양적인 팽창과 질적인 인식이 더욱 확산되면서 경쟁이 심화된 시기였다. 급속한 경제발전 속에서 비약적인 성장을 하게 되고 외식혁명이 일어나 명실상부한 외식산업으로서 지위를 확보하게 되었다.

1975년에 접어들면서 패밀리레스토랑의 전성시대가 서서히 시작되었다. 스카이락, 로얄 호스트, 데니스 등의 출점이 다점포 위주로 전개되면서 24시간 영업, 시간대별 판매품목을 변화시키는 메뉴의 등장, 청결 및 위생중시, 교외중심 등으로 다변화되어 갔고, 패스트푸드에 있어서는 출점수의 증가로 최전성기를 맞이하였다. 패스트푸드의 비약적인 성장과 새로운 라이프스타일인 교외형 패밀리레스토랑의 등장은 외식산업에 있어서 외식혁명이란 신조어를 탄생시키게 되었다.

1978년에는 로얄이 증권거래소에 상장을 하게 되었으며, 스카이락은 주식공개를 단행하는 등 촉망되는 산업으로 외식산업은 인식되었고, 1979년 오일쇼크 영향으로 인한 대기업의 경영다각화의 일환으로 대형상사, 운수, 섬유, 식품 등의 업체에서 신규참여를 하게 되었다. 1975년 일본 식품서비스 체인협회가 대만에서 식재료를 공급하는 등 식생활의 패턴은 레저화와 세계화를 지향하면서 일본의 외식산업을 고도로 성장시키면서 활성화되었다.

3. 안정 성장기(1980~1990년대)

1980년대 초는 일본 외식산업에 있어서 가장 장기간에 걸쳐 경기가 후퇴하였던 시기였다. 이러한 영향으로 1983~1985년 외식시장의 연간 실질증가율은 2% 수준이었다. 1986년 이후는 버블경기를 맞이하여 3~5%의 증가율을 나타내기도 하였다. 일본경제는 내수 주도로 고급소비품에 대한 소비가 크게 증가하였으며, 또한 주식과 부동산에 대한 투자열기가 높았다.

소비자들이 상품을 찾는 데 있어 질적인 소비형태의 모습을 보였으며, 여가생활을 중시하는 선진국형 라이프스타일이 보편화되기 시작하였다. 이러한 변화는 외식산업에도 외식활동의 일반화와 더불어 다양한 개념을 가진 외식기업들이 속속 등장하면서 외식산업이 크게 성장하는 단계로 들어서게 만들었다. 외식기업은 더욱 대기업화·시스템화되는 모습을 갖추고 일본뿐만 아니라 해외로 사업진출을 확대하면서, 1980년대는 20조 엔 규모로 성장하였으며 스카이락, 로얄, 세이브세존, 다이에이 등의 외식그룹이 등장하였다.

1990년대까지 성장을 보인 일본의 외식산업은 1991년부터는 일본 전후 최대의 불황이 시작되면서 계속된 경기침체와 거품경제 붕괴로 적자생존의 시대로 돌입하게 되었다. 대규모 외식체인인 맥도날드, 롯데리아, 스카이락, 로얄호스트, 서양푸드시스템 등은 상장 이래 이익 감소현상이 나타나고, 비교적 낮은 성장률을 나타내기 시작한 것이다.

특히 스카이락 등은 가격파괴, 중저가 메뉴개발, 업태 개념의 전환으로 고객흡수에 노력을 기울이는 경향이 뚜렷하게 나타났지만, 소비자의 식생활 소비패턴은 극히 위축되어 소비지출을 줄이게 되고, 가정 내의 식사로 전환하는 추이를 나타냈다.

일본의 사회구조는 50% 이상을 차지하고 있는 주부의 취업률, 20% 이상인 실버세대, 주 2회 휴가제 정착 등에도 불구하고 경기침체로 가계비 지출이 줄어들면서 생활방위형 외식이 강해짐에 따라 가정 내의 외식이 증가하면서 외식산업은 침체국면에서 벗어나지 못하였다. 편의점 내의 외식코너가 활발해지고 상권 중심 내의 출점이 어려워지면서 소비패턴은 중·저가 지향의 가격파괴 업태지향과 식도락 중심의 고급화 업태지향으로 양분화되었다.

1990년대 중반기 이후부터는 점포운영형태를 차별화시켜 일정가격으로 제한된 시간 내에서 다양한 고품질음식을 즐기는 뷔페식이 인기였고, 고객이 필요에 따라 종업원을 부르는 전자시스템calling bell system을 설치하여 활용하고 있다.

표 2-3 일본 외식기업 매출액 현황

순 위	회사명	매출액	점포수	업 종
1	일본 맥도날드	333,133	2,437	햄버거
2	호까호정본부	172,812	3,192	도시락
3	스카이락	150,767	993	양식(패밀리레스토랑)
4	일본 KFC	137,362	1,278	치 킨
5	더스킨	134,034	1,234	도 넛
6	모스푸드	129,000	1,481	햄버거
7	로 얄	121,795	487	양식(패밀리레스토랑)
8	혼까가마도야	114,433	2,411	도시락
9	데니스 JAPAN	103,640	499	양식(샌드위치, 커피)
10	서양 푸드시스템	98,248	775	양식(종합서양요리)

자료 : 신재용·박기용 공저(2003), 『외식산업개론』, 서울 : 대왕사, p. 327.

4. 외식산업의 침체회복기(2000년대)

종합생활기업을 추구하고 있는 일본의 대기업과 외식산업의 과제는 경기침체에서 벗어나 회복을 위해 고객만족지향의 철저한 서비스, 점포수의 확장, 가격파괴, 신업태로의 전환, 채산성을 중시한 출점, 다양한 고품질 메뉴개발, 상권특성별 대응메뉴 접목, 교육훈련 강화, 인재육성, 원가 및 비용절감 등 전략과 경영혁신에 초점을 맞추고 있다. 또한 1993년에는 오사카대학교 상학부에 외식산업론이 정규강좌로 개설되었고, 농수산성과 외식산업협회가 공조체제를 강화하고 외식관련 국가자격제도를 실시하고 있다. 이와 같이 일본 외식산업은 21세기를 향한 빠른 변신과 함께 침체 속에서도 국제화를 추진하고 있다.

미니사례 2•2

커피와 베이글의 만남 … '뉴욕스타일 카페' 뜬다

주문 즉시 베이글빵 구워 줘
크림치즈 · 햄 등 속재료 다양
카페베네의 '미국式 커피전문점'
비수기 없는 메뉴로 매출 '쑥쑥'

서울 잠원동의 '카페베네 커피&베이글' 매장에서 손님들이 베이글과 음료를 즐기고 있다.

서울 서초구 잠원동 14차 신반포아파트 앞 상가 건물에 최근 동네 명소가 된 카페가 있다. 간판에는 '카페베네 커피 & 베이글'이라고 씌어 있다. 세련된 미시족과 젊은 아가씨들이 매장을 채우고 있는데 모두 베이글 메뉴를 먹고 있다. 이 가게는 베이글과 커피, 음료, 디저트를 판매하는 카페다. 기존 카페와 다른 점은 다양한 베이글 메뉴를 판매한다는 것이다. 66㎡(약 20평) 규모인 이 가게의 월 매출은 3600만원이다. 조윤정 점장(27)은 "한국에서는 베이글 카페가 이제 조금씩 생겨나고 있지만 미국에서는 이미 수년 전부터 인기를 끌고 있다"며 "뉴욕 여행을 다녀온 손님들이 반가워한다"고 말했다.

✤베이글카페는 역동적 미국 스타일

'카페베네 커피 & 베이글'은 카페베네가 기존 브랜드를 새롭게 리뉴얼해 선보인 매장이다. 경쟁이 심해진 커피전문점 시장에서 새로운 개념의 매장으로 경쟁력을 높이기 위해서다. 기존의 카페베네가 여유로운 느낌의 유럽풍을 추구했다면 이번에 선보인 매장은 활기와 역동성을 지닌 미국 스타일의 카페다.

이 매장에서는 주문 즉시 베이글빵을 구워주는데 다양한 베이글빵과 크림

치즈의 조합으로 총 126가지 베이글 메뉴를 맛볼 수 있다. 김건동 카페베네 이사는 "베이글은 단일 품목으로 가장 많이 팔릴 수 있는 잠재성이 있다는 것이 미국에서 증명됐기 때문에 상품성과 다양성을 갖출 수 있다면 베이글카페 시장은 지속적으로 성장할 것"이라고 기대했다.

공정거래위원회에 정보공개서를 등록한 커피전문점 프랜차이즈 수가 300개를 훌쩍 넘어섰다. 레드오션 시장이라는 평가가 나오는 이유다. 하지만 여전히 국내 창업 희망자들 사이에서 커피전문점은 가장 선호하는 업종으로 꼽힌다.

한국관세무역개발원의 '국내 커피 수입시장 분석' 자료에 따르면 지난해 국내 커피 수입액은 5억 9400만 달러, 수입물량은 13만 9000톤으로 각각 18.3%와 16.0% 증가한 것으로 나타났다. 성장추세가 멈추지 않는다는 얘기다. 커피전문점의 인기는 카페가 주도하고 있다. 그 이유는 커피전문점과 디저트를 결합한 개념의 카페형 매장이 매출을 올리는 데 유리하기 때문이다. 디저트카페가 대표적인 사례다.

하지만 한 가지 메뉴로 인기를 얻고 있는 디저트 카페는 위험성도 안고 있다. 빙수카페처럼 매출이 하절기에만 집중되는 카페는 비수기가 길어지기 때문이다. 따라서 커피와 디저트 메뉴를 접목하기 위해서는 사계절 내내 고르게 매출이 일어나는 메뉴를 접목하는 것이 좋다.

❖비수기 리스크를 줄이기 위해 등장

빙수카페와 같은 리스크를 줄이기 위해 등장한 메뉴가 바로 베이글이다. '뉴욕베이글' '머레이베이글' '베이글카페' 등 프랜차이즈 브랜드를 비롯해 서울 대현동 이화여대 근처의 '퀸즈베이글', 서울 쌍문동 덕성여대 근처의 '히피스 베이글' 등 동네상권의 베이글 맛집도 잇따라 생겨나고 있다. 베이글카페의 베이글빵은 기존의 딱딱하고 질긴 빵을 내놓는 것이 아니라 부드럽고 쫄깃한 식감을 지닌 빵을 제공한다. 베이글빵의 종류도 보통 7종 이상이며 빵의 속재료로 들어가는 것도 열 가지가 넘는다. 크림치즈, 고기, 햄, 야채 등 다양한 속재료가 경쟁력인 셈이다. 베이글카페는 다양한 메뉴를 구비해 커피전문점뿐만 아니라 햄버거전문점, 샌드위치전문점과 경쟁점 구실을 할 것으로 전망된다.

베이글은 유대인이 약 2000년 전부터 아이들에게 먹였던 음식이다. 밀가루, 이스트, 소금만을 적절하게 혼합해 끓는 물에 데친 다음 구워서 만든 빵이다. 베이글은 달걀, 우유, 버터, 설탕 등을 첨가하지 않아 지방과 당분이 적다. 도넛과 달리 기름에 튀기지 않아 저지방, 저콜레스테롤, 저칼로리 음식이다. 소화가 잘돼 뉴요커들의 아침식사 1위 메뉴인 웰빙 음식으로 알려져 있다.

강병오 중앙대 산업창업경영대학원 글로벌프랜차이즈학과장(창업학 박사)은 "도심상권과 동네상권에 동시다발적으로 베이글카페가 등장하는 것은 미국 식음료 시장의 영향을 많이 받는 한국 외식 시장의 특성에 따른 것"이라고 설명했다.

출처 : 한국경제, 2015. 6. 22일자

03 한국 외식산업의 발전과정

한국은 1960년대에 들어오면서 경제개발 5개년 계획과 함께 경제발전이 서서히 진행되었다. 그리고 국민소득의 증가와 함께 식생활 향상으로 점점 외식산업의 기초가 마련되었다. 미국과 일본의 외식산업이 패스트푸드를 중심으로 발전해 왔듯이 한국 외식산업 발전의 주체도 패스트푸드에서 시작되었다고 볼 수 있다. 한국 외식산업 발전의 원동력은 경제성장과 소득증대에서 찾을 수 있으며, 짧은 연륜에도 불구하고 변화할 수 있었던 것은 식생활의 국제화지향, 가공식품의 발전, 레저화의 추구, 외식화 현상, 경제·사회적인 영향 등으로 볼 수 있다(〈표 2-4〉 참조).

표 2·4 한국 외식산업의 성장과정

연 도	국민소득	특 징
1950년대 (전)	0	· 음식업의 태동기(주막, 주식점, 목로, 전통음식점 형태) · 식량자원 부족으로 침체 · 식생활 및 식습관의 가내 주도형 · 이문설렁탕(1907), 용금옥(1930), 한일관(1934), 조선옥(1937), 남포면옥(1948) 등
1960년대	\$100~ 210	· 음식업의 침체기 및 여명기 · 생활의 궁핍, 밀가루 위주의 분식 확산 · 식생활 개선문제 부상, 일부 서구음식문화 침투(우유 등) · 뉴욕제과(1967), 제과·제빵·제면·제분업 중심의 식문화 등
1970년대	\$248~ 1,644	· 외식산업의 태동기 · 분식 및 대중음식점의 우후죽순 출현(한식·중식 위주) · 경제개발계획 성공에 따른 식생활 개선 · 난다랑(1979 / 국내 프랜차이즈의 효시), 롯데리아(1979 / 서구식 외식의 효시) 등
1980년대 (상)	\$1,592~ 2,158	· 외식산업의 도입적응(패스트푸드 중심) · 영세체인 난립, 프랜차이즈 속출(햄버거, 치킨, 국수, 맥주 등) · 해외브랜드 도입 러시, 서구식 식문화의 유입 및 확산 · 아메리카나(1980), 버거킹(1980), 미스터도넛(1981), 윈첼도넛(1982), KFC(1984), 신라당(1980), 장터국수(1983) 등

1980년대 (하)	$2,194~ 4,127	· 외식산업의 적응성장기 · 원두커피, 양념치킨, 베이커리, 국수, 패스트푸드, 생맥주 성장 · 프랜차이즈 확대, 업체 난립, 다점포 위주, 한식체인 출현 등 · 피자헛(1985), 맥도날드(1986), 피자인(1987), 코코스(1988), 도토루 (1989), 만리장성(1986), 크라운베이커리(1988), 놀부보쌈(1988), 나이스데이(1989) 등
1990년대	$5,883~ 10,000	· 외식산업의 성장기 · 중/대기업 진출, 시스템화, 프랜차이즈 활성화, 해외진출 등 · 패밀리레스토랑 및 급식 주도, 외식근대화, 고감도 신업태 출현 · 하디스(1990), TGI(1991), 판다로사(1992), 파파이스(1993), 씨즐러 (1993), 스카이락(1994), 캐니로저스(1994), 베니건스(1995), 마르쉐(1996), 우노피자(1996) 등
2000년대	$20,000 (2005)	· 경기침체로 소규모 자영업 고전 · 과다한 점포확대로 과당경쟁 · 전반적으로 외식업 부진 · 외식의 양극화 · 건강과 웰빙, 퓨전 외식문화 추구

자료 : 홍기운, 전게서, p. 109 및 저자 재수정

1. 프랜차이즈 시스템의 도입(1970년대)

1970년대 음식업의 발전은 주로 분식을 중심으로 한식·중식에서 시작되었으며, 1980년대 전반기에 서구식 브랜드의 도입으로 국내 외식산업 발판의 활력소가 되었다. 특히 기존의 요식업, 식당업, 음식업 등의 명칭이 퇴조하고 외식산업으로 발전되면서 다양한 업종과 업태 출현이 계속되었다. 해외 유명브랜드의 경우 햄버거, 프라이드치킨, 피자, 도넛 중심의 패스트푸드가 진출하였고, 자생브랜드로서 발전한 업태는 국수, 양념치킨, 생맥주, 베이커리 등 중소규모업체에서 전개되기 시작하였다.

1979년 7월 우리나라 최초의 프랜차이즈인 난다랑은 고급 커피 전문점으로서 주요 도시의 1급지 상권에 출점하면서부터 기존의 다방업을 획기적으로 변화시킨 계기가 되었다. 또한 1979년 10월 롯데그룹의 롯데리아는 일본 롯데리아의 기술지원을 받아 국내에 상륙하면서 국내 외식산업사에 큰 획을 긋는 계기가 되었다. 롯데리아는 국내 최초로 시스템화된 서구식 패스트푸드를 도입하면서 이제까지의 음식업

형태와는 전혀 다르게 서구식으로 전환시킨 외식산업의 태동이면서 시발점이 되었다.

2. 패스트푸드와 해외브랜드의 성장(1980년대)

해외브랜드 도입의 경우 1979년 롯데리아를 선두로 하여 1980년 아메리카나, 버거킹, 1981년 미스터도넛, 1982년 윈첼도넛, 처치스치킨, 1984년 데일리퀸, KFC, 웬디스 등 대부분이 패스트푸드였다. 국내 자생브랜드의 경우 1980년 신라당(베이커리), 1981년 독일빵집, 1982년 다림방(국수), 1983년 장터국수(국수), 1984년 하이델베르크(패밀리레스토랑), 투모로우타이거(패밀리레스토랑), 딕시랜드(햄버거), 신라명과(베이커리) 등 대부분이 국수, 햄버거, 양념치킨, 베이커리 중심이면서 프랜차이즈 형태로 전개되었다.

중소규모의 영세업체를 중심으로 외식시장은 우후죽순처럼 확대되어 가면서 성장하였고, 체인본부의 기능과 역할을 다하지 못하는 업체가 속속 등장하였다. 한편 해외 도입브랜드의 경우 1985년 버거잭(햄버거), 피자헛(피자), 쉐이키스 피자(피자), 이태리 피자(피자), 1986년 맥도날드(햄버거), 1987년 피자인(피자), 1988년 코코스(패밀리레스토랑), 1989년 도토루(커피)가 출점하였고, 1980년대 대부분의 해외 도입 브랜드는 미국과 일본 중심이었다.

국내 자생브랜드의 경우 1986년 만리장성(패밀리레스토랑), 1987년 민속마당(국수), 1988년 크라운베이커리(베이커리), 놀부보쌈(보쌈), 1989년 나이스데이(캐주얼레스토랑), 쟈뎅(커피) 등이 출점하였다. 특히 한식관련 프랜차이즈가 서서히 나타나고 그 대표적인 성공업체가 보쌈중심의 놀부보쌈이었다.

우리나라 외식시장의 선도라고 할 수 있는 패스트푸드 시장은 외식시장 초기에는 햄버거시장과 치킨시장으로 양립되었다. IMF 이후 경영사정이 악화되면서 이 두 업체가 혼재되기 시작했다. 그리고 테이크아웃, 배달형태의 소형점포가 생겨나면서 해외 패스트푸드의 브랜드 이외에 중소형 체인형태의 브랜드가 많은 비중을 차지하고 있다. 또한 업체들 간의 경쟁으로 인한 가격할인과 과다출점, 건강식에 대한 관심증대 등으로 인해 눈에 보이는 마이너스 성장을 하고 있는 실정이다. 브랜드별 패스트푸드업계 현황은 〈표 2-5〉와 같다.

표 2•5 브랜드별 패스트푸드 시장의 규모

브랜드명	업체명	매출액(억 원)			점포수(개)		
		2007	2008	2009	2007	2008	2009
롯데리아	(주)롯데리아	2,404	2,982	3,758	730	751	797
맥도날드	한국 맥도날드	778	857	-	231	234	239
KFC	SRS 코리아	1,520	1,107	-	151	140	120
파파이스	TS Food&system	266	293	442	106	113	115
버거킹	SRS 코리아	-	919	1,023	87	94	102

자료 : 통계청 자료 편집

3. 패밀리레스토랑의 성장(1990년대)

1980년대 중소규모·영세업체를 중심으로 패스트푸드업계가 시장을 주도한 반면, 1990년대는 중·대기업을 중심으로 기업형 패밀리레스토랑과 피자업계가 주도하였다. 패밀리레스토랑family restaurant은 미국에서 10달러 이하의 메뉴들로 이루어져 있으며, 목표고객은 29~49세까지의 가족을 중심으로 한 최소한 2인 이상이 이용할 수 있는 음식점을 말한다.

우리나라 패밀리레스토랑의 효시는 1988년 올림픽을 기점으로 일본 코코스coco's 사와 제휴한 미도파의 코코스 레스토랑이 개점하였다. 1992년 (주)아시안스타가 캐주얼 다이닝 레스토랑T.G.I. Friday's을 개점하였고, 1993년 판다로사 등이 출점하여 그 동안의 국내 외식시장의 판도를 패스트푸드에서 패밀리레스토랑으로 바꾸어 놓았으며, 이후 10개 이상의 외국 브랜드명을 가진 패밀리레스토랑이 등장하였다.

국내 외식산업의 태동기를 패스트푸드의 시장진입으로 본다면, 본격적인 성장에 가속화를 이루고 있는 외식산업의 기술적·경영적 발전의 기틀을 마련한 것은 패밀리레스토랑 시장이라고 할 수 있다. 1990년대 초 셀프서비스와 서구식 음식문화에 대한 동경 등으로 시작된 패스트푸드 시장이 점차 둔화되면서 풀서비스full service 형태의 패밀리레스토랑이 고객들에게 선택받기 시작했으며, 이러한 추세는 현재까지 지속되고 있다.

7개 기업형 업체가 패밀리레스토랑 업계를 주도하고 있으며, 매출액을 기준으로

2001년에는 7개 업체 총 2,843억 원의 매출에서 2003년에는 5,147억 원의 매출로 증가하였다. 브랜드 인지도가 서울, 경기 중심으로 형성되어 있어 패스트푸드 시장처럼 지방으로의 급속한 확장이 다소 힘들지만 적극적인 홍보활동과 각종 카드사와의 할인 제휴 등 여러 가지 촉진전략으로 고객확보에 주력하고 있다. 브랜드별 패밀리레스토랑 현황은 〈표 2-6〉과 같다.

표 2-6 브랜드별 패밀리레스토랑 시장의 규모

브랜드명	업체명	매출액(억 원)			점포수(개)		
		2007	2008	2009	2007	2008	2009
아웃백	아웃백스테이크	2,700	2,750	2,774	98	101	102
빕스	CJ푸드빌	2,700	2,600	2,880	80	74	74
T.G.I.F	(주)롯데리아	1,100	615	630	51	30	31
베니건스	롸이즈온(주)	853	938	900	32	30	26
마르쉐	(주)아모제	514	520	630	6	5	4
씨즐러	TS Food&system	170	140	60	8	5	2
토니로마스	(주)썬앳푸드	120	99	-	6	5	15
세븐스프링스	(주)삼양사	-	222	223	-	12	15
카후나빌	사보이 F&B(주)	110	-	-	6	-	-

자료 : 통계청 자료 편집

해외브랜드의 경우 1990년 하디스(햄버거), 라운드테이블 피자(피자), 1991년 TGI Friday's(캐주얼다이닝레스토랑), 1992년 판다로사(스테이크하우스), 도미노피자(피자), 1993년 파파이스(치킨), 씨즐러(스테이크하우스), 데니스(패밀리레스토랑), 코라(게요리), 1994년 플래닛 헐리우드(캐주얼다이닝레스토랑), 스카이락(패밀리레스토랑), 캐니로저스로스터스(바비큐치킨), 1995년 베니건스(캐주얼다이닝레스토랑), 토니로마스(스테이크하우스), 1996년 마르쉐, 토마토 앤 오니언스, 우노피자, 스바로피자 등의 식품이 중·대기업을 중심으로 확대되고 있었으며, 1998년 이후에는 다점포 전개보다는 내실 위주로 가고 있음을 볼 수 있다.

또한 퓨전열풍이라는 유행을 앞세워 강남을 중심으로 퓨전을 주제로 우후죽순격으로 외식업소들이 생겨남으로써 유행을 선도하는 그룹들이 모이기 시작하였다. 즉 심플한 인테리어, 젊은 감각, 그리고 동양과 서양을 섞었다고 설명하는 메뉴 등이 유행을 선도하는 그룹들에게 매력적으로 다가왔다.

국내의 대기업이 외식사업에 진출하면서 중소 외식사업의 전유물로 여겨지던 먹을거리업계의 판도가 많이 변화되었다. 대기업의 외식사업 진출은 롯데가 롯데리아, 해태가 (주)델리, LG유통 등이 여러 외식사업에 진출해 있는 것이 대표적이다. 국내 대기업이 운영하는 외식사업체의 현황을 살펴보면 〈표 2-7〉과 같다. 그중에는 현재 철수하거나 사업을 중단한 업체와 브랜드도 있다.

표 2-7 국내 대기업의 외식산업 진출현황

그룹명	업체명	연매출액	보유브랜드	업 태	점포수 / 위치	비 고
CJ	CJ Foodville	1,700억	HanKook	한 식		
			After Rain	태국식		
			시 젠	Asian Noodle		
			소 반	비빔밥		
			뚜레쥬르	Bakery		
			투썸플레이스	Cake / Sandwich		
			VIPS / Skylark / Sweetree	Family Restaurant	52	
(구)LG	OUR HOME	5,800억	싱카이	중 식	Financial Tower	
			이끼이끼	일 식	〃	
			메짜루나	Italy	〃	
			빅 멀리건스	Irish Pub	〃	
			뭄 바	Oriental Bar	〃	
			케세이호	중 식	GS Tower	
			사랑채	한식당	〃	

그룹명	업체명	연매출액	보유브랜드	업 태	점포수 / 위치	비 고
(구)LG	OUR HOME	5,800억	실크스파이스	Oriental	〃	
			업타운다이너	American Café	〃	
			도리원	중 식	여의도 Twin Tower	
			송 로	일 식	〃	
			트윈 Pakage	American Café	〃	
			노들원	한 식	〃	
			아시아따	Asian Fusion	Meritz Tower	
			루&락	European Café	〃	
			업타운다이너	American Café	성남 아트센터	
			샤보텐	돈가스	16개 점포	
Lotte 그룹			롯데리아	패스트푸드	800여 개	
			TGI Friday	패밀리레스토랑	49	
			크리스피	도 넛	9	
			브랑제리	Bakery		
			나뚜르	아이스크림		
			자 바	커 피		
SPC Group	삼립식품		빚 은	전통떡		
			사누끼보레	일본우동		
			샤 니	제 빵		
			파리바게뜨	Bakery		
			베스킨라빈스	아이스크림		
			던 킨	도 넛		
			파스쿠치	커 피		
			파리크라상	Bakery		
Orion		990억	베니건스	패밀리레스토랑	31	
			아시아 차우	중 식		
두산	SRS Korea		버거킹	햄버거	88	
			KFC	치 킨	176	
			수복성(북경)	한식당		

남양	남양유업		일치프리아니	양 식		
동양제철화학	불스원		삐에프로	스파게티		
			난시앙	중 식		
신세계			스타벅스	커 피		
삼양사			Cafemix & Bake			
			Seven Springs	패밀리레스토랑		
Kolon	스위트밀		Sweet Café	치즈케이크		
			토리고	닭꼬치구이		
한화			Beans & Berries	커 피		
대기업外	Sun &Food		토니로마스	패밀리레스토랑		
			스파게띠아	스파게티		
			매드포갈릭	마늘요리		
			봄날의 보리밥	한 식		
			페퍼런치	Casual Steak		
	아모제		마르쉐	패밀리레스토랑		
			Café아모제	커 피		
			오므토 토마토	퓨 전		
	에렉스 F&B		바이킹 뷔페	뷔 페		
			우 노	패밀리레스토랑		
			용 궁	중 식		
			아까마쓰	일 식		

자료 : 외식동맹, 2007. 7. 24일자

4. 외식시장의 세분화(2000년대)

한국 외식산업시장은 체계적인 경영과 강력한 자본력을 지닌 해외의 유명 외식기업들이 외식산업의 붐을 일으키며 국내시장을 주도하고 있다. 이들은 우리나라 외식시장이 잠재력이 있다고 판단하고 점포망을 더욱 늘리고 있으며, 브랜드의 도입도 미국 일변도에서 일본 · 유럽 등으로 다양해지고 있다. 그 결과 해외 외식기업들은 동일상권 내에서 동일업종 또는 유사업종과의 다각화된 시장경쟁상태에 놓여 있게 되었다.

이처럼 외국계 외식기업들이 물밀듯이 국내시장을 공략하고 있는 가운데에도 몇몇 한국 외식기업들은 우리 고유음식의 세계화에 앞장서며 말레이시아 · 미국 · 중국 등에 직접 진출하여 성공을 거두고 있으며, 브랜드의 역수출에도 나서는 등 활발한 활동을 벌이고 있다.

다양한 형태의 외식산업이 날마다 새롭게 등장하고 국내외적으로 시장쟁탈전이 벌어지는 상황 속에서 한국 외식산업시장이 지속적 성장을 하고는 있지만, 보다 성숙된 발전을 하기 위해서는 개선되어야 할 문제들이 산재해 있다.

한국 외식산업시장을 구성하고 있는 기업들 중에서 특히 한국 고유의 브랜드와 음식을 주 업종으로 하는 기업들은 아직도 해외브랜드 외식기업에 비하여 여러 가지 부족한 면이 많다. 한국 외식산업을 좀 더 깊이 접근해 볼 때, 가장 큰 문제는 아직까지 성숙지 못한 근시안적인 방법으로 접근하려는 외식산업에 대한 전반적인 이해부족과 구조에서 발생하는 것들이다.

이제 외식업계는 상호관계에서 벗어나 무한경쟁시대에 접어들어 기존의 단순화, 전문화, 표준화 등의 개념에서 앞으로는 다양화, 개성화, 차별화 등의 개념으로 변화되어야 한다. 범세계적인 전략에 따른 국가 간 장벽의 철폐와 시장개방의 촉진, 불공정거래 행위규제 등으로 국가적 · 부분적 경쟁관계에서 다국적 기업과의 경쟁은 피할 수 없는 현실로 다가오고 있다.

2000년대에는 패밀리레스토랑을 대체할 외식형태는 아직 형성되지 않고 있으며, 특이한 현상은 한식에 서양의 외식시스템을 접목시키려는 시도들이 일어나고 있는 것이다. 또한 외국의 커피전문점과 샌드위치 시장 등이 공격적으로 시장에 진출하고 있다.

다른 한편으로는 음식의 실질적인 미각보다는 형식적인 면들을 강조하는 고급지향적인 레스토랑들이 강남을 중심으로 차츰 증가하고 있는 추세이다. 기존의 단체급식에 참여하였던 중소기업들이 대기업에 그 자리를 물려주고 일반 레스토랑 사업에 참여하기 시작하고 있다. 또한 전통으로의 회귀, 자연으로의 회귀, 원초적인 맛으로의 회귀 등을 내세우는 식당들이 인기를 얻고 있으며, 지역적인 맛을 강조하는 향토음식점이 대도시로 진출하고 있다.

우리나라의 외식시장 규모는 지속적인 증가추세를 보이고 있으며 가계 소비지출 비용 중 외식비의 비중도 과거에 비해 크게 증가하였다. 또한 산업별 외식산업의 규모는 각 기관 및 연구별로 차이가 있지만 통계청이 따르면, 우리나라 음식점업의 현황에서 1997년 매출액이 약 30조 원에서 2002년에는 40조 원에 이르는 거대한 규모로 성장하게 된 것을 알 수 있으며, 가계소비와 산업별 규모를 통해서 알 수 있는 것은 IMF 이후 침체기와 회복기를 거쳐 현재는 외식산업의 규모별 성장기가 이루어지고 있다는 것을 알 수 있다.

표 2•8 외식산업 업종별 매출액

(단위 : 10억 원)

산업	2005	2006	2007	2008	2009	2010	2011	2012	2013
음식점 및 주점업	46,253	53,701	59,365	64,712	69,865	67,566	73,507	77,285	79,550
음식점업	36,744	42,905	47,917	51,942	56,121	55,527	59,637	63,119	65,033
일반 음식점업	26,888	31,405	36,324	38,887	41,719	39,913	42,373	44,164	45,085
한식 음식점업	21,639	5,715	29,972	31,539	33,770	32,284	33,892	35,178	35,732
중식 음식점업	1,915	2,195	2,395	2,689	3,097	2,569	3,009	3,011	3,058
일식 음식점업	1,048	1,232	1,456	1,949	1,752	1,754	1,973	2,170	2,274
서양식 음식점업	2,080	2,190	2,402	2,542	2,840	3,052	3,209	3,447	3,634
기타 외국식 음식점업	206	73	100	169	258	255	291	358	387
기관구내식당업	2,123	2,164	2,395	2,741	2,833	3,568	3,697	4,700	4,901
출장 및 이동 음식업	-	186	168	135	139	132	110	127	131
출장 음식 서비스업	-	186	168	135	139	132	110	127	131
기타 음식점업	7,733	9,150	9,030	10,179	11,430	11,914	13,457	14,129	14,916
제과점업	932	1,748	1,593	2,411	2,831	3,461	3,785	3,970	4,238
피자 햄버거 샌드위치 및 유사 음식점업	3,136	1,949	1,821	2,089	2,754	3,050	3,273	3,424	3,599
치킨 전문점	-	1,499	1,593	1,924	2,208	2,013	2,395	2,659	2,827

산업	2005	2006	2007	2008	2009	2010	2011	2012	2013
분식 및 김밥 전문점	2,708	3,086	3,087	2,802	2,722	2,372	2,870	3,007	3,144
그외 기타 음식점업	957	868	936	952	915	1,019	1,134	1,069	1,107
주점 및 비알콜음료점업	9,509	10,796	11,448	12,770	13,745	12,039	13,870	14,166	14,517
주점업	8,113	9,156	9,724	10,847	11,626	9,535	10,960	10,888	10,872
일반유흥 주점업	2,798	3,472	3,334	3,533	3,493	3,106	3,276	3,248	3,281
무도유흥 주점업	641	528	623	573	502	451	448	428	396
기타 주점업	4,673	5,156	5,768	6,742	7,631	5,978	7,236	7,212	7,195
비알콜음료점업	1,396	1,640	1,724	1,923	2,119	2,504	2,910	3,278	3,644

자료 : 통계청, 「도소매업조사」에서 편집

표 2-9 외식산업 업종별 사업체 수 (단위 : 명)

산업	2005	2006	2007	2008	2009	2010	2011	2012	2013
음식점 및 주점업	531,929	576,965	577,258	576,990	580,505	586,297	607,180	624,831	635,740
음식점업	389,465	420,817	423,628	420,708	421,856	425,826	439,794	451,338	459,252
일반 음식점업	292,028	312,715	315,944	317,077	316,183	317,908	327,093	334,917	339,988
한식 음식점업	254,784	274,172	276,273	279,702	278,978	281,551	289,218	295,348	299,477
중식 음식점업	21,932	22,637	22,433	21,771	21,466	21,071	21,458	21,680	21,503
일식 음식점업	4,628	5,272	6,524	6,022	6,268	6,259	6,707	7,211	7,466
서양식 음식점업	10,034	10,210	10,177	8,856	8,610	7,997	8,533	9,175	9,954
기타 외국식 음식점업	650	424	537	726	861	1,030	1,177	1,503	1,588
기관구내식 당업	3,238	3,632	4,076	4,309	4,566	4,647	5,578	6,955	7,830

산업	2005	2006	2007	2008	2009	2010	2011	2012	2013
출장 및 이동 음식업	-	444	470	473	469	449	459	496	511
출장 음식 서비스업	-	444	470	473	469	449	459	496	511
기타 음식점업	94,199	104,026	103,138	98,849	100,638	102,852	106,664	108,970	110,923
제과점업	6,408	10,484	11,644	12,513	13,223	13,883	14,632	14,799	15,313
피자 햄버거 샌드위치 및 유사 음식점업	30,585	11,769	12,004	11,799	12,102	12,774	13,678	13,711	13,938
치킨 전문점	-	22,968	23,622	24,906	26,156	27,782	29,095	31,139	31,469
분식 및 김밥 전문점	52,553	54,949	52,063	45,701	45,454	44,447	44,912	45,070	45,928
그외 기타 음식점업	4,653	3,856	3,805	3,930	3,703	3,966	4,347	4,251	4,275
주점 및 비알콜음료 점업	142,464	156,148	153,630	156,282	158,649	160,441	167,386	173,493	176,488
주점업	116,864	129,696	127,740	130,003	130,881	129,640	131,137	131,035	128,367
일반유흥 주점업	25,393	30,970	29,328	31,623	31,626	30,077	30,147	29,703	29,172
무도유흥 주점업	4,755	1,816	1,596	1,559	1,564	1,476	1,486	1,606	1,464
기타 주점업	86,716	96,910	96,816	96,821	97,691	98,087	99,504	99,726	97,731
비알콜음료 점업	25,600	26,452	25,890	26,279	27,768	30,801	36,249	42,458	48,121

자료 : 통계청, 「도소매업조사」에서 편집

미니사례 2•3

떡볶이는 볶지 않는 음식인데 …
'볶음'에 집착하니 세계화가 될 리 있나

떡볶이는 떡볶이가 아니다. '볶는다'는 조리 행위는 '음식이나 음식 재료를 물기가 거의 없거나 적은 상태로 열을 가하여 이리저리 자주 저으면서 익히는 것'이다. 서울 통인시장의 '기름 떡볶이'나, 어린이들이 좋아하는 간장 떡볶이에나 떡볶이라는 이름을 쓸 수가 있지 한국인이 주로 먹는 빨건 국물의 떡볶이는 떡볶이라는 이름을 가질 만하지 못하다. 물을 넉넉하게 잡은 다음 바특하게 끓여내니 '떡조림'이고, 냄비에다 제법 물기를 남겨서 먹으니 '떡탕'이다.

이명박 정부가 내세운 한식 세계화의 주요 아이템 중 하나가 떡볶이이다. 왜 하필 떡볶이인지 나는 이해할 수가 없었다. '한국인이 즐겨 먹으면 외국인도 즐겨 먹어야 한다'는 강박 같은 것이 우리에게 있는 것이 아닌가 싶었다. 외국인의 입에 떡볶이 같은 매운 한국 음식을 넣어주고 그들이 괴로워하는 표정을 짓다가 마침내 "맛있어요" 하는 말을 해주기를 은근히 바라고 있는 것은 아닌지 우리의 속마음을 한번 들여다볼 필요가 있다.

외국인들이 다들 "맛있어요" 하기는 하는데, 뭔가 찜찜한 구석이 있다. '너무 매워하는 것 같다'는 느낌이 드는 것이다. 그래서 요리사들이 나섰다. 심지어 떡볶이 연구소까지 차렸다. 세계인의 입맛에 맞춘 떡볶이를 개발하자! 그렇게 하여 외국인을 위해 매운맛을 없앤 떡볶이를 내놓았다. 크림소스나 토마토소스로 볶는 조리법이 주류였다. 치즈와 프로슈토가 오르기도 하였다. 딱 보기에 이탈리아의 파스타였다. 거기에 가래떡이 들었을 뿐이었다.

이건 아니다 싶었는지 간장 떡볶이를 미는 이들도 있었다. 가래떡에 쇠고기와 채소를 보태고 간장 양념으로 볶는 음식이다. 이를 '궁중 떡볶이'라 이름 붙였는데, 조선의 궁중에서도 먹었을 수 있으나 궁중만의 음식이라는 근거는 없다. 잡채의 일종이며, 예부터 민가에서 설 음식으로 먹었다. 어떻든 매운맛을 없앤 떡볶이는 수없이 개발되어 여기저기 한식 세계화 행사에 전시되었고, 그리고 사라졌다. 물론 퓨전을 표방하는 일부 식당에서 별스러운 떡볶이를 내기는 하나 말 그대로 별스러운 일일 뿐이다. 간장 떡볶이도 일부 한식당에서 내는데, 한식 세계화 이전에도 있던 것이다.

세계인이 좋아할 떡볶이라고 개발해 놓았는데 외국인은 고사하고 한국인조차 거들떠보지 않은 것은 개발자들이 '떡볶이'라는 이름에 집착한 탓이 크다. 음식 이름에 '떡을 볶는다'는 조리법이 담겨 있으니 팬에다 볶아야 한다는 생각을 하게 되고, 가래떡을 재료로 볶으려니 이와 비슷한 음식인 파스타가 연상되는 것은 당연한 일이다.

떡볶이는 볶지 않는다. 앞서 말한 것처럼 조리법에 따라 이름을 붙이자면 '떡조림' 또는 '떡탕'이다. 떡조림과 떡탕, 이렇게 이름을 붙이니 가래떡으로 조리하는 또 다른 전통 음식이 떠오를 것이다. 떡전골이다. 떡전골은 가래떡에 여러 채소와 고기를 넣고 끓이는 탕이다. 설날에 먹는 떡국에 그 계통이 닿아 있는 음식이다. 떡전골 음식을 한 그릇에 담으면 떡국이다.

예전에는 떡전골을 떡탕이라 하였고 떡국도 떡탕이라 하였다. 떡볶이는, 특히 냄비에 가래떡과 여러 재료를 넣고 끓이는 떡볶이는, 떡국과 함께 '가래떡으로 조리하는 탕'이라는 범주 안에 넣을 수 있다. 가래떡과 어묵 정도의 단순한 재료로 철판 위에서 조리되는 '포장마차 떡볶이'는 떡조림이라 할 수 있는데, '가래떡으로 조리되는 탕'의 방계에 넣을 수 있다.

음식을 문화로 해석한다는 것은, 조리법 등으로 구획하고 계통도를 그리는 일을 포함한다. 바르게 구획하고 계통도를 그리면 사람들의 기호가 보인다. 음식 문화가 뭔지 생각도 않고 떡볶이라는 이름에만 집착하니 한국인의 떡볶이 기호가 보이지 않으며, 결국은 한국인도 낯설어하는 별스러운 떡볶이를 개발하여 이를 한국 떡볶이로 세계화하자고 억지를 부리게 되는 것이다.

출처 : 조선일보, 2014. 5. 17일자

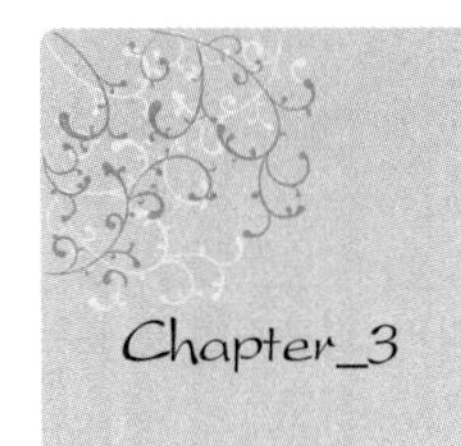

외식산업의 환경

01 외식산업의 환경요인

한국의 성장과 발전에는 1960년대 이후 경제개발계획에 의한 경제적인 성장과 소득수준의 향상이 큰 영향을 미쳤다고 볼 수 있다. 1960년대까지 우리나라의 실정을 보면, 주식과 부식이 충분하지 못했고 단지 생존을 위한 식사였다고 할 수 있다. 일부의 식당에서 여행객들에게 음식을 제공하는 곳이 있다고 할지라도 식도락을 위한 외식수준에는 미치지 못하였다는 것이다.

최근에 가처분소득이 증가하고 도시화로 인한 핵가족화의 증가, 여성의 사회진출 확대로 인한 맞벌이 부부의 증가, 근로시간의 단축으로 인한 여가시간의 증가, 라이프스타일의 다양화와 신세대 소비계층의 출현, 평균수명의 연장으로 인한 노인 소비계층 증가 등의 사회문화적 변화는 외식산업을 발전시키는 계기가 되었으며, 외식의 기회를 폭발적으로 증가시키는 요인이 되었다.

또한 생산기술의 발달은 식품의 가공과 제조 및 유통능력을 향상시켜 풍부한 식재료가 공급되었으며, 식품의 수출입이 확대되면서 우리의 식탁은 한층 풍요로워졌다. 또한 해외여행의 자유화 조치로 국제 간의 식사문화 교류가 활발하게 이루어져 다양한 외국의 요리문화를 접할 수 있는 기회가 확대되었다.

우리나라 외식산업의 환경적 요인들을 경제적, 사회·문화적, 기술 및 자연적 환경요인 등으로 분류하여 살펴보면 다음과 같다.

1. 경제적 요인

1) 경기 상황

경기가 호경기일 때에는 투자가 활발히 이루어져 많은 일자리가 창출되고 근로자의 소득이 증가되어 소비지출이 확대된다. 따라서 기업은 더 많은 제품이나 서비스를 생산하게 된다. 경기가 호황이면 모든 기업의 판매량 증가를 의미하는 것은 아니지만, 기업성장에 유리한 환경요인을 제공하는 것은 분명하다.

한편 불경기에는 소비자들의 소비지출이 줄어들고 외식산업이 성장하는 데 많은 어려움을 겪게 된다. 특히 외식관련 산업에서는 경기의 호황과 불황이 매출액에 주는 영향력을 무시할 수가 없다. 일단 경기가 좋을 때 여유가 생기면서 가족들과 나들이와 함께 외식업소를 찾게 되는 것이다. 아무래도 경기가 좋지 않다면 정신적인 여유가 생기지 않으므로 위축되는 경향을 볼 수 있다. 따라서 어떤 산업보다도 외식산업은 경기에 가장 민감한 영향력을 받는 부분이라고 할 수 있다.

2) 국민소득 및 가처분소득의 증가

한국 외식산업의 시장규모가 빠르게 커지고 선진화되고 있는 가장 큰 요인은 바로 경제적 발전에 따른 국민소득의 증가이다. 1984년 1인당 국민소득은 2,158달러, 1990년 5,883달러, 1995년에는 10,079달러로 1만 달러 시대를 열었다. 이러한 국민소득의 증가는 외식산업발전에의 가장 큰 원동력이 되어 국민들은 여유있게 외식을 즐기게 되었다.

또한 고객의 욕구와 다양한 업태의 발생도 가능하게 만들었으며, 해외유명 외식기업들의 진출기회를 만들어주었다. 그러나 IMF 이후 1997년 국민소득은 9,511달러, 1998년에는 6,400달러로 감소하여 한국 외식산업 발전에 걸림돌이 되기도 하였다.

국민소득 증가 외에 외식산업이 발전하게 된 요인 중의 하나가 바로 개인이 처분할 수 있는 가처분소득disposal income의 증가이다. 경제발전의 소득향상으로 가처분소득이 증가하면 가계부문의 소비지출능력 또한 높아지게 된다. 도시 근로자가구의 월평균 가처분소득 증가는 자연히 보다 나은 문화생활을 위한 소비활동을 촉진시켰으며, 또한 여가에 대한 새로운 가치관의 정립과 더불어 다양한 문화 및 레저 활동에 참여하는 여유를 가져다줌으로써 외식으로의 참여기회가 자연스럽게 증대하게 한다.

3) 외식비 지출의 증가

최근의 소비지출을 살펴보면, 외식비가 차지하는 비중이 증가하고 식료품비의 비중이 감소하고 있다. 또한 세부품목별 구성비를 보아도 과거에는 주식비의 비중이 부식비나 외식비의 비중보다 훨씬 높았으나, 시간이 흐를수록 부식이나 외식에 대한 지출이 크게 증가하고 있다. 가구당 월평균 외식비지출 보면, 〈표 3-1〉과 같다.

표 3•1 가구당 월평균 외식비 지출 (단위 : 만원)

구 분	2007	2008	2009	2010	2011	2012	2013
식료품비	59.2	58	59	69	73	70	70
가정식비	35.9	35	35	40	42	42	43
외식비	23.2	22	23	23	25	24	24
기타	-	-	-	5	2	4	4

자료 : 통계청 자료에서 편집

미니사례 3·1

밥 한끼 · 커피 한잔 … 미리 내는 작은 기부 '미리내 운동'

사랑의 기적, 돌고 돕니다
누군가 미리 낸 순댓국 먹고 집에 돌아온 가출 아들…
그의 어머니도 식당 찾아가 "한 그릇 값 더 내고 갑니다"

서양 '맡겨놓은 커피'가 원조
100여년前 이탈리아서 시작… 美 · 英 · 캐나다 · 호주로 번져
한국선 커피뿐 아니라 칼국수 · 족발 등 음식까지

나눔도 즐겁게, 유쾌하게
"솔로 남자 드세요" "노래 한곡 부르면 누구나"
캠퍼스선 동아리 선후배 간 情 나누는 방식으로 인기
"식당 밖에 적혀 있는 순댓국, 제가 먹어도 되나요?"

지난 3월 서울 성북구 안암동 '신의주찹쌀순대'에 한 고등학생이 들어와 물었다. 식당 밖 '미리내 현황판'에 적힌 '순댓국 6그릇'이란 글씨를 본 것이다. "누군가 다른 사람을 위해 미리 돈을 낸 거란다. 이리 앉으렴." 최철수 사장이 따끈한 순댓국을 내왔다. 배가 고픈 듯한 학생은 순식간에 한 그릇을 말끔하게 비웠다. 학생이 방문한 이후 식당 밖 현황판은 '순댓국 5그릇'으로 바뀌었다. 일주일이 지났다. 40대 여자 세 명이 식사를 했는데, 계산을 하던 아주머니가 "한 그릇 값 미리 내고 갈게요"라고 했다. 친구들이 "왜 돈을 더 내느냐"고 묻자 그가 말했다.

"얼마 전 가출한 아들이 여기서 다른 사람이 미리 돈을 낸 걸로 밥을 먹었대. 그걸 먹고 집에 돌아올 맘을 먹었다고 하더라고." 일주일 전 찾아온 학생의 어머니였다. 최 사장은 "다른 사람을 위해 음식값을 미리 내주는 '미리내의 기적'이 바로 이런 것 아니겠느냐"고 했다.

✤100년 전통 '맡겨놓은 커피'가 단초

'미리내'는 돈을 미리 낸다는 뜻. 미리내 운동은 다른 사람을 위해서 미리 음식이나 음료 값 등을 지불해놓는 일종의 기부 운동이다. 서양에서 시작된 '맡겨놓은 커피(Suspended Coffee) 운동'의 한국판인 셈이다.

맡겨놓은 커피 운동은 100여 년 전 이탈리아 남부 나폴리 지역의 작은 마을에서 시작됐다. 카페에서 커피를 주문할 때 한 잔 혹은 여러 잔 값을 추가로 지불하고 맡겨두면 나중에 누군가 원하는 사람이 찾아와 커피를 마실 수 있도록 했다. 한때 자취를 감추는 듯하던 맡겨놓은 커피 운동은 2010년 12월 10일 세계 인권의 날 즈음에 이탈리아에서 '서스펜디드 커피 네트워크'라는 조직이 결성되면서 전 세계적으로 확산됐다. 커피 한 잔 값으로 어려운 지역 주민을 도울 수 있다는 취지에 공감하는 사람들이 많아지면서 유럽은 물론, 미국·영국·캐나다·호주 등으로 번졌다. 캐나다에서는 '맡겨놓은 식사(Suspended Meal)'가 등장하기도 했다.

한국판 맡겨놓은 커피 운동인 '미리내 운동'은 지난해 3월 시작됐다. 경남 산청의 작은 카페 '후후커피숍'이 미리내 가게로 운영된 이후 전국 220여곳으로 늘었다. 참여하는 가게가 많아지면서 미리 값을 지불할 수 있는 음식도 커피에 국한되지 않고 칼국수·족발·떡 등으로 다양해졌다.

미리내 가게 1호점인 후후커피숍은 2000원짜리 아메리카노를 파는 카페. 컨테이너를 개조해 만든 23㎡(약 7평) 남짓한 가게에서 1년 동안 200여명이 다른 사람을 위한 커피 값을 내고 미리내 운동에 참여했다. 최호림 사장도 매일 아침 첫 잔을 팔면 커피 한 잔을 미리내로 기부한다. 그는 "워낙 시골동네이다 보니 어르신들이 '이게 되겠나?' 하셨는데 요즘에는 어르신들이 먼저 '내가 여기 한 잔 사놓고 갈게' 하신다"고 했다. "둘째(1급 뇌병변장애)가 몸이 불편하다 보니 사람들과 함께 나눔이나 기부 활동을 할 수 있는 가게를 운영하고 싶다는 생각을 했죠. '나눔'이 익숙해지면 우리 아들이 살기에 좀 더 편한 세상이 될 것 같아서요. 그러던 중 미리내 운동을 추진하고 있던 김준호 동서울대 교수를 알게 돼 동참했습니다."

김 교수는 외국에서 맡겨놓은 커피 운동이 번지고 있다는 이야기를 듣고 "우리 정서와도 잘 맞아떨어진다"고 생각해 미리내 운동을 추진했다고 한다. 페이스북 등 SNS를 통해 홍보하고, 동참할 가게를 찾았다. 후후커피숍을 시작으로 강원도 원주 락복싱클럽, 서울 낙성대 라멘남, 경기 광명 광명왕족발 등 1년 만에 참여 가게가 200곳을 넘겼다.

이들 가게에는 미리내 운동에 동참하고 있다는 것을 알리는 작은 간판과 손님들이 음식값을 미리 지불하면서 메시지를 적을 수 있는 미리내 카드 등이 비치된다. 처음에는 김 교수가 이끄는 운동본부가 이들 물품을 지원했으나, 참여가게가 150개를 넘기면서 물품 지원비도 부담이 됐다. 그러자 미리내 운동에 참여한 가게들이 다음 참여 가게에 필요한 물품 비용을 내겠다고 나섰다. 손님들이 음식값을 미리 내는 만큼 미리내 가게 사장들도 다음 가게를 위해 미리 비용을 내겠다는 것. 지금까지 40여개의 미리내 가게가 물품 비용을 기부했다.

✣재미있는 조건 붙은 미리내도 등장

'오므라이스 한 그릇 팀플(팀으로 하는 과제) 스트레스 극심한 분 드세요.' '교문을 향해 절한 사람 고로케 하나 먹어!' '솔로 남자 드세요.' 지난해 10월부터 미리내 운동을 펼친 서울 강서구 내발산동의 고로케 · 떡볶이 전문점 '몬스터 고떡'에는 이 운동에 참여한 중·고등학생들이 적어놓은 기발한 미션들이 벽에 가득 붙어 있다.

처음에 '명덕남고 고3 학생 먹어라' '아무나 와서 드세요'라고 적혀 있던 미리내 카드에 특별한 행동이나 임무가 조건으로 달리기 시작한 것. '영·호남 화합을 생각하며 화개장터 노래를 부르고 떡볶이 하나 드세요' '내가 낸 퀴즈 맞힌 사람 고로케 하나 드세요' 등이다. 지금까지 780개의 고로케와 300개의 컵

떡볶이가 이 과정을 거쳐 다른 사람들에게 돌아갔다. 몬스터 고떡 임상진 사장은 "학생들은 미리내 운동을 친구들 사이에서 돌고 도는 재미있는 나눔이라고 여긴다"고 했다.

요즘은 부모님들의 미리내가 유행이다. '내 딸 남자친구 ○○○, 떡볶이 미리 내고 간다' '사랑하는 딸들, 엄마가 5000원 내고 감'이라고 적힌 카드가 많아졌다. 임 사장은 "부모들이 자녀들에게 직접 용돈을 줄 수도 있지만 미리내를 해주면 자녀와 대화할 거리가 많아진다고 생각하는 것 같다"고 했다.

대학가에서는 동아리 선·후배들 간에 미리내 경쟁이 붙기도 했다. 서울 성북구 안암동에 있는 음식점 '주유소'의 미리내 현판에는 이미 값을 치른 돈가스·오므라이스·회덮밥 숫자 밑에 '광피' '매스켓' 등 동아리 이름과 남은 금액이 적혀 있다. 지난해 회사에 취직한 선배가 오랜만에 학교 앞에 왔다가 동아리 후배들을 위해 20만원을 내고 가면서 경쟁이 붙었다. 고재일 사장은 "경쟁 관계에 있는 다른 동아리 선배들도 앞다투어 후배를 위해 밥을 사러 왔다"며 "선배들은 '후배들에게 술을 사준 적은 많아도 정작 따뜻한 밥 한 끼를 사준 적은 없었던 것 같다'며 기꺼이 지갑을 열었다"고 했다.

김준호 교수(미리내 운동본부 대표)는 "기존에는 기부가 나보다 어려운 사람을 위한 것에 한정돼 있었다면, 미리내 운동은 큰돈 들이거나 복잡한 절차를 거치지 않고 친구들과 간식 나눠 먹고 선배가 후배의 밥을 사는 형식으로 누구나 쉽게 참여할 수 있는 게 장점"이라고 했다.

❖'돌고 도는 나눔' 확산되기를

부작용도 일부 나타났다. '누구나' '공짜로' '다른 사람이 미리 낸 것을 이용할 수 있다'는 미리내 운동 참가자의 호의(好意)를 돈을 아끼는 수단으로 악용하는 사람들이 생긴 것이다. 고대 앞 카페 '빈트리 이백이십오'는 공짜 커피를 독점하는 사람들 때문에 얼마 전부터 미리내 운동으로 모인 음료를 인근 사회복지시설인 '승가원' 아이들에게 제공하고 있다. '주유소'는 미리내를 통해 먹을 수 있는 음식을 '밥'으로 한정했다. 미리내로 모인 돈을 여러 명이 몰려와 술값으로 한 번에 탕진해버리는 걸 막기 위해서다. 신의주찹쌀순대 최철수 사장은 "형편이 괜찮은데도 공짜 밥을 먹으러 오는 사람에게는 '좀 더 어려운 사람에게 양보하는 건 어떻겠냐'고 권유하기도 한다"고 했다.

서울 성북구 안암동의 인도카레 전문점 '오샬'은 미리내로 모인 돈으로 한 달에 한 번 인근 결식아동들에게 음식을 대접한다. 이영섭 사장은 "가게가 건물 3층에 자리하고 있다 보니 형편이 어려운 사람들이 찾아와 이용하기 어렵다"며 "미리내로 모인 금액에 돈을 좀 더 보태서 30만~40만원어치의 음식을 어려운 사람들에게 제공하고 있다"고 했다.

미리내 운동에 참여한 직장인 정상훈(31)씨는 "언젠가 다른 사람에게 도움을 받으면 '예전에 미리 낸 게 돌아온 거구나' 라고 생각하지 않을까요? 나눔은 돌고 도니까요"라고 했다.

출처 : 조선일보, 2014. 6. 14일자

2. 사회·문화적 요인

1) 가족구조의 변화

가족이란 혈연, 결혼 또는 입양 등에 의해 맺어진 2인 이상의 집단을 말한다. 가족은 핵가족nuclear family과 대가족extended family으로 구분되며, 한 개인이 소속하는 최초의 일차적 집단이다.

가족구성은 소비자행동에 영향을 주는 변수임에 틀림없다. 특히 가족의 구조변화는 외식산업의 발전을 설명하는 중요한 요인이 된다. 한국사회의 경우 대가족이 한 집단에서 살다가 분가하여 핵가족의 형태로 변하면서 외식에 대한 의존이 크게 증가하였다. 핵가족화의 가속화와 함께 비가족가구라는 부류가 늘어나면서 외식시장에도 큰 변화로 작용하고 있다. 비가족가구란 미혼, 별거, 배우자 사망 등으로 인한 독신가구를 말하는데, 한국사회는 결혼연령이 늦어지므로 미혼자수가 증가하고 이혼이나 별거 등의 이유로 독신자가 늘어나 이 그룹들이 외식시장의 성장에 영향을 주는 원인이 되기도 한다. 또한 아이 없이 직업을 갖고 있는 부부만으로 가족을 구성하는 이른바 딩크족DINK : Double Income No Kids의 유행도 하나의 원인이 될 수 있다. 또한 기존의 가정이나 가족을 떠나 혼자 생활하는 직장인의 인구가 늘고 여성의 사회진출로 인한 맞벌이부부 가정이 늘어나는 것도 외식산업과 관련된다.

2) 인구의 변화

인구통계demography란 인구와 관련된 모든 특성에 관한 통계학적 연구를 말하며, 상이한 특성을 가진 집단들의 규모, 분포 및 이들의 변화추세 등을 의미한다. 외식산업의 성장요인을 설명하기 위해 사용되는 기초적인 지표는 인구지표이다. 한국의 경우 지난 1970년대 말까지는 고출생, 고사망형의 인구구조 모양인 피라미드형이었다. 그러나 점차 저출생, 저사망의 인구구조인 항아리형태로 변화하였고, 점차 노령인구는 증가하고 유년인구는 감소하여 경제활동 인구비율은 상대적으로 적어지고 있다.

또한 의료기술의 발달에 따라 평균수명도 높아지고 있다. 이러한 현상은 외식산업에 있어서도 예외는 아니다. 인구규모가 클수록, 총부양비의 부담이 적을수록, 생산활동 가능인구층이 두터울수록, 평균수명이 높아질수록, 인구성장률이 높아질수록, 출산률과 사망률이 낮아질수록 외식시장은 성장하게 된다고 보는 것이 통설이다.

3) 가치관의 변화

식생활에 대한 가치관의 변화는 외식산업이 발전하는 동기가 된다. 식생활패턴이 서구화되고 종전의 생활보다는 더욱 윤택한 삶의 질을 추구하는 가치관이 확산되면서 전통적 식습관은 퇴조하고 간편하고 분위기 있는 외식산업의 발전을 촉진시켰다. 또한 신세대의 외국 음식문화의 편의성을 즐기는 가치관의 변화는 외식산업에 많은 영향을 주고 있다.

4) 여성의 사회진출

고도산업화가 됨에 따라 경제주체에도 변화가 왔다. 여성들의 사회경제활동에의 참여가 많이 확대됨으로써 가정에서는 맞벌이부부가 지속적으로 증가하게 되고, 이로 인해 여성이 가정에서 식사준비할 시간이 감소함에 따라 자연히 외식에 대한 소비성향이 높아졌다. 편의식품, 테이크아웃, 택배 등을 선호함으로써 외식관련 산업의 시장규모가 점점 증가하고 있다.

5) 자동차의 대중화

레저문화의 증가와 각 가정마다 자동차 보유대수가 증가함에 따라 여행이 보편화되면서 가족단위 또는 연인들이 자동차를 이용하여 외식업소를 찾는 경우가 늘어나고 있다. 이러한 자동차 이용고객을 유치하기 위해 일부 외식업소가 주차장 확보가 용이한 도시의 인근 간선도로에 인접하는 사례가 증가추세에 있으며, 도심의 외식업소들도 주차장을 확보하기 위한 노력을 기울이고 있다.

3. 기술적 요인

외식산업은 특성상 인적 요소의 서비스에 많이 의존하는 경향이 있다. 그래서 높은 노동집약적 의존성, 다품종·소량생산, 생계형 영세자본 등의 특성으로 다른 산업에 비하여 기술적인 혁신이 다소 어렵다. 그러나 최근에는 외국의 유명 외식브랜드들이 국내시장에 진출하면서 선진 경영기법이 도입되었고, 그에 따른 영향으로 국내 외식산업의 기술적 환경은 단기간 내에 빠른 성장을 하였다. 그동안의 경영방식에서 보다 합리적이고 신속한 경영관리가 이루어지게 되었으며, 첨단조리기법과 기계설비 · 포장방법 등의 도입은 국내 외식업계뿐만 아니라 관련 산업에도 큰 영향을 미치고 있다.

기술의 발달은 가열방법과 용기의 재질 개발로 다양한 조리기기가 현대화 · 과학화 · 자동화됨으로써 짧은 시간에 고품질의 요리를 대량생산할 수 있는 시스템을 갖출 수 있게 되었다. 인터넷과 무선통신기술의 발달은 먼 곳의 외식업체라 할지라도 시간과 장소, 그리고 거리에 구애받지 않고 소비자에게 판매 가능한 요리상품과 서비스정보를 제공함으로써 고객의 접근성을 개선했다.

또한 주방기기 발달로 조리시간의 절약과 품질향상을 가져왔고, 운영에 있어서도 컴퓨터 시스템의 도입을 필수적인 것으로 인식하기 시작하였다. 최첨단 조리기법이나 기계설비 등으로 포장기술이 발달함에 따라 테이크아웃이나 택배 등의 외식산업이 급속도록 성장할 수 있는 계기가 되었다.

컴퓨터 기술이 발달함에 따라 외식업에도 많은 변화가 일어났다. 메뉴의 주문 및 생산을 효율적으로 운영하는 일은 물론 원가관리, 회계관리, 판매관리 및 고객관리 등에 이르기까지 과학적인 경영이 가능하게 되었다. 특히 선진화된 해외 브랜드가 국내에 진출함에 따라 그들의 과학적이고 체계적인 운영시스템을 바탕으로 우리나라의 패스트푸드와 패밀리레스토랑을 중심으로 프랜차이즈를 전개하고 있으며, 이런 경영노하우를 축적한 외식업체가 증가하고 있다.

4. 자연적 요인

오늘날 지구촌은 생태계를 파괴함으로써 산성비와 오존층 파괴 및 지구 온난화 현상 등을 야기시켰다. 또한 각종 산업폐기물에 의해 해양오염과 수질오염 및 각종 질병 등을 발생시키고 있다. 이러한 환경문제를 방지하기 위하여 대부분의 국가들은 각종 규제조치를 전 산업에 적용시키고 있으며, 외식산업도 예외 없이 여러 가지 규제를 받게 되었다.

기업이 단순히 자연을 보호한다는 환경친화적인 마케팅전략을 실행하는 것만이 아니라 지구생태에 영향을 주는 생산활동, 서비스활동, 판매활동 등도 신중해야 한다. 중금속이나 오염물질을 배출하는 기업이나 외식업체는 단순히 법률적 제재조치를 받는 수준이 아니고, 기업이나 점포 자체가 일정 지역에 존립할 수 없는 수준으로 지역주민의 반발이 발생하고, 고객의 거부로 결국은 점포의 존립 자체가 어렵게 된다.

어떤 문제가 발생하면 제재조치가 있다는 의미보다 사전에 지구생태를 파괴시킬 가능성이 있는 행위를 차단하는 조치를 요구하기도 한다. 음식물 쓰레기가 아예 발생하지 못하도록 극소량의 식단을 만들게 하며, 음식이 부족할 경우에는 보충하는 방식의 영업을 하도록 법적인 사전규제를 행하는 국가도 있다.

국가에 따라서는 음식 쓰레기의 발생이나 예방을 위해 초등학교 때부터 필요한 교육을 실시하고, 전 시민이 생태환경을 보호하여 훌륭한 관광자원을 보유하게 됨으로써 세계적인 관광지로 탈바꿈한 지역도 있다. 생태환경보호에 대한 규제는 점점 강화될 것으로 보이는데, 우리나라의 현실과 비교해 보면 좋은 대책이 필요한 시점이라고 생각된다.

외식산업에 있어서 해결해야 할 문제점 중의 하나가 음식물 쓰레기와 관련된 사항이다. 음식물쓰레기는 일반 생활쓰레기와 달리 물기가 85%를 차지하며, 분해가 비교적 적은 유기성 물질로 구성되어 있어 재활용을 어렵게 하고 있다.

따라서 수거하고 운반할 때에도 오수 및 악취 등으로 작업에 불편을 줄 뿐만 아니라 매립지에서 침출수의 주요 원인으로 토양 및 지하수 오염과 부패로 인한 악취 및 유해가스 발생, 이로 인한 대기오염 등 2차 오염을 발생시키기도 한다. 또한 높은 수분함량으로 소각 시 효율을 저하시켜 보조연료의 추가공급 등으로 비용상승의 원인이 되고, 소각온도 저하에 따른 다이옥신 등 대기오염물의 생성을 유발할 가능성도 높다. 결국 음식물 쓰레기의 부적절한 처리는 기타 폐기물과의 혼합에 의해 재활용품의 분리를 어렵게 만들며 환경오염의 주범으로 지적되고 있다.

음식물 쓰레기의 발생량을 보면 음식점 42%, 가정 41%, 시장 13%, 단체급식소 4% 등으로 음식점과 가정에서 배출되는 쓰레기가 전체의 83%를 차지하고 있다. 이 같은 음식물 쓰레기는 막대한 자원낭비와 환경문제를 유발시키고 생활환경을 더럽히며, 각종 질병을 일으킬 수 있는 비위생적인 요소를 지니고 있다. 그러나 음식물 쓰레기는 양질의 유기성 물질로서 적정한 과정으로 처리한다면 사료 또는 퇴비 등 자원화가 가능한 폐기물이 될 수도 있다.

2001년도 우리나라의 음식물 쓰레기 배출량은 4,632톤이고 금액으로는 약 20조 원에 이른다. 이것은 식량공급량의 18.7%에 해당하고 농축수산물 수입량의 150%에 이르는 금액이라고 한다. 아직도 정책당국이나 외식경영자들이 이러한 현실에 대한 연구나 의식이 부족하고, 가정주부나 소비자들도 이런 문제를 심각하게 생각하지 않는 것은 안타까운 일이다. 선진국에서는 이미 3R[Reduce, Recycle, Reuse]을 전개하여 음식물 쓰레기 발생량 축소를 해결하고 있다.

이 밖에도 식자재 운반에 따른 에너지 사용으로 발생하는 공해물질의 배출을 축소할 목적으로 점포 인근에서 약간 고가라도 식자재를 구입하도록 하는 Green Supply 운동도 일어나고 있다. 최근에 일부 외식경영자들도 지구생태계 문제에 대한 인식이 높아져 적극적으로 이 운동에 동참하고 있으며, 국제적 기준인 ISO 인증 취득과 HACCP 자격획득을 위해 노력하는 모습을 보이고 있는 것은 좋은 현상이라고 볼 수 있다.

미니사례 3•2

여기 음식 맛있네 … 식재료 주실래요?

식재료 파는 식당 '델리형 매장'
고기만 파는 정육식당과 달리 요리에 필요한 양념 · 향신료도 판매
소비자, 식재료에 대한 관심 높아져

서울 신사동 '존쿡 델리미트'에서는 매장에서 만든 햄과 소시지를 먹을 수도 있고 사갈 수도 있다. 식료품점과 음식점이 결합한 '델리형 매장'이 늘고 있다.

서울 신사동 '존쿡 델리미트'의 인기 메뉴 '소시지 플래터'는 매장에서 직접 만드는 소시지가 올라온다. 먹어보고 마음에 들면 테이블 옆 진열대에서 집어서 사갈 수도 있다. 통인동에 있는 '유로 구르메'에서는 직접 수입한 유럽산 햄과 치즈, 머스터드(양겨자) 따위 식재료를 판매할 뿐 아니라 이 재료들로 만든 샌드위치 등을 테이블에 앉아 먹을 수 있고 사갈 수 있다. 요즘 가장 '핫'하다는 레스토랑 '수마린'에서 운영하는 '에피세리'는 프랑스·태국·중동 등 세계 각국 음식을 판매하면서 동시에 이 요리들에 들어가는 식재료를 카운터에서 판매한다.

조리된 음식과 함께 식재료도 파는 식당이 늘어나고 있다. 서양에는 이러한 형태의 매장이 오래전부터 있었고, 이를 델리(deli)라고 부른다. 미국 외식업계에서는 식료품점을 뜻하는 '그로서리(grocery)'와 '레스토랑(restaurant)'을 합친 '그로서런트(grocerant)'란 신조어(新造語)도 내놓았다. 유럽의 델리는 정육점이나 식료품점에서 원재료와 함께 조리된 음식을 판매하는 경우가 대부분이다.

이 업체들이 델리형 매장을 내는 이유는 국내 소비자에게 생소한 외국 식재

료를 제대로 알리기 위해서다. 2011년부터 '유로 구르메'를 운영하고 있는 '구르메 F&B' 서재용 대표는 "서양 식자재를 요리사들조차 잘 모르더라"며 "어떻게 활용하는지 알려주려고 냈는데 매출도 괜찮아 2호점을 파이낸스센터에 곧 열 예정"이라고 말했다. 존쿡 델리미트를 운영하는 육가공 업체 '에쓰푸드' 관계자는 "유럽 전통 소시지와 햄은 '브라트부르스트(bratwurst)'등 이름부터 어려워서 어떻게 먹는지도 소비자들이 잘 모른다"며 "국내에서는 소시지나 햄에 대해 부정적 인식이 아직 있어서 이를 불식시키겠다는 목표도 있었다"고 설명했다.

소비자들은 왜 그로서런트를 찾을까. 레스토랑 컨설턴트 김아린씨는 "재료부터 다듬어서 식사를 차릴 시간이 없는 바쁜 이들을 위한 가정 간편식(HMR·Home Meal Replacement)이 최근 트렌드"라며 "싱글족이나 자녀가 없는 젊은 부부라면 식재료를 대량으로 사다가 다 먹지 못하고 버리느니 잘 만든 가정 간편식을 사다가 먹는 편이 더 경제적일 수도 있다"고 말했다. 미국에서도 델리형 매장·그로서런트의 최근 성장세를 같은 이유로 설명한다.

하지만 국내 델리형 매장·그로서런트에서는 아직 한국 사람이 '집밥'보다는 '외식'으로 인식하는 외국 음식을 판매하는 경우가 대부분이다. 소비자들이 이러한 형태의 매장을 찾는 다른 이유가 있다는 말이다. 음식평론가 강지영씨는 '식재료에 대해 높아진 관심과 인식'을 꼽는다. 강씨는 "최근 레스토랑 승패는 식재료에서 갈린다"고 말했다. "요리사들 실력이 상향 평준화되다보니 식재료가 승부처가 되고 있어요. 또 패밀리레스토랑 등 많은 식당이 매장에서 음식을 직접 만들어 내기보다는 진공 포장해 배달된 완성 요리를 데우기만 해서 내놓거든요. 그런데 델리형 매장에서는 원재료부터 직접 만든 음식을 먹을 수 있고, 또 만드는 과정을 눈으로 확인할 수도 있지요."

강씨는 "프랑스에는 '특정 지방의 닭으로 만든 요리를 파는 델리'라는 식으로 구체적이고 세분화돼 있다"면서 "앞으로 한국에도 '전남 고흥의 식재료상' 식으로 세분화된 매장이 나올 것"이라고 전망했다.

출처 : 조선일보, 2014. 9. 17일자

02 한국 외식산업의 과제와 나아갈 방향

1. 국내 외식산업의 문제점

매출액 외형으로 볼 때 40조 원을 넘는 국내의 외식시장은 업소 규모가 30명 미만인 영세 군소업체가 주종을 이루고 있다. 그리고 개인경영의 형태가 많아 관리시스템의 체계화가 부족한 것이 중요한 문제로 부각된다. 국내 외식산업의 문제점을 몇 가지로 나누어서 간략하게 살펴보면 다음과 같다.

1) 경영자의 인식부족

외식산업이 경영관리적 측면에서 접근하지 못하면 해외 외식업체와 경쟁할 수 없다. 그래서 맛에만 주력하거나 프랜차이즈 형태로 개업하면 쉽게 경영할 수 있다고 믿는 경우가 많다. 이러한 직업적 장인정신의 결여로 인해 외식사업의 수명주기가 짧다. 음식에 관한 지식을 배우는 것을 게을리하고 투자한 자본만 회수하는 것에 급급하다면 한국 외식산업의 전망은 밝지 못할 것이다.

기존의 유명외식업소가 갖고 있는 명성은 하루 아침에 이루어지는 것이 아니다. 외식업소마다의 독특한 경영 노하우가 있으며 앉아서 고객이 들어오기만을 기다릴 것이 아니라 연구개발에 대한 과감한 투자를 통하여 장기적인 고객을 확보하는 노력이 필요하다.

2) 종업원의 직업관 결여

외식업에 종사하는 사람들의 특징이 이직률이 높고 그 분야에서 전문적으로 일하겠다는 의지가 약한 것이 사실이다. 종업원의 직업의식이 희박하면 진정한 서비스가 나올 수 없다. 외식사업은 서비스업에 속하므로 경영자는 직원에 대한 교육훈련을 강화할 필요가 있다.

외식산업 종사자로서의 자부심을 갖도록 하고 최근에 외식산업에 대한 사회적인 관심도가 높아지기는 하였지만, 아직도 상당수의 경영자와 직원들은 자신이 외식산업에 종사하고 있다고 사회적으로 자부심을 갖고 떳떳이 밝히지 못하고 있다. 이에 따라 전문적인 직업의식을 통해서 얻을 수 있는 경영기법의 축적이 이루어지지 못하고, 또한 심각한 구인난을 겪게 되는 현상이 나타나기도 한다.

3) 과도한 경쟁

한국 외식산업의 상당수가 직원수 4명 이하이거나 가족이 종업원인 경우가 많다. 충분한 자금이 없어도 이러한 사업을 할 수 있다는 인식으로 인해 창업자는 쉽게 외식산업에 진입하고 있다. 그런 이유로 경쟁이 치열해지고 질이 떨어지는 업소도 많이 등장한다.

해외 브랜드를 지닌 외식산업이 1988년 이후 국내에 진입하면서 한국인의 입맛을 서구화하고 있다. 또한 이들은 무엇보다 막강한 자금력과 경영노하우, 인테리어 디자인이나 분위기 및 서비스의 질 등으로 국내 외식산업을 크게 위협하고 있다.

대부분의 외식업소가 가족노동력 중심의 영세 생계형이다 보니 직원교육, 서비스, 메뉴개발, 원가의식, 위생 등의 사항에 적절한 투자를 못하고 있다. 또한 과다한 외식업소의 출현으로 저마다 제살 깎아먹기식의 무분별한 경쟁을 벌이고 있는 것도 문제점이다. 일본과 비교해 보면, 일본은 253명, 83가구당 외식업소가 1점포이지만, 우리나라는 122명, 32가구당 외식업소가 1점포로 업소가 과밀화되어 있어 경쟁이 치열하다.

4) 프랜차이즈나 체인관리본부의 관리 불성실

프랜차이즈가 외식산업을 발전시키는 촉진제 역할을 한 것은 부인할 수 없는 사실이다. 그러나 일부 프랜차이즈 본부는 특별한 관리노하우 없이 이름만 내걸고 영세 외식업을 묶어놓는 경우가 있다. 또 다른 경우는 맛에 명성이 쌓인 후 체인점이 증가하였으나 초기의 맛을 잃게 되어 고객들이 외면하게 되기도 한다.

국내 자생브랜드를 가진 일부 체인본부들은 본부의 능력이 제대로 갖추어져 있지 않은 상태에서 가맹점을 모집하여 가맹비만 챙기고 가맹점의 경영·매출 등에는 전혀 관심을 기울이지 않고 있어 실제로는 동일한 브랜드만 쓰고 있을 뿐 통일된 이미지를 형성 · 유지하며 점포를 운영하고 있지 못하고, 위생 · 서비스 등의 수준도 떨어지고 있는 실정이다.

외식기업의 국제화 · 세계화시대에 한국 외식기업들이 경쟁력 있는 힘을 갖기 위해서는 외식산업의 경제적 흐름을 지원해 주지 못하는 여러 가지 규제가 완화되어야 한다. 특히 외국의 유명 외식기업들과 맞서기 위해서는 금융여신규제를 더욱 완화시켜 외식업소의 재정적 기반이 약화되는 것을 막아야 한다. 이제는 외식활동도 하나의 문화생활로서 자연스럽게 받아들이고 정부와 외식기업은 서로 관심과 보조를 같이해야 한다.

2. 국내 외식산업의 전략

1) 전문가의 의식교육

종사자들로 하여금 전문적 장인정신과 서비스 정신을 갖게 하는 교육이 필요하다. 따라서 이러한 교육을 전문으로 하는 기관을 늘리는 것이 시급하다. 미국의 경우는 미국식당협회NRA가 교재 및 교육용 비디오 발간, 경영기법 개발, 각종 통계지표 개발 등을 통해 회원가입의 길잡이 역할을 하고 있다.

2) 한국음식의 세계화

한국음식은 여러 가지 면에서 우수성을 인정받고 있으며, 외국인도 한 번 시식을 하면 호감을 갖게 되는 강점이 있다. 그러나 이것을 세계적 브랜드로 육성시켜 가치를 높이는 노력을 하는 것이 필요하다. 외국인에게 친숙한 맛으로 한국의 전통음식을 재개발한다면 한국 외식산업은 전망이 좋은 분야이다. 최근에 퓨전음식이 각광받고 있는데, 이러한 연구가 더욱 활성화되어야 한다.

3) 선진경영기법의 개발

과거에 하던 주먹구구식 운영으로 경영체제에서 살아남기 어렵다. 소비자의 권리의식이 높아지고 고급화되면서 체계적인 경영관리기법을 개발해 나가지 않으면 여전히 외국계 외식사업체에 자리를 내어줄 수밖에 없을 것이다. 음식의 품질에 대한 애착을 갖고 지속적으로 연구·개발하고 마케팅기법을 도입하여 소비자의 만족을 위해 노력하는 것만이 성공할 수 있는 지름길임을 깨달아야 한다.

4) 기능성 건강식 개발

피자가 맛은 있으나 성인병에 대한 우려가 있자 샐러드 등 채소, 과일을 주로 다루는 업태가 생기는 것처럼 앞으로 먹을거리를 통해 건강을 추구하는 경향이 높아지게 될 것이다. 더 나아가 먹을거리를 통해 질병을 치료하는 적극적 기능식품의 개발에도 투자가 이루어져야 할 것이다.

미니사례 3·3

여기, 전주비빔밥 테이크아웃이요

비빔밥세계화사업단, 간편식 비빔밥 안테나숍

비빔밥세계화사업단이 지난 3년간 비빔밥을 개량해 만든 퓨전 음식들. 왼쪽 위부터 시계 방향으로 컵비빔밥, 비빔버거, 비빔볼, 브리또비빔밥, 바게트비빔밥, 꼬치비빔밥 사진

"비빔밥을 젊은이 입맛과 취향에 맞춰, 뉴욕과 베이징 거리에 나서게 하는 겁니다."

사골로 지은 밥에 30여 가지 재료를 얹어 비비는 전주비빔밥이 테이크아웃 간편식으로 등장했다. 컵비빔밥과 비빔밥크로켓, 한입에 쏙 들어가는 비빔볼 등이 그것이다. 사단법인 비빔밥세계화사업단이 지난 3일 전북 전주 한옥마을에 아담한 안테나숍으로 '믹스밥'을 열고 길거리 젊은이들을 불러 모은다.

"김치, 불고기와 함께 비빔밥은 K푸드의 대표 주자입니다. 무거운 돌솥이나 전통 유기를 벗으면 더욱 친숙하고 편리해져요."

이 간편식들은 전주비빔밥 재료들을 모두 넣어 비빈 뒤 만들어진다. 400㎖ 투명 용기 속 컵비빔밥엔 계란채·황포묵·새싹 등을 얹어 오방색(五方色)으로 군침을 돋운다. 밥을 빵이나 만두피로 싼 게 비빔밥 크로켓·만두이고, 둥글게 뭉친 뒤 튀긴 게 비빔볼이다. 작년과 올 10월 전주비빔밥축제 때 거리에서 1인분 2500~4000원씩에 내놓자 순식간에 동이 났다.

사업단은 전북대와 전주콩나물영농법인·전주생물소재연구소·순창군장류연구소 등 18개 기관·단체가 2011년 만들었다. 지구촌 신세대를 겨냥, 전주비빔밥과 다양한 식재료의 퓨전을 시도했다. 브리또비빔밥은 멕시코풍으로 또띠

야를 둘렀고, 비빔버거는 빵처럼 뭉친 비빔밥 속에 돼지고기 대신 닭가슴살을 넣어 이슬람권까지 겨냥했다. 으깬 감자를 넣어 밥을 뭉치면서 전통 비빔밥은 바케트비빔밥, 꼬치비빔밥, 피자비빔밥으로도 메뉴를 넓혔다. 사업단이 개발한 비빔밥은 모두 120여 가지다.

사업단은 정부 지원을 받아 고추장 대신 들깨·된장·토마토·키위 등으로 비빔소스를 만들면서 현미·브로콜리·오디 등을 가미한 웰빙 비빔밥들도 만들어냈다. 전주 도심 경원동에 최근 문을 연 뷔페형 비빔밥집 '전주부-온'은 다채로운 기능성 식재료를 내놓고 골라 넣어 비비게 한다. 사업단은 영·중·일·불·독·스페인어 등 6개 국어로 그 다양한 레시피를 공개하고 있다(www.koreancuisine.kr).

사업단장인 양문식(62) 전북대 교수는 "소스와 다양한 비빔 재료, 그리고 휴대용 가온(加溫) 용기까지 만드는 업체들이 나타나 K푸드 신산업을 일으키게 될 것"이라고 말했다.

출처 : 조선일보, 2014. 12. 5일자

PART_2

외식산업의 경영관리

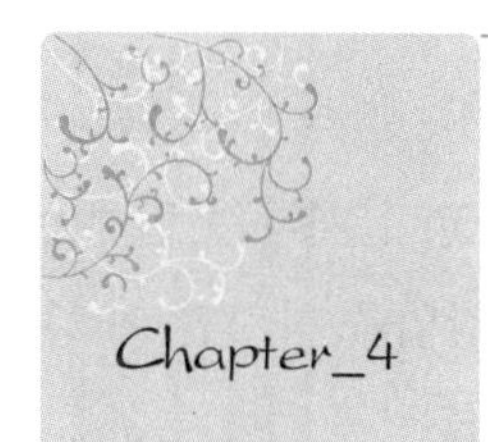

외식산업의 창업

01 창업의 의의 및 중요성

1. 창업의 의의

창업entrepreneurship이란 기업을 새로이 창조하는 것으로 학문적인 창업에 대한 정의는 "인적 · 물적 자원을 적절히 결합하여 설정된 기업목적을 달성하기 위하여 상품이나 서비스를 조달 · 생산 · 판매하거나 그와 부수된 활동을 수행하는 것"으로 말할 수 있다. 또한 실무적인 관점에서의 정의는 "개인 또는 집단이 자신의 책임하에 돈과 사람을 동원하여 새로이 사업을 개시하는 것"으로 정의를 내리고 있다.

따라서 개인적 입장에서는 기존에 있는 사업체를 인수하는 것이든 완전히 새롭게 시작하는 것이든 모두 창업이라고 말할 수 있다. 또한 다루는 상품, 서비스의 유형, 자금의 대소 등과 관계없이 새롭게 사업을 시작하면 이를 곧 창업으로 볼 수 있는 것이다.

막대한 자금과 많은 인력을 들여서 처음부터 거창하게 시작하는 창업뿐만 아니라 턱없이 부족한 자금으로 매우 어렵게 시작하는 창업도 매우 의미가 있으며, 새로운 창조활동임에 틀림없는 것이다. 비교적 여유있는 사람이 대형 식당을 차리는 것보다 온 가족의 생계를 책임지고 포장마차를 끌어 거리로 나서는 실직자의 창업이 사회적으로 더 중요한 의미를 가질 수도 있는 것이다.

2. 창업의 중요성

미국에서는 매년 90만 개 정도의 업체가 새롭게 창업을 하고 실패하는 업체는 7~8만 개에 불과한 반면, 우리나라에서는 해마다 3만여 명이 창업을 하지만 이 중 거의 절반이 경영부실, 판매부진 등으로 휴·폐업한다고 한다.

창업자는 사업의 성공과 실패를 고민하기 전에 나는 과연 창업을 할 것인가 말 것인가를 확실하고 명백히 결단해야 한다. 결단이 되어야 비로소 사업의 출발선에 서는 것이고, 일단 출발한 다음부터는 "어떻게 하면 성공하는 사업을 할 것인가?"에 모든 힘과 노력을 기울여야 한다.

창업은 많은 사람들에게 있어서 새로운 인생을 열어가고자 하는 마지막 비상구로서의 의미가 있다. 만일 자신의 시도가 계획한 것과 전혀 다른 결과를 가져올 경우 나타나게 될 부분에 대해서도 신중하게 고려하여야 한다.

특히 중요한 점은 시장여건의 변화에 지나치게 민감하게 반응하기보다는 자신의 준비정도가 창업에 적합한지를 판단하는 일이다. 흔히 어느 사업이 유망하다는 얘기가 돌면 무작정 뛰어들어 낭패를 보는 사람이 있는데, 이것은 대부분 사전준비의 소홀에서 초래될 수 있다.

대부분의 사람들에게 있어 창업은 최소한 수 년간은 계속 이끌어갈 자기사업이다. 따라서 남의 말에 솔깃해 준비되지 않은 상태로 뛰어들어 후회를 남기는 것은 참으로 어리석은 행동이다. 또한 아무리 철저한 사전준비를 하더라도 그것이 잘못된 방향일 경우 실패할 수도 있으며, 지나치게 신중하여 매력적인 시장기회를 상실할 수도 있다. 따라서 철저하면서도 서두르지 않는 창업준비의 과정이 필요하며, 충동이나 막연한 구상에 의해 지배당하지 않고 현실적인 계획을 수립할 수 있는 창업이 중요하다고 할 수 있다.

미니사례 4·1

음식 장사나 할까? 그렇게 시작하면 망한다

식당만큼 힘든 거 없어
조리부터 서빙 · 주차안내까지 모든 걸 직접 할 각오 있어야
문 열면 지인들 와주겠지? 착각이다, 와도 한 번 오고 끝

이 분야 감독급인 나도 망해
4년 前 파주에 분점 냈는데 근처에 대기업 공장 들어서
다른 식당 옮길때 고집 피우다 최근 문 닫아, 남은 건 그릇뿐

김창민 사장이 가장 경계하는 말은 "식당이나 해볼까"다. 식당만큼 하기 어려운 사업도 없다고 주장하는 김 사장은 "조리부터 서빙까지 모든 걸 직접 할 수 있는지 스스로 물어보라"고 했다.

'신발 분실 시 책임지지 않습니다.' 식당에서 흔히 보는 안내문에 그는 분노한다. "손님이 신발을 잃어버렸는데 어떻게 식당에 책임이 없나. 고객을 맞이하는 기본자세가 아니다."

배추값이 비싸지면 김치 한 접시도 인색해지는 식당에 그는 흥분한다. "배추값이 쌀 때는 손님에게 김치를 따로 싸주기라도 하나? 김치가 '금치'가 될수록 식당에서라도 맘껏 드시라고 더 넉넉히 내야 한다."

최근 '식당, 이렇게 하면 빨리 망한다'(다음생각)란 책을 펴낸 대구 금산삼계탕 김창민(54) 사장은 "저희 가게는 신발장 앞에 CCTV를 설치하고 칸마다 열쇠를 달았다"고 했다. "식당의 시작과 끝은 손님이니 손님을 어떻게 위해야 할지를 먼저 생각해야 성공한다." 1991년 개업한 금산삼계탕은 대구에서 가장 인기 있는 삼계탕집이다. 한 그릇에 1만3000원인데 복날이면 하루 4000그릇을 판다.

삼계탕으로 성공하기까지 그는 대한민국에서 팔 수 있는 건 모두 팔아본 사

람이다. 가난한 집에서 태어나 초등학교 졸업장 받자마자 밥벌이에 나섰다. 동생이 배고파 칭얼거리는 걸 보고 무작정 뛰쳐나와 덤벼든 게 '아이스케키' 장사였다. 찹쌀떡, 껌, 신문 배달, 중국 음식 배달, 구두닦이, 구두 팔이, 손수레 커피, 삶은 계란, 단팥죽 등으로 이어졌다. 쉽게 버는 돈의 유혹에 빠져 휘발유에 톨루엔을 섞은 '가짜 휘발유' 장사를 하다가 화상을 입고 죽다 살아난 적도 있다. 그러다 '집에 먹을 게 떨어질 일은 없을 것 같아서' 시작한 것이 음식 장사였다. 그래서 김 사장은 말한다. "저처럼 잘 모르면서 '음식 장사나 할까' 하는 생각에 시작하는 분들은 혼이 좀 나야 한다." 40년 산전수전 끝에 얻은 결론이었다.

• 직장 그만두거나 은퇴하면 식당을 해보겠다는 사람들이 많은데.

"먼저 가슴에 손을 얹고 스스로에게 물어봐야 한다. '나는 주방에 사람이 없으면 음식도 하고 홀에서 서빙도 하고 주차 안내도 할 수 있는가?' 하나부터 열까지 다 하겠다는 각오가 없으면 식당은 아예 생각도 말라. 가장 위험한 은퇴자는 2억~3억원 가진 분들이다. 그 정도 받은 분들은 회사에서 어느 정도 올라섰던 분들이다. 밑바닥에서 죽기 살기로 시작하겠다는 생각보다는 '문 열면 지인들이 와주겠지' 기대한다. 착각이다. 와도 한 번 오고 그만이다."

• 책에서 카지노보다 식당이 더 어렵다고 주장했는데.

"평균적으로 카지노에 10명 들어가면 2명은 따고 2명은 본전, 나머지는 잃고 나온다고 한다. 식당은 그보다도 못하다. 길게 마음먹어야 이긴다. 일단 열었다가 권리금만 받고 팔려고 하면 무조건 망한다. 손님은 귀신이다. 그런 식당은 단박에 알아본다."

• 그러면 어떤 자세로 시작해야 할까?

"인도에 가서 숯불갈비로 성공하겠다는 자세가 돼야 한다. '소고기 안 먹는 인도에서 웬 갈빗집이냐' 싶을 것이다. 하지만 소고기 안 먹는 것은 힌두교도일 뿐 무슬림은 먹는다. 인도 인구가 12억명이고, 무슬림이 13%로 약 1억500만명이다. 우리나라 인구보다 많다. 먹는 장사라고 막연하게 생각하지 말고 철저히 따져보고 덤벼야 한다."

• 식당이 잘 되려면 무엇이 가장 중요한가?

"첫째도 목, 둘째도 목이다. 어디서 여느냐가 성패를 좌우한다. 부동산이나 전문가의 컨설팅에 의존하면 안 된다. 직접 고르라. 일단 되겠다 싶은 곳을 찍고, 적어도 보름은 앞 골목에 봉고차를 세워두고 들어앉아서 관찰하라. 그 가게에 몇 명이 들어가는지, 도시가스를 쓰는지 등등 다 알아야 한다. 간혹 오래된 가게 중에 목이 좋지 않은 경우가 있다. 그 가게도 처음에는 좋은 목이었는데, 재개발 등으로 동네가 변해서 그래 보이는 것이다."

• 성공 비결을 잘 알고 있으니, 더 확장을 해도 될 텐데?

"제가 이 분야에서는 선수급 지나 감독급이다. 그런데도 망할 수 있는 게 식당이다. 그래서 어렵다는 것이다. 4년 전 파주 분점을 제가 절반 투자해서 열었다. 목 분석도 당연히 했다. 맛있었고 영업도 열심히 했다. 어느 날 대기업 공장이 약간 떨어진 곳에 들어섰다. 근처 식당이 다 옮겨갔다. 뒤따라 가지 않다가 결국 최근에 문을 닫았다. 남은 건 그릇뿐이었다."

• 홈페이지에 삼계탕 조리법을 공개했다. '며느리도 모르는 비법' 정도는 있어야 손님이 드는 것 아닌가?

"이제 비법으로 손님 끄는 시대는 갔다. 100만원만 주면 유명 음식점의 조리법을 고스란히 알아내 주는 전문 회사도 있다. 돈 주고 식당만 고르면 그 맛을 낼 수 있다. 며느리도 모르는 비법이 알고 보면 미원이라는 우스갯소리도 있지 않나."

• 공개한 조리법에서 '소량의 미원과 다시다가 들어간다'고 밝혔다. 손님이 떨어질까 두렵지 않았나?

"17년 전 홈페이지 열었을 때부터 밝혔는데 손님이 전혀 줄지 않는다. 인공조미료(MSG) 안 쓰는 집이 과연 몇 군데나 될까? 짬뽕 국물 맛을 MSG 없이 낼 수는 있다. 관자와 조개 등을 넣고 오래 끓이면 되지만 그 재료와 그 시간이면 한 그릇에 2만5000원은 받아야 한다. 그 가격에 짬뽕이 팔리겠나. 맛을 위해 MSG를 소량 넣고 정당하게 밝히면 손님이 알고도 선택한다."

금산삼계탕의 '정직한' 맛에 대해 자랑하는 김 사장에게 "그러면 금산삼계탕이 제일 맛있느냐"고 물었다. 의외로 그는 "저희 집보다 더 맛있는 곳이 있다"며 "서울 호수삼계탕의 걸쭉한 국물과 서비스로 나오는 통오이는 생각만 해도 군침이 돈다"고 말했다.

• 맛있는 삼계탕집은 다른 곳과 무엇이 다른가?

"그날 잡은 닭을 쓴다. 저같이 이 일을 오래한 사람은 보자기 아래 감춰놓은 닭을 슬쩍 만져만 봐도 냉동했다 얼마 만에 녹였는지 대부분 맞힌다. 먹어보면 더 말할 것도 없다."

• 그렇게 간단한데 맛없는 삼계탕집은 왜 생기나?

"입장을 바꿔 배달업자라고 치자. 어디에 가장 먼저 갖다주겠나. 유명한 집이다. 새벽부터 배달을 돌다 보면 유명세가 처지는 식당은 오후 4시나 돼야 도착한다. 당연히 고기 맛이 떨어진다. 신선육을 공급받는 것도 능력이다. 그래서 식당업이 전쟁이라는 것이다."

출처 : 조선일보, 2014. 5. 10일자

02 창업의 성공요인 분석

1. 창업의 실패를 줄이는 요인들

많은 사람들이 창업에 도전하지만 기대한 성공을 거두는 사람들은 제한되어 있다. 실제로 기업은 관점에 따라 다르지만 창업의 실패율은 70~90%에 이른다고 보는 주장도 있다. 그러나 이처럼 실패율이 높다고 해서 창업을 포기하는 것은 아쉬움이 있다. 따라서 창업의 실패율을 줄일 수 있는 방법을 찾아야 하며, 그러한 요인들을 살펴보면 다음과 같다.

첫째, 시간을 가지고 철저한 준비를 해야 한다. 창업 실패의 이유 중 상당수는 충분하지 못한 준비에서 비롯된다. 실패요인을 보면 시장분석의 미비, 기술수준의 부족, 자금부족, 그리고 인원문제 등 많은 요인들이 포함된다. 따라서 철저한 사전 준비와 정보수집으로 창업의 성공기회를 높여야 한다. 준비된 창업자는 열악한 환경하에서도 여유를 가질 수 있는 것이다.

둘째, 전문가의 조언에 귀를 기울여야 한다. 창업은 흔히 기밀유지가 요구된다. 따라서 객관적 입장에서 사업 아이디어의 성공 가능성을 평가받는 것이 쉽지 않다. 외부의 자금지원을 필요로 하는 경우에는 공식적인 사업 계획서를 통해 평가받을 수도 있지만, 대개 스스로 자금조달을 하는 개인의 경우에는 그럴 기회가 별로 없다. 그러므로 시장기회의 판단을 자신에게 유리한 방향으로 받아들이고 치명적일 수도 있는 결함을 간과하는 경향이 있다. 따라서 전문가의 조언과 자문을 통해 창업성공 가능성을 검증받을 경우 아무래도 실패율을 낮출 수 있게 된다.

2. 창업 성공요인의 분석

창업을 위해서는 매우 다양한 요소에 대한 검토와 준비가 필요하다. 창업희망자의 입장에서는 자신이 이들 요소들에서 어느 정도의 수준에 있는가를 확인함으로써 창업을 위해 보다 체계적인 접근과 성공 가능성을 높일 수 있을 것이다.

창업의 성공요인은 사람과 업종에 따라 다르게 인식될 수 있으나 다양한 관점과 주장들을 종합해 보면, 경영자의 능력, 관리 · 전략, 제품, 자금, 시장, 기술, 경력 · 경험, 그리고 경쟁 등 여덟 가지의 요인을 들 수 있다. 따라서 창업자는 현재 고려 중인 업종의 범위 내에서 이러한 여덟 가지의 핵심 성공요인이 어느 정도의 위치에 있느냐가 중요하다고 볼 수 있다.

창업희망자는 업종별 창업성공 판정도를 그려봄으로써 자신에게 보다 적절한 창업업종을 예측할 수 있으며, 만일 특정 업종을 고수할 경우 자신의 취약점을 알고 그것을 보강함으로써 창업성공 가능성을 어느 정도 높일 수 있는가에 대한 전망을 할 수 있다.

창업성공 판정도에 있어서 여덟 가지 핵심 성공요인들의 각 차원별 최고치는 100점으로 하고, 80점 이상을 우량, 60점 이상을 보통, 40점 이상을 미약으로 본다. 그 이하의 상태는 극히 예외적인 경우를 제외하고는 창업성공에 긍정적 영향을 주지 못한다고 보아서 무시해야 할 것이다.

[그림 4-1] 창업의 핵심 성공요인

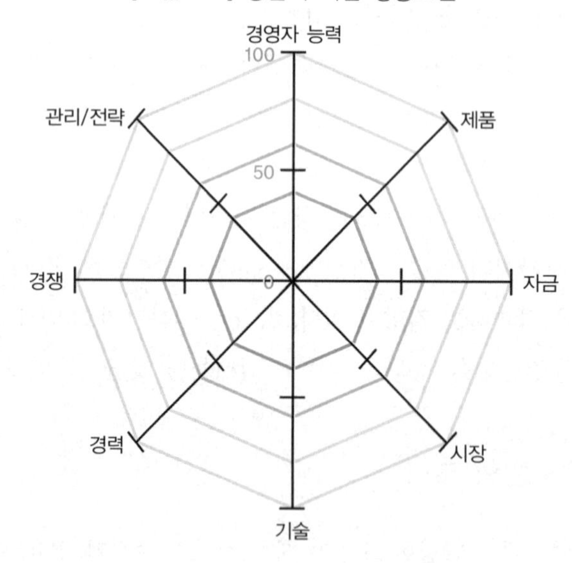

1) 경영자의 능력

기업에서 가장 중요한 것은 사람이라는 말이 있는 것처럼 사업의 성공에 있어서 인간적 요소의 비중이 절대적으로 중요하다. 특히 새로 창업한 기업에서는 해당 업무를 수행하는 데 가장 적절한 사람을 확보하는 것이 너무도 중요하다. 그중에서도 창업자는 사업 성패의 거의 대부분을 결정할 정도로 중요한 의미를 갖는다.

창업기업의 경영자는 기존의 상식이나 발상을 뛰어넘는 새로운 아이디어를 제시하기도 하고, 일상의 틀을 벗어나는 파격적인 행동으로 일에 매진하며, 종업원을 선도하고, 유연한 처세와 장기 비전을 통해 스스로의 꿈을 만들어가는 사람이어야 한다.

만약 창업을 희망하는 사람이 9시에 출근해서 5시에 퇴근하는 고정관념과 고객에게 웃음을 파는 역할을 싫어한다면 참으로 곤란한 문제이다. 창업희망자는 경영자의 능력 차원에서 자신의 상태가 어떤가를 알아보기 위해서는 몇 가지를 체크해 볼 필요가 있다. 창의성, 위기 대처능력, 리더십, 미래지향적인 꿈, 사회지향적인 경영개념 등의 항목을 체크해 보고 본인이 창업경영자로서의 능력이 되는가를 한번쯤은 고려해 보아야 한다.

2) 경영관리 및 전략

경영관리의 제반 활동들은 규모의 크고 작음에 관계없이 기업의 창업, 경영을 위해서는 필연적으로 행해져야 할 것들이다. 이러한 관리활동들에 대한 지식은 체계적인 경영학 교육이나 관리실무 등을 통해 얻을 수 있다. 그러나 창업희망자들의 경우 흔히 경영관리의 세부 활동들을 경시 내지 소홀히 하는데, 이것은 바람직하지 못한 일이다.

최근 기업환경의 급격한 변화에 따라 경영전략은 그 중요성이 강조되고 있다. 창업기업은 시장장악의 미흡, 자금부족, 치열한 경쟁 등으로 인해 단기적인 생존마저 위협받는 경우가 많아서 흔히 전략적 관점에서 많은 부족함을 갖고 있다고 볼 수 있다.

창업희망자는 경영관리와 전략적 차원에서 몇 가지의 사항들을 고려해 보아야 한다. 구매 · 생산 · 판매 등의 관리능력, 종업원의 지휘능력, 조달 · 구매의 안정성, 지속적인 고객정보 관리, 경영개선 및 혁신의 수용 등을 점검해야 한다.

3) 제품

기업이 창업된 이후 장기적으로 존속·성장·발전하려면 기업은 합리적인 경영을 해야 한다. 그리고 기업을 둘러싸고 있는 환경 여건에 창조적으로 적응함으로써 탁월한 기업 경영성과를 이룩하여야만 한다. 그러나 상당수의 외식업소들은 그렇게 하지 못하고 창업된 지 얼마 되지 않아 도산하거나 혹은 혜성처럼 급성장을 하다가 다음단계의 환경변화에 적응하지 못해 사라지게 되는 경우를 볼 수 있다.

그것은 그 외식업소가 제공하는 제품이나 서비스가 소비자의 필요와 욕구에 적합하지 못하여 소비자가 구매하여 주지 않기 때문이다. 물론 외식기업이 도산하게 되는 이유로는 이외에도 여러 가지 요인이 있기는 하나 가장 기본적인 것은 외식기업이 생산·공급하는 제품이나 서비스가 소비자의 필요와 욕구에 부응하지 않았기 때문이다.

따라서 창업희망자는 제품차원의 요인과 관련하여 몇 가지를 체크해 볼 필요가 있다. 새로운 유형의 제품·서비스 여부, 품질수준, 신식재료의 사용, 소비자의 필요와 욕구, 디자인의 독특성 등을 고려해야 할 것이다.

4) 자금

대부분의 기업활동에는 자금이 필요하게 되며, 창업을 위한 준비에는 상당한 규모의 창업자금이 요구된다. 이것은 곧 창업자가 의도하는 기업을 실현하는 데 있어서 필요한 인력·설비·기술 등을 동원하는 데 이용되는 원천적 자원이다.

기업은 여러 원천에서 조달된 자금을 적절하게 운영하고 기대하는 수익성을 실현함으로써 존속·성장할 수 있으므로 합리적인 자금관리가 필수적이다. 자금관리의 목표는 수익성의 극대화와 위험도의 최소화에 있다.

자금계획의 유용성은 미래의 자금흐름을 얼마나 정확하게 예측하느냐에 달려 있으므로 자금 담당자는 정확한 예측을 위하여 체계적인 방법을 고안하여 사용하는 것이 바람직하다. 자금이 부족할 경우 조달자금에 적합한 업종을 새로이 탐색하거나 조달 원천을 다양화하여 부족한 자금을 메우고 창업하여야 할 것이다.

창업희망자가 자금과 관련된 차원에서 자신의 상태를 체크하기 위한 사항들은 수익성, 자금조달의 용이성, 재고부담, 운영경비, 정부 및 금융기관의 자금지원 가능여부 등이다.

5) 시장

창업기업은 적합한 시장기회를 탐색하기 위해 세분시장을 인식하고 그중에서 유망한 틈새시장을 찾아 거기에 집중하는 것도 필요하다. 사실 고객들은 서로 다른 욕구를 지니고 있고 지불능력도 각기 다르다. 고객들의 쇼핑 습관도 차이가 있으며 매체에 대한 반응도 다양하여 동일하게 취급될 수가 없다.

이러한 고객의 다양성은 기업활동을 전개하는 데 있어서 쉬운 문제는 아니며, 실제로는 기업의 혁신을 조장하며 새로운 기회를 제공하는 원천이 될 수도 있다. 동일한 욕구를 가진 구매자 집단을 적절히 식별하고 그들이 원하는 종류의 제품과 서비스를 생산·판매하는 기업은 마케팅의 성공을 거둘 수 있는 것이다.

창업희망자는 시장 차원에서 다음과 같은 몇 가지의 요인들을 체크해야 할 것이다. 시장규모, 새로운 용도나 고객의 개발 가능성, 출시 타이밍, 제품수명주기product life cycle 단계, 소비자행동 분석 등의 요인들을 잘 고려해 보아야 한다.

6) 기술

최근 국내·외 경영환경의 변화로 인하여 우리나라 중소기업들은 치열한 경쟁에 직면하고 있다. 한국의 중소기업은 국내의 대기업이나 외국의 경쟁기업에 비해 상대적으로 열세에 놓여 있으며, 특히 창업기업들의 입장에서는 차별화된 고유한 기술만이 난관을 극복할 수 있는 유일한 돌파구로 인식되고 있다.

창업기업의 입장에서는 자금이나 관리·전략 등 다른 창업핵심 성공요인이 낮을 경우가 많으므로 기술분야의 차별적 우위를 확보하는 것이 필요하다. 이러한 의미에서 기술의 중요성은 제조업, 벤처산업 분야의 기업뿐만 아니라 도·소매업, 서비스업종의 기업에 있어서도 동일하게 적용된다. 따라서 창업기업으로서는 어떤 경로에 의해서건 기존의 기술에 대한 새로운 혁신이 요구된다.

창업희망자는 기술적인 차원에서 다음과 같은 요인들을 체크해야 한다. 혁신적인 신기술, 연구개발 능력, 유능한 기술 전문인력 확보, 기술변화의 계속적인 추적, 연구개발에의 자금 투자 등을 고려해서 점검해야 할 것이다.

7) 경력 및 경험

창업기업의 유망한 기회는 창업자가 자신의 경력에 있어 경험해 보았거나 잘 알고 있는 분야에서 보다 쉽게 찾을 수 있다. 특정 분야에 있어서의 경력은 자기 나름의 노하우와 비결을 갖고 있는 경우가 많으며, 이에 기초하여 새로운 사업기회를 탐색할 수 있는 것이다.

창업자의 경력에는 그가 현재에 이르기까지 쌓아온 경험, 노하우, 기밀사항, 인맥, 대인관계 및 친분 등이 폭넓게 포함된다. 따라서 창업자는 자신이 이미 해오던 일을 계속하거나 전 소속기업과의 긴밀한 관계를 이용하는 방안 등은 창업기업의 위험을 크게 줄여주고, 여러 가지 부차적 자원을 기대할 수도 있는 이점이 있다.

창업희망자가 경력 차원에서 고려해야 할 요소들을 보면, 예전에 하던 일과의 유사성 정도, 경험의 노하우, 경험 축적, 친분관계, 지원가능한 인맥 등이다.

8) 경쟁

창업기업은 경쟁자에 대한 분석을 철저히 해야만 한다. 경쟁분석의 내용은 첫째, 현재 및 잠재 경쟁자가 누구인가에 대한 분석이고, 둘째는 경쟁이 어떻게 이루어지고 있는가에 대한 것이다. 잠재 경쟁자에 대한 분석은 현재 경쟁사에 대한 것 못지않게 중요하다. 경쟁사의 전략과 약점 및 강점을 분석함으로써 자사에 대한 위협과 기회를 파악할 수 있고, 경쟁사가 표적으로 하는 시장과 전략을 비교함으로써 간접적으로 고객에 대한 이해를 높일 수 있다.

경쟁상대 기업을 이처럼 넓게 봄으로써 보다 장기적이고 구조적인 경쟁여건의 분석이 가능하게 된다. 산업을 이와 같은 관점에서 보는 것은 경기 변동과 같은 단기적인 기업여건을 보자는 것이 아니고, 특정 산업의 기본적인 경쟁력과 기술변화 같은 장기적인 추세를 보기 위함이다.

창업희망자가 경쟁차원에서 고려해야 할 요소들은 시장 점유가능, 경쟁업자의 수, 시장의 신규 진입, 시장에의 진출 예상자수, 경쟁업자 분석 등이다.

표 4•1 창업 성공요인의 종합분석표

점 검 사 항		평 가		
		20-16점	16-12점	12-8점
경영자의 능력	창의성이 있는가?	예	보통	아니오
	위기 대처능력이 높은가?			
	리더십이 충분한가?			
	미래지향적인 꿈을 가지고 있는가?			
	사회지향적인 경영이념이 있는가?			
관리·전략	구매, 생산, 판매 등의 관리능력은 충분한가?			
	종업원을 잘 지휘할 수 있는가?			
	조달, 구매의 안정성이 있는가?			
	지속적으로 고객정보 관리를 하는가?			
	경영개선 및 혁신을 잘 수용하는가?			
제 품	새로운 유형의 제품 · 서비스인가?			
	품질 수준은 뛰어난가?			
	신소재를 사용하는가?			
	디자인은 독특한가?			
	소비자의 필요 · 욕구충족력은 큰가?			
자 금	수익성은 바람직한가?			
	자금조달은 용이한가?			
	재고부담은 크지 않은가?			
	운영 경비는 적절한가?			
	정부 및 금융기관의 자금지원은?			
시 장	시장 규모가 크고 안정적인가?			
	새로운 용도나 고객의 개발 가능성은 있는가?			
	출시 타이밍은 적절한가?			
	고객에 대해서 잘 알고 있는가?			
	제품 수명주기는 어느 단계인가?			
기 술	혁신적인 신기술인가?			
	연구개발 능력이 충분한가?			
	유능한 기술 전문인력 확보유지가 가능한가?			
	기술 변화의 계속적 추적이 이루어지는가?			
	연구 개발에 충분한 자금을 쏟는가?			

경 력	예전에 하던 일과 유사성이 큰가?			
	남다른 노하우가 있는가?			
	경험 축적은 충분한가?			
	지원 가능한 인맥이 많은가?			
	친분관계는 양호한가?			
경 쟁	상당한 시장 점유가 가능한가?			
	경쟁업자수는 많지 않은가?			
	시장의 신규 진입이 용이한가?			
	경쟁업자에 대한 분석이 용이한가?			
	시장에의 진출 예상자는 많지 않은가?			

자료 : 이신모(2002), 『창업학』, 서울 : 다성출판사, pp. 170-171.

창업희망자는 이상의 창업성공 종합분석을 실시한 결과 만족할 만한 점수분포를 보일 경우, 고려하는 업종에서 창업성공 가능성은 그만큼 높아진다. 하지만 불만족스러운 점수분포를 보일 경우 고려하는 업종에서의 창업성공 가능성은 그리 크지 않을 것으로 예상된다. 그러므로 다른 업종을 택해서 다시 분석해 보거나 각 개별 차원의 약점을 보완하여 종합점수를 개선할 경우 창업성공의 가능성을 높일 수 있을 것이다.

표 4-2 창업 적합성 점수의 판정 기준

각 차원별 점수 판정	
100-80점	양 호
80-60점	중 간
60-40점	미 약
40점 이하	불 량

종합점수 판정	
1,000-900점	최고로 유망
900-800점	대단히 유망
800-700점	비교적 유망
700-600점	어느 정도 유망
600-500점	다소 불투명
500-400점	대단히 불투명
400점 이하	별로 유망하지 못함

미니사례 4·2

한국선 부티크(개성 강한 작은 가게) 식당

창업자의 무덤서 성공하는 비결
경리단길 등서 찾은 외식업 창업의 기술

▲ '식당과 공연장의 결합'을 내건 아이해브어드림 내부. 서울 강남역 사거리 한 빌딩의 지하 3층에 있다. 손님들이 무대 바로 앞 테이블에서 식사하고 있다.

▲ 태국 현지 시장통에서 밥 먹는 것 같은 분위기를 내는 이태원 경리단길의 까올리포차나. 태국에서 직접 가져온 식기, 테이블, 액자 등을 사용한다.

'제2의 가로수길'로 불리며 유행을 선도하는 서울 용산구 이태원동 경리단길 맛집 가운데 하나인 '투칸 치킨'엔 메뉴가 딱 두 가지밖에 없다.

'절크 치킨'과 '오렌지 치킨'이다. 자메이카의 대표적 길거리 음식인 절크 치킨은 드럼통을 반으로 잘라 그 밑에 숯을 넣고 뚜껑을 덮은 뒤 닭을 구운 요리로, 기름기가 없고 매운 고추의 일종인 '스카치버넷'을 사용해 눈물이 날 정도로 매운맛이 특징이다. 브라질식 치킨인 오렌지 치킨은 새콤한 오렌지 소스로 간을 하고 튀긴 마늘 조각을 곁들였다. 화가 출신인 권현준(34) 대표는 "남미 여행 때 맛본 치킨 맛을 잊지 못해 가게를 냈다"고 말했다. 그는 콜롬비아 하숙집 아주머니에게서 요리를 배웠고, 브라질에서 바텐더로 일했던 경험이 도움이 됐다고 전했다.

외식업은 가장 경쟁이 치열한 창업 분야 중 하나다. 기획재정부 자료에 따르면 자영업 전체 폐업자/창업자 비율은 2011년 현재 85%인데, 그중 음식점업이 95%로 1위였다. 창업하는 사람도 많지만 그만큼 망하는 사람도 많다는 얘기다. 하지만 호텔업에서 부티크 호텔이 자신만의 개성에 성패를 거는 것처럼, 외식업에서도 청년 창업가들이 독특한 콘셉트를 내세워 성공하는 사례가 늘고 있다. 서울에선 가로수길, 홍대 앞, 이태원에 이어 경리단길, 상수동(홍대 뒷길), 대사관길(한남동 뒷길) 등이 청년 외식업의 메카로 떠오르고 있다.

롤 · 인절미 아이스크림… 메뉴는 개성 진~하게

① 평범한 메뉴도 특별하게 만들라

경리단길 이태원 제일시장 초입에 있는, 이름부터 범상치 않은 '로코스(locos·미치광이를 뜻하는 영어 속어)'는 국내엔 흔하지 않은 랍스터(바닷가재) 전문 레스토랑이다. 랍스터 한 마리 살을 통째로 발라낸 뒤 특제 양념에 버무려 매일 구워내는 신선한 빵 사이에 끼워 내는 '랍스터 롤'이 주 메뉴다. 27~30세 청년 세 명이 공동 셰프 겸 사장인 이곳은 랍스터와 크래프트 맥주를 2만원대에 먹을 수 있어 20~30대에게서 인기를 얻고 있다.

마포구 서교동 '몰리스팝스'는 18㎡ 남짓한 좁은 매장에서 와사비나 칼루아 막걸리, 인절미를 재료로 한 아이스크림 등 다른 곳에서 볼 수 없는 15가지 독특한 아이스크림 메뉴로 단골을 확보했다.

하지만 반드시 이렇게 이국적이거나 낯선 메뉴만 고집할 필요는 없다. 비교적 잘 알려진 메뉴를 살짝 비틀거나 특화해 내는 것도 메뉴를 특별하게 만드는 한 가지 방법이다.

경리단길 '까올리 포차나(태국어로 한국 식당을 의미)'는 이미 국내에도 익숙해진 태국 요리를 독특한 방식으로 비튼 레스토랑이다. 유행에 뒤처지지 않는 사람이라면 이곳의 동남아 요리 메뉴가 크게 새롭지는 않다. 동네 밥집처럼 플라스틱 그릇에 담겨 나오는 똠양꿍(태국 찌개)과, 왁자지껄한 실내가 마치 태국 시장통을 연상시키는 게 차별화 포인트다.

예전에 무대 디자인과 파티 디스플레이 분야에서 일했다는 민필기(30) 사장은 "우리나라 태국 음식점은 너무 고급스러워진 경향이 있는데, 태국 여행을 다녀온 사람들은 길거리에서 먹던 싸구려 국수나 왁자지껄한 시장통 분위기를 더 그리워하더라. 고객들이 어깨에 힘 빼고 편하게 똠양쿵과 소주를 곁들여 먹을 수 있는 가게를 열고 싶었다"고 말했다.

식당에 공연장, 메뉴판 없이 주인 맘대로 … 재미를 주라

② 전혀 다른 체험을 제공하라

이태원의 수제 햄버거 가게 버거마인은 '한국의 DIY(Do It Yourself) 버거'라고 할 만한 곳이다. 쇠고기, 닭고기, 야채 세 가지 패티를 중심으로 안에 넣을 치즈도 체다, 고다, 페퍼잭 등 다양하게 선택할 수 있고, 불고기 잼, 베이컨 잼 등 잼과 소스까지 합치면 약 50개의 선택에 따라 고객이 자신만의 메뉴를 만들 수 있다. 홍성태 한양대 교수는 "예전엔 남들과 차별화하고자 하는 소비자 욕망이 프리미엄 제품 소비로 발현됐지만, 지금은 '나만의 제품'을 만드는 방식으로 나타나고 있다"고 분석했다.

이와는 정반대로 주점을 겸한 요릿집인 '막집'(서울 논현동)은 고객의 주문조차 받지 않고 주인이 내키는 대로 요리를 만들어 제공하는 식당으로 소문이 난 곳이다. 이곳엔 정해진 메뉴 자체가 아예 없다. 1인당 1만5000원을 내면 북어포 직화 구이가 기본으로 나오지만, 그 외 메뉴는 주인장의 기분에 따라 그때그때 다르다. 술은 손님이 직접 진열대에서 꺼내 마셔야 하고, 남성 고객은 반드시 여성을 동반해야만 가게에 들어갈 수 있다. 이런 별난 규칙에도 오히려 그 재미 때문에 단골로 이 식당을 찾는 이가 많다.

강남역 이탈리안 레스토랑 '아이해브어드림'은 '식당과 공연장의 결합'이라는 독특한 콘셉트로 손님을 끌고 있다. 고객은 식사를 하면서 배우들에게 음료수도 따라 주고, 공연 중간에 배우가 된 양 공연에 추임새를 넣으면서 극에 참여할 수도 있다. 연극배우 출신 이승진(40) 대표는 대학 시절 아비뇽 연극제를 구경하러 프랑스에 갔다가 배우들이 카페나 레스토랑에서 관객과 편하게 소통하고 작품에 대해 이야기하는 모습에서 영감을 얻어 7년 전 창업했다. 자리를 물색해 보니 예술 거리인 홍대 앞이나 대학로는 임차료가 너무 비쌌다. 이 대표는 역(逆)발상으로 전국서 가장 땅값이 높은 강남역 사거리 고층 빌딩에 가

게를 열었다. 대신 지하 주차장을 활용했다. 그랬더니 임차료가 홍대 앞보다 쌌다. "곰곰이 생각해 보니 홍대에는 비슷한 공간이 이미 여럿 있지만 강남은 그렇지 않았습니다. 오히려 강남이라면 희소성이 있겠다 싶었고, 그게 먹힌 것 같습니다."

목 좋은데서 크게? 15~18㎡ 작은 가게서 시작하라

③ 좋은 상권에 연연하지 마라

'장사의 신'이라는 책을 쓴 일본의 외식사업가 우노 다카시씨는 "처음 가게를 시작할 땐 무조건 큰 가게, 상권이 좋은 곳에 연연할 필요 없이 15~18㎡ 규모의 작은 가게를 열라"고 조언했다.

지금은 '경리단길의 터줏대감'이라 불리는 장진우(29)씨도 그렇게 사업을 시작했다. 대학에서 국악을 전공하고 현재 사진작가로도 활동 중인 그는 '사람들과 어울리고 밥을 먹이는 게 좋다'는 이유로 경리단길에 식당을 열어 잇따라 성공했다. '장진우 식당' '장진우 다방' '문오리' '그랑블루' '경성 스테이크' '장진우 국수'가 그것이다. 요즘은 경리단 골목 전체를 일명 '장진우 골목'으로 부를 정도다. 대부분 간판조차 없지만, 고객들은 입소문을 통해 찾아오고, 페이스북에 '오늘 ○시부터 ○시까지 ○매장에 장진우 출몰 예정'이라는 메시지를 올리면 단골들이 일부러 찾아올 정도다.

하지만 그가 처음 식당을 연 2011년만 해도 그 일대는 '핫 플레이스'와는 거리가 멀었다. 장씨는 "3년 전부터 경리단길이 뜰 것이라고 말하고 다녔는데 사람들이 잘 믿지 않았다"고 말했다. 그는 이태원, 하얏트호텔 같은 대형 상권 옆이라 부자 손님을 유치할 잠재력이 있는데도 상권이 개발되지 않아 술집, 빵집조차 없다는 데 주목했다. "임차료가 싼 데다, 기득권을 가질 수 있는 '큰 가게'가 없었어요. 작게 시작해도 충분히 성공할 수 있는 조건이 된 거죠."

작게 시작해 혼자 실내장식 하고, 요리하고, 주문받고, 청소하면서 가게를 꾸려가다 보니 손님의 취향을 잘 알게 되고 독특하고 기발한 메뉴를 개발하는 원동력이 됐다. 그가 처음 시작한 장진우 식당 메뉴는 매일 달라지는데, 예를 들어 '아몬드 등갈비'나 '기똥찬 파스타' 같은 게 있다.

그는 "대기업이 골목 상권을 망친다"는 여론에 동의하지 않는다고 했다. "골목에는 대기업이 충족하지 못하는 다양성이 있는데, 획일화된 음식, 철학 없는 메뉴, 감성 없는 인테리어로는 이를 만족시킬 수 없어요. 사람들은 거기에 질려 있고, 그래서 작은 가게들을 찾아다니잖아요. 작게 시작해도 소신껏 유행에 휘둘리지 않고 해 나가다 보면 성공할 수 있다고 생각합니다."

출처 : 조선일보, 2014. 5. 17일자

03 창업의 준비과정

창업은 여러 가지 요인들이 복합적으로 이루어지는 아주 힘든 작업이다. '기업을 창업하기 위해 무엇부터 시작해야 할까' 하고 생각하면 다 아는 것 같은데도 쉽게 떠오르지 않는다. 사업을 하기 전에 최소한 창업의 기본 절차에 포함된 사항 정도는 체크하는 것이 실패를 줄일 수 있다.

1. 기업 목적의 정의

기업을 창업함에 있어서 창업의 기본적인 이유와 경영방향에 대해 명확히 해두어야 한다. 오늘날 다원화된 사회 속에서 기업의 목적은 단순히 이윤 극대화에만 있지 않으며, 여러 목적이 동시에 추구되거나 이윤이 수단화되는 경우도 많기 때문이다. 이러한 기업의 목적은 창업자에게 있어서는 창업이념이 되며, 그에 따라 업종 선택이나 기업활동의 내용이 달라질 수 있는 것이다.

2. 업종 및 사업 아이템 선정

어떤 업종을 선택하느냐에 따라서 사업의 승패가 결정된다고 말할 수 있을 정도로 업종선택은 매우 중요한 사항이다. 그것에 따라 사업의 준비방법도 달라진다. 아무리 경영능력이 있고 자금이 풍부하더라도 선택한 업종이 사양사업이라면 실패할 확률이 높다.

그리고 자신의 성격에 맞지 않는 업종을 고르면 정성을 기울여 노력할 기분이 나지 않아 하루하루가 고통의 연속이 되고 실패하기 쉽다. 반대로 선택한 업종이 성장기에 있고 자신의 성격에도 맞으면 성공의 확률은 대단히 커진다.

사업에는 착수하기 쉬운 업종과 그렇지 않은 업종이 있다. 주류 판매업이나 음식점처럼 허가가 필요한 것, 약국처럼 면허를 필요로 하는 것, 세탁소와 같이 신고를 필요로 하는 것 등이 있다. 인가나 허가를 필요로 하는 업종은 일정 기준을 충족시키지 않으면 개업할 수 없다.

사실 창업 업종 내지 사업 아이템의 선정은 창업과정 중에서 가장 어렵고 많은 시간이 요구되는 것이다. 이는 기본적으로 자신이 고려하는 사업 업종·아이템에서의 성공가능성을 추정할 수 없기 때문이다. 따라서 선택업종에서의 성공가능성을 어느 정도 추정할 수 있다면 선택에 큰 도움이 될 것이다.

3. 사업타당성 분석

모든 사업은 시행하기 전에 어떤 형태로든지 사업을 통하여 발생될 손해와 이익에 관한 분석을 실시해야 한다. 사업성 분석과 형태는 일정한 형태는 없으며, 분석자의 경험을 근거로 한 주관적인 판단이 사업성 분석의 역할을 하기도 한다. 또한 여러 사람의 자문을 구하여 분석을 실시하기도 한다.

외식업체의 사업성 분석은 그 업체가 활동을 할 시장 및 시장에 출시할 메뉴, 서비스 및 아이디어의 유형 등을 규정해야 한다. 그리고 경쟁업체들을 분석하고, 자기 업체의 강점 및 약점 등을 파악해야 한다. 물론 소비자의 욕구를 파악하는 것도 잊지 말아야 할 것이다.

사업타당성 조사는 사업으로서 성공여부 확인과 투자 규모를 결정하는 것으로서 조사단계의 절차를 살펴보면 다음과 같다.

① 대략의 소요 자본을 계산하고, 외식업체에 관련된 전문지식을 습득하여야 한다. 그리고 미래의 전망을 파악하고 법적인 제한을 알아야 한다.
② 입지 및 경쟁업체의 분석이다. 같은 산업에서 동종 및 이종업체의 전략들을 원가, 품질, 서비스 등의 차원에서 분석한다.
③ 수요자 분석이다. 주변 상권인구 중에서 외식 수요가 어느 정도인가를 분석하여야 한다.
④ 메뉴를 설정하여야 한다. 메뉴는 고객층, 입지, 가격 등을 고려해야 한다.
⑤ 시설 및 규모를 설정하여야 한다. 점포계획은 메뉴와 시장 조사 결과에 따라 결정한다.
⑥ 시설 및 규모에 의거하여 투자액을 산출하여야 한다.

⑦ 추정손익계산서를 작성하여야 한다. 추정손익계산서란 미래의 일정기간 동안 기업활동으로부터 발생할 이익 또는 손해가 얼마인가를 추정하기 위한 작성표이다.

4. 인적 및 물적 자원의 조달과 구성

사업타당성 분석에서 아이디어가 유망한 것으로 판단되면 이를 실행하기 위한 인적 자원과 물적 자원을 조달하여야 한다.

1) 인적 자원의 조달

창업팀이 형성되는 과정은 크게 두 가지로 나누어볼 수 있다. 첫째는 한 사람의 사업 아이디어 창출 및 주도하에 동료를 선발하는 것이고, 둘째는 여러 명이 공통된 경험 및 친분을 바탕으로 팀을 형성하는 것이다. 이러한 과정에서 팀 구성원의 선발 및 협동심은 매우 중요하다. 특히 외식업소의 경우, 사람이 제공하는 서비스가 큰 비중을 차지하고 있기 때문에 창업에 동참하는 팀원을 구성하는 것은 매우 중요하고 신중하게 고려되어야 하는 부분이다.

2) 물적 자원의 조달

물적 자원의 조달에서 가장 중요한 것은 소요자금의 조달문제이다. 기업창업에 필요한 자금은 자기자본에 의하거나 타인자본에 의해 조달할 수 있다. 자기자본을 조달하는 방법에는 창업자의 소유자본, 자본참여자의 확보 등이 있다. 그러나 창업에 필요한 자금을 충분히 확보하지 못할 경우 타인자본에 의존하게 되는데, 이의 조달 원천으로는 개인, 기업, 은행, 제2금융권, 정부, 공공단체 등이 있다.

5. 사업계획서의 작성

1) 사업계획서의 의의

사업계획서는 사업을 검토하는 데 타당성이 인정되는 경우에 한하여 작성하는 것으로서 사업의 내용, 경영방침, 기술문제, 시장성 및 판매전망, 수익성, 소요자금 조달 및 운영계획 · 인력 충원계획 등을 일목요연하게 정리한 일체의 서류이다.

사업계획서는 창업자 자신을 위해서는 사업성공의 가능성을 높여주는 동시에 계획적인 창업을 가능하게 하여, 창업기간을 단축해 주고 계획사업의 성취에도 긍정적 영향을 미친다. 또한 창업에 도움을 줄 동업자, 출자자, 금융기관, 매입처, 매출처 및 일반고객 등에 이르기까지 투자의 관심 유도와 설득자료로 활용도가 매우 높다.

이런 이유로 사업계획서 작성은 정확하고 객관성이 유지되어야 하며, 전문성과 독창성을 갖춘 사업계획서가 되어야 한다. 또한 사업계획서의 실제 작성에는 상당한 기본 지식과 시간, 정보 등을 필요로 하는 만큼 충분한 시간적 여유를 가지고 준비되어야 한다.

2) 사업계획서의 주요 내용

도 · 소매업 및 서비스업의 사업계획서에 들어가는 주요 내용을 간략하게 살펴보면 다음과 같다.

표 4-3 사업계획서의 주요 내용

주 제	내 용
사업개요	· 취급상품의 용도, 기능, 실용성, 주요 고객 및 거래처 등 기입 · 창업업종에 대한 노하우 · 창업동기 및 아이템 선정과정
사업전망 및 사업의 기대효과	· 향후 국내의 시장동향 · 국내 수요처 및 수요량 · 소비자에 미치는 기대효과 · 조직의 인력계획 및 충원계획
점포 및 사무실 입지선정	· 입지선정의 기준과 조건 · 인테리어 설계 · 진열 및 배치설계
상품구매 및 판매계획	· 상품의 구입처 · 대금 결제조건 · 반품조건 · 구매방법과 재고파악 방법

주 제	내 용
상품구매 및 판매계획	·상품의 구입처 ·대금 결제조건 ·반품조건 ·구매방법과 재고파악 방법
경쟁점포의 경영전략	·경쟁점포와의 차별화 전략 제시
재무 및 수익계획	·총 소요자금 ·자금의 조달방법
사업추진일정	·사업자 등록 신청 ·점포 입지선정 ·사업 추진에 필요한 모든 사항에 대하여 추진일정을 수립

6. 사업의 개시

앞의 단계에서 모든 일정들이 순조롭게 진행되었으면, 이제는 창업을 위한 착수 단계에 들어가야 한다. 사업의 개시 단계에서는 각 파트별로 업무협조가 순조롭게 진행되도록 책임자가 잘 조정하고, 종업원 상호 간에 한 식구임을 강조하여 전 구성원이 공감하고 실천할 수 있도록 분위기 조성에 힘써야 한다. 따라서 창업의 사장은 개업 준비 단계부터 전 종업원이 하나라는 의식 속에서 단결하도록 격려와 지원을 아끼지 말아야 할 것이다.

미니사례 4·3

풀잎채는 프리미엄 한식뷔페의 원조 …
"연 30% 수익 가능한 투자형 외식업"

정인기 대표

"20년간 한식 외식사업의 외길을 걸어오면서 터득한 노하우로 프리미엄 한식뷔페를 만들어냈습니다. 2013년 1월 경남 창원에서 시작한 한식뷔페가 붐을 일으키자 대기업들이 너도나도 뛰어들면서 시장이 폭발적인 성장을 한 것이지요." 정인기 대표(54·사진)는 지난 2년여간 한식시장에서 일어난 엄청난 변화를 돌아보며 이같이 말했다. 그는 한식뷔페 '풀잎채'를 선보이며 무명의 중소 외식기업 최고경영자(CEO)에서 일약 외식시장의 다크호스로 떠올랐다.

정 대표는 풀잎채의 인기비결에 대해 "편리함, 깔끔함, 저렴함 등 세 가지가 핵심"이라고 말했다. 한국 소비자들은 패밀리레스토랑의 편리함과 깔끔함, 친절한 서비스를 경험했지만 '과도한 비용'이 문제였다고 지적했다. 고급 한정식집도 가격이 너무 비싸 대중화에 실패했다고 그는 덧붙였다. 정 대표는 "고급 한정식 매장 개념을 중심으로 하되 서빙하지 않고 샐러드바 형태로 풀어놓고 가격을 대폭 낮춘다면 합리적인 소비자를 끌어들일 수 있겠다는 확신을 가졌다"고 회고했다.

이런 시도는 외식시장에서 그대로 적중했다. 2013년 1월 경남 창원의 롯데백화점 식당가에서 처음으로 샐러드바 형태의 프리미엄 한식뷔페를 선보였고, 곧바로 대박을 쳤다. 이어 7월에는 CJ푸드빌의 '계절밥상'이 생겨났다. 풀잎채 분당점과 계절밥상 판교점의 인기는 주부들의 입소문을 타고 인터넷 카페나 블로그에서 화제가 됐다. 이듬해 이랜드의 '자연별곡', 신세계의 '올반' 등이 경쟁에 가세했다. 한식뷔페가 맹위를 떨치면서 패밀리레스토랑은 급작스레 부진의 길로 접어들었다.

정 대표는 풀잎채 출점을 가속화하기 위해 본사와 투자자가 공동 투자하는 방식으로 매장을 개설, 투자형 창업수요를 흡수하고 있다. 중산층 창업희망자의 공동 투자형 아이템으로 각광받게 된 것이다. 백화점의 식당가, 쇼핑몰 등 특수상권의 330~660㎡ 매장을 중심으로 점포당 투자자 3~4명과 본사가 공동 투자하고, 운영은 본사 전문 매니저가 담당하는 방식이다. 정 대표는 "투자금액의 연평균 수익률이 30%가 넘는다"며 "문을 연 점포가 25개인데, 연말께는 40개에 달할 것"이라고 소개했다.

정 대표는 1997년 '민속 두부마을'을 시작으로 두부요리전문점인 '두란'(2005년), 세미한정식인 '풀잎채 한상'(2007년), '풀잎채 두부사랑'(2008년), 족발전문점인 '옹고집'(2009년) 등 10여개 한식 브랜드를 출시하면서 20여년간 한식업 한 우물을 파왔다. 정 대표는 "지금 한식뷔페 시장이 커지는 것은 바람직한 일이지만, 앞으로 한식뷔페가 지향해야 할 것은 메뉴 차별화에 그치기보다 매장 콘셉트를 통째로 차별화하는 데 더 힘을 쏟아야 한다는 것"이라고 말했다.

급성장에 따라 자사 직원들에 대한 동기부여에 바짝 신경쓰고 있다. 분기별로 매장의 품질, 서비스, 위생, 매출 등을 다면적으로 평가해 최대 2000만원까지 인센티브를 지급한다. 매장별로 한 달에 한 번 동료 직원이나 손님들의 평가에 따라 우수직원을 뽑아 포상하기도 한다. 정 대표는 "직원과 고객의 만족도는 정비례한다는 생각을 갖고 있다"며 "직원 만족도가 올라가면서 매출도 자연스레 오르고 있다"고 말했다. 이어 그는 "직원과 고객, 투자자들의 행복은 셋이 아니라 하나란 경영철학을 지켜나갈 것"이라고 강조했다.

출처 : 한국경제, 2015. 6. 22일자

04 프랜차이즈 비즈니스의 창업

1. 프랜차이즈 비즈니스의 창업과정

프랜차이즈 비즈니스가 개인이 독자적으로 창업하는 것보다는 많은 노력과 시간을 절약해 준다고 해서 결코 쉽게 결정할 수 있는 것은 아니다. 오히려 사회적으로 경험이 적고 순진한 가맹점주들을 울리는 부실 내지 악덕 체인본부들이 상당수 난립하고 있는 것이 현실이므로 세심하게 사전분석을 철저히 해서 창업사업에 임할 필요가 있다.

프랜차이즈 비즈니스를 선택할 때의 일반적인 과정은 [그림 4-2]와 같다.

[그림 4-2] 프랜차이즈 비즈니스의 창업과정

1) 업종의 선택

여러 종류의 프랜차이즈 중 자금, 경험, 기술, 시장성 등을 잘 고려하여 창업 희망자가 하고자 하는 업종을 선택한다.

2) 체인본부에 대한 조사

업종이 선택되면 사업규모, 위치, 경쟁 프랜차이즈 기업의 종류 등을 각종 자료들을 이용하여 확인하고, 또한 실제 관심있는 기업들에 대해 관련 정보를 추가·확인하기 위하여 실제 조사survey를 통해 현실적인 분석을 해야 한다.

3) 기존 영업점의 방문

현재 프랜차이즈를 운영하는 경영자들을 가능한 한 많이 접촉하여 초기 투자액, 운영비용, 순이익 그리고 프랜차이즈 모기업들로부터의 각종 보조·지원, 제한 사항, 운영상의 문제점 등을 알아보아야 한다. 특히 현장의 영업점을 직접 방문하여 정보를 얻는 것이 중요하다.

4) 법률적인 사항 검토

프랜차이즈 비즈니스는 체인본부가 만들어 놓은 계약에 의해서 가맹점주의 수락으로 사업이 시작하게 되는 것이다. 따라서 법률적인 조항에 대한 면밀한 검토가 이루어져야 한다. 일부 체인본부의 경우 가맹점주들의 법률적인 지식 부족을 이용하여 일방적으로 불리한 계약을 강요하는 경우가 종종 있다. 만약 법률적 지식이 부족할 경우 다소 비용이 들더라도 전문가의 서비스를 이용하는 것이 나중에 실패를 줄이는 방어책이 될 수도 있다.

5) 계약

계약 시점에서 반드시 프랜차이즈 법규에 정통한 변호사를 찾아서 계약내용을 검토받는 등 불합리하거나 불리한 조항에 대한 사전점검을 꼭 해야 한다.

6) 창업준비

체인점을 창업하기 위한 전반적인 준비를 하게 되는데, 인원의 채용 및 교육, 점포의 개설에 따른 인테리어와 매장배치, 홍보 및 판촉 등 모든 노력이 포함된다.

7) 영업개시

사업을 전개하기 위한 모든 준비를 끝내고 실제로 비즈니스를 수행하는 과정으로서 사업성공을 위해 창업자 스스로가 많은 노력과 관심을 기울여야 한다.

2. 프랜차이즈 비즈니스의 표준약관

공정거래위원회는 최근 소자본을 이용한 창업활동이 활발해지면서 다양한 업종에서 가맹(체인)점 모집이 이루어지고 있다며, 가맹약관이 가맹사업자 위주로 작성되고 일방적으로 가맹계약자에게 불이익을 줄 우려가 있다는 판단에 따라 우선 대표적 가맹사업인 외식업 분야의 프랜차이즈 표준약관을 승인・보급시키고자 하였다. 이는 한국프랜차이즈협회 및 한국프랜차이즈경제인협회 등이 심사청구한 외식업 분야의 프랜차이즈 표준약관을 공정거래위원회가 2001년 2월 2일 승인한 주요 내용들로서 간략하게 살펴보기로 한다.

1) 계약기간

가맹계약자의 생계안정과 투자비 회수를 위해 최소 3년 이상 가맹점 영업을 보장하도록 하였는데, 이는 가맹계약자가 개점 초기에 점포 개설비용과 가입비 등 거액을 투자하는 점을 감안한 조치이다. 예전에는 주로 1~2년을 계약기간으로 정하였다.

2) 가입비(가맹비) 반환

가맹사업자의 이유로 사업이 중단된 경우는 최초 계약기간 중 잔여기간분만큼의 가입비를 반환토록 하였는데, 예전에는 가입비를 전혀 반환해 주지 않았다.

3) 영업지역

기존 가맹계약자의 영업지역 내에 직영매장 또는 다른 가맹계약자의 점포를 신설할 경우, 기존 가맹계약자의 동의를 얻도록 하였다. 예전에는 가맹사업자가 일방적으로 매장을 설치할 수 있었다.

4) 영업양도시 양수인의 가입비 면제

영업양수를 통해 새로이 가맹계약자의 지위를 승계한 자에게는 가입비를 받지 않도록 하였다. 단 소정의 교육비는 부담토록 하였다. 예전에는 모든 양수인에 대해 가입비를 징수하였다.

5) 점포 인테리어 시공업자 임의선정

가맹점포의 실내·외 장식이나 설비 등의 설치에 있어 가맹계약자가 직접 시공하거나 가맹사업자가 지정한 업체를 선정할 수 있도록 하였다. 예전에는 가맹사업자 자신 또는 가맹사업자 지정업체만이 시공하도록 되어 있었다.

6) 상품공급처의 제한

가맹사업의 목적달성 범위를 벗어나거나 가맹사업자가 정당한 사유 없이 공급을 중단하는 경우는 가맹계약자가 원·부자재를 직접 조달·판매할 수 있도록 하였다. 예전에는 브랜드 동일성 유지와는 상관없는 상품에 대해서는 자사제품 사용을 강요하거나 억지로 공급하는 사례가 많았다.

7) 반품 및 교환

상품 특성상 즉시 하자를 발견할 수 없는 경우는 6개월 이내에 통지·교환하도록 하고, 계약해지로 인한 정상품의 반품은 출고가격으로 상환하도록 하였다. 예전에는 반품시기를 즉시로 제한하거나 상품의 반품 가격을 매우 낮게 책정하는 사례가 빈번하였다.

8) 광고·판촉

가맹계약자에게 광고·판촉비를 분담시킬 경우 산출근거를 서면으로 제시토록

하고, 판촉비 분담을 요구하려면 가맹계약자의 동의를 얻도록 하였다. 예전에는 가맹계약자에게 광고·판촉비용 일체를 부담시키는 사례가 종종 있었다.

9) 금전채무보상

가맹사업자와 가맹계약자는 계약의 중도 해지에 따라 발생한 자신의 채무를 일정기간 내에 상환할 의무가 있고 이를 이행치 않을 경우 상호 지연이자를 부담하도록 하였다. 예전에는 가맹계약자만 지연이자 납입의무를 규정하였다.

10) 가맹사업자의 의무

가맹희망자들이 가맹여부를 적정하게 판단할 수 있도록 가맹사업자의 재무상황, 최근 5년간 사업경력, 상품·자재의 공급조건 등의 자료와 정보를 공개하도록 하였다. 예전에는 가맹계약 전 필요자료 공개에 관한 약관조항이 없었다.

미니사례 4·4

대기업 제치고 …
美 최대 중국음식 체인 따낸 '비보이 CEO'

[스쿨푸드 이상윤 대표, 판다익스프레스 제휴 6월 국내 첫 매장]

한때 이주노 등과 클럽서 활동
2002년 월세 40만원 지하방서 형과 함께 김밥 배달점 창업

명란떡퐁듀 등 통념깨는 메뉴로 연매출 900억대 기업 일궈

미국 최대 중국 음식 패스트푸드 판다익스프레스(Panda Express)가 오는 6월 한국에 진출한다. 판다는 1983년 중국 청년이 미국에서 창업해 현재 1644개 매장에서 연 2조원대의 매출을 올리는 대형 체인이다. 국내 유통 대기업들의 숱한 구애(求愛)에도 움직이지 않던 판다가 국내 파트너로 택한 것은 중소 프랜차이즈인 '스쿨푸드'. 창업자 앤드루 청(Cherng) 회장이 스쿨푸드의 회사 소개서를 보곤 "대기업보다는 당신처럼 성장해온 회사와 함께하고 싶다"며 동업(同業)을 제안했다고 한다.

'스쿨푸드'를 창업한 이상윤(46·사진) SF이노베이션 대표는 특이한 이력을 갖고 있다. 요리라곤 한 번도 배워본 적 없는 중학교 중퇴생 출신. 부모가 이혼하면서 형과 단둘이 서울 신사동 근처의 조선일보 지국에서 신문을 돌리며 생계를 해결했다. 이 대표는 "이태원에서 이주노·박남정·현진영 등과 함께 나이트클럽 비보이 생활도 했고, 댄스그룹 데뷔도 했지만 두 달여 만에 결핵에 걸려 그만뒀다"고 했다. 한일 월드컵 열기가 한창이던 2002년 월세 40만원짜리 지하 단칸방에 형과 함께 김밥 배달점을 차린 것이 지금은 연매출 900억원, 83개 지점을 가진 분식 프랜차이즈 '스쿨푸드'가 됐다.

스쿨푸드는 분식의 통념을 깨는 신(新)메뉴로 유명하다. 김밥 속에 멸치·볶음김치·오징어먹물·날치알·스팸·불고기 등 다양한 재료를 넣은 대표 메뉴 '마리'를 비롯해 까르보나라 떡볶이, 명란크림 떡퐁듀, 장조림버터비빔밥과 같은 식이다. "보통 외국인들은 한식(韓食)이라고 하면 불고기·김치·비빔밥밖에 모르잖아요. 전통을 살리면서도 젊고 새로운 한식을 보여주고 싶었어요." 외국에서 먼저 요청이 와 현재 미국·일본·홍콩·태국·인도네시아 등에 매장 6곳을 냈다. 한식 세계화 공로로 2012년엔 청와대 초청까지 받았다.

이 대표의 경영 원칙은 좀 비싸더라도 최고 재료만 쓰고, 무한 경쟁은 하지 않겠다는 것. 김은 완도산, 멸치는 남해산, 밥은 일반 쌀보다 1.3배 더 큰 '신동진쌀'을 사다가 다시마를 넣고 짓는다. 이 대표는 "마리(김밥)는 7000원, 까르보나라 떡볶이는 1만원을 받으며 '비싸다'는 불평도 많이 들었지만, 재료만은 10년 넘게 바꾸지 않고 고집을 지켜왔다"고 했다.

'손님들 오래 기다리면 안 된다'며 직영점엔 직원들을 수십명씩 배치한다. 가장 붐비는 목동점은 132㎡(40평) 규모 매장에 아르바이트생까지 60여명이 일한다. 매장끼리 경쟁하지 않도록 매장 수도 딱 120개로 정했다. "눈앞의 매장을 보고 먹자고 하는 게 아니라, 처음부터 '거기 가서 먹자'고 하는 브랜드를 만들고 싶기 때문"이다.

이상윤 대표는 "한식 세계화를 표방하면서 외국 브랜드를 들여오는 것이 옳은 일인지 고민도 많았지만, 파트너로부터 많은 것을 배워 세계시장을 휩쓰는 캐주얼한식 브랜드를 만드는 것이 목표"라고 했다.

출처 : 조선경제, 2014. 5. 14일자

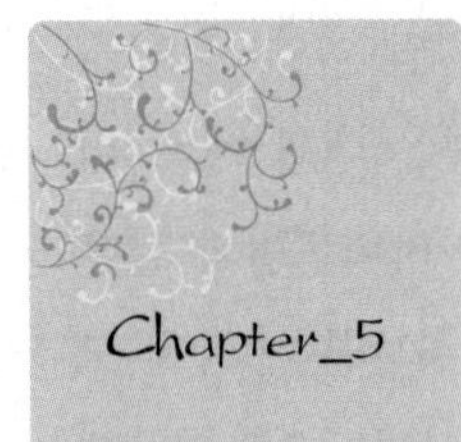

외식산업의 상권분석

01 상권의 이해

1. 상권의 의의

외식산업의 시장환경은 하루가 다르게 빠르게 변화하고 있다. 그러한 여러 요인들 중에서도 외식업소가 입지해 있는 상권은 가장 중요한 부분이라고 할 수 있다. 상권은 단일조건에 의해서 만들어지는 것이 아니라 여러 가지 요인에 의해 만들어진다. 일반적으로 외식업소가 어느 도시에 있으며, 그 도시 가운데서도 어느 상업 밀집지역에 있느냐에 따라서 상권의 여러 가지 상황은 달라진다.

외식산업의 점포는 반드시 어딘가의 장소에 위치하기 마련이다. 외식업소나 점포가 위치해 있는 장소는 그 주변환경의 영향을 받아 장소로서의 특징을 지니며, 그 장소가 만드는 상권이 경영활동에 많은 영향을 미치게 된다.

상권trade area이란 한 점포가 고객을 유인할 수 있는 지역범위를 말한다. 점포에 대한 마케팅전략의 수립에 앞서 기업은 자사점포의 상권범위를 어디까지로 할 것인가를 먼저 결정해야 한다.

상권은 인위적으로 형성되는 것이 아니라 자연적인 흐름에 의해 형성되는데, 다음과 같은 몇 가지의 특징을 지닌다.

첫째, 점포규모가 클수록 그 상권은 크다.

둘째, 교통편이 좋으나 일류상가에 위치한 점포일수록 상권이 크다.

셋째, 선매품 · 전문품 등을 취급하는 점포의 상권이 편의품을 취급하는 점포의 상권보다 크다.

넷째, 지명도가 높은 상점, 개성이 강한 상품을 취급하는 점포일수록 상권이 크다.

2. 상권의 범위

상권의 범위는 입지 및 상권특성에 따라 다르지만 대부분 업종 및 업태에 따라 범위를 설정하게 된다. 업태에 따른 상권의 범위는 1차, 2차, 3차 상권으로 나누어지고, 상권의 유형별 분류로는 초대상권(광역권), 대상권(10~20km), 준대상권(6~10km), 중상권(5~6km), 준중상권(2~4km), 소상권(1~2km), 초상권(500m~1km) 등이 있다. 또 상권의 거리상에 따른 분류는 도보권(편도 10분 이내, 500m), 자전거권(1.5km), 자동차권(5km), 철도권(지하철권, 철도권), 공항권 등이 있다.

그러나 이러한 기준은 어디까지나 경험에 의한 평균적인 것으로 가령 외식산업의 상권인 경우 거리는 700~800m밖에 되지 않더라도 그 안에 철도 · 하천 · 간선도로, 또는 거대한 건물 등이 있는 곳이라면 상권은 거기서 단절되기 때문에 단순히 500m 이내라든가 1km 이내라고 해서 상권을 설정하는 것은 위험하다.

표 5•1 업종별 상권의 범위

구 분	1차 상권	2차 상권	3차 상권
커피숍	반경 100m	반경 500m	반경 1km
패스트푸드	반경 500m	반경 1km	반경 2.5km
패밀리레스토랑 및 고급한식	반경 1km	반경 2.5km	소도시의 경우 전 지역, 중도시의 경우 5km
디너하우스 및 스페셜 레스토랑	반경 2.5km	반경 5km	반경 15km

자료 : 홍기운(1999), 『외식산업개론』, 서울 : 대왕사, p. 321.

마찬가지로 기호품을 판매하는 소매업태의 상권에서도 가령 버스로 30분 거리밖에 안되는 곳이지만, 버스의 운행횟수가 하루에 3~4회밖에 안되는 경우는 그보다 거리가 멀더라도 버스 운행횟수가 많아 교통편이 좋은 곳의 상점으로 고객이 유출되기 때문에 이런 요소들을 자세히 살펴서 상권을 결정해야 한다.

미니사례 5•1

'식객(만화가 허영만 화백의 작품)' 맛집 모셔와 피맛골 재현 … 어디에도 없는 특별한 공간으로

피맛골 콘셉트 살리기
식객촌 바닥은 울퉁불퉁하게 … '청진상점가' 복고풍 현판 내걸어
공사 중 발굴된 유물들 전시해 고풍스러운 분위기 강조

올해 초 서울 종로구 청진동 종각역 부근에 문을 연 지상 24층, 지하 7층 건물 그랑서울. GS건설과 국민연금 등이 컨소시엄으로 만든 임대 사무용 빌딩으로 GS건설 본사와 하나은행 본점, 컨벤션센터 등이 들어가 있다. 외관만 보면 광화문과 종각 일대 고층 건물과 크게 다를 바 없다. 하지만 안으로 들어가 보면 느낌이 다르다. 1층 한편에 위아래로 '清進商店街(청진상점가)' '食客村(식객촌)'이라고 나란히 적어 놓은 현판 아래로 들어가면 색다른 풍경이 펼쳐진다.

두 건물 사이 공간을 틔워서 가운데를 개방하고, 그 사이에 과거 이 건물 자리에 있었던 뒷골목 식당가 피맛골 분위기를 재현했다. 양옆엔 '전주밥차' '오두산 메밀가' '부산포어묵' 등 이름만으로도 서민적 향취가 풍기는 식당이 줄줄이 들어서 있다. 식당 바깥까지 나와 있는 테이블에서 손님들이 주고받는 대화와 왁자지껄한 웃음소리가 그치지 않는다.

이 식당들은 임차료를 많이 낸다고 받아준 건 아니다. 그 나름대로 기준을 마련해 엄선해서 골라 받았다. 만화가 허영만 화백의 작품 '식객'에 등장한 맛집 중 9곳을 삼고초려로 모셔온 것이다. '식객촌'이란 별칭이 붙은 것도 이 때문이다.

이 건물 프로젝트 매니저 역할을 했던 건축가 양진석(공학박사) 와이그룹 대표는 "'어디에나 있는'이 아니라, '거기에만 있는'으로 주제를 잡고 건물 콘셉트를 디자인했다"고 말했다.

▲ 서울 종로구 청진동 그랑서울 빌딩. '식객촌' 등 독특한 콘셉트로 주목받고 있는 이곳은 상업용 빌딩임에도 다른 곳과 차별화되는 콘셉트가 필요하다는 것을 보여주는 사례다.

❖상업용 빌딩도 '콘셉트' 시대

양 대표는 피맛골의 서민적 느낌을 살리고, '어디에도 없는 공간'을 만들어 내기 위해 입점 업체 선정에 공을 들였다. 허영만 화백 도움을 받아 '식객'에 등장하는 음식점을 하나둘 불러모았다. 허 화백은 곰탕집 '수하동'(식당 '하동관' 주인 아들이 경영) 유치를 위해 직접 발로 뛰기도 했다. 남들과 똑같은 건물을 만들고 '임차인 구함'이라고 써 붙이면 그만인 시대는 지났다. 건물도 이젠 콘셉트가 중요한 시대다. 그랑서울의 탄생은 확고한 콘셉트와 그것을 관철하려는 일관되고 끈질긴 노력이 있었기에 가능했다. 가장 역점을 둔 것은 입점 식당 선정이었다.

빌딩 내부로 들어가면 지하에도 강남과 홍대 앞 일대에서 이름난, 색깔 있는 음식점이 모여 있다. 매운맛으로 유명한 중국 쓰촨(四川) 요리 전문점 '시추안하우스', 한우 숙성 등심 전문점 '투뿔등심', 일본식 집밥 전문점 '매스테이블', 깻잎 맛 아이스크림으로 유명세를 탄 아이스크림 전문점 '펠엔콜' 등이 그것이다.

글로벌 부동산 컨설팅 회사 세빌스 한국 지사인 세빌스코리아 전경돈 대표이사는 "부동산은 살아 숨쉬는 콘텐츠다. 새로운 콘텐츠가 새로운 고객을 끌어들인다"고 강조했다. 확고한 콘셉트를 정한 뒤엔 건물 배치나 사소한 것 하나하나에도 일관되게 그 콘셉트를 구현해야 한다. 그래야 각이 살아난다.

그랑서울 식객촌 바닥돌 높낮이를 균일하지 않게 해 울퉁불퉁하게 한 것, '청진상점가'라는 옛날식 이름 현판을 걸고 다소 촌스러운 서체를 쓴 것 모두 옛 피맛골 분위기를 살린다는 콘셉트를 강조하는 요소였다. 1층 중앙 광장에는 바닥을 유리로 덮고 그 지하에 공사 과정에서 발굴된 유물들을 전시했다. 조선시대 화약 무기인 총통이나 금동사자향로, 기와 등이다. 양 대표는 "대개 이런 유물을 잘 안 보이게 숨겨두곤 하는데 고풍스러운 콘셉트에 맞게 유적을 당당하게 드러내 보이는 게 좋겠다고 판단했다"고 말했다.

❖콘셉트의 초지일관이 중요

아무리 확고한 콘셉트가 있더라도 설계, 건물 디자인, 점포 입점에 이르는 복잡한 과정에서 초지일관하지 않는다면 좋은 결과물을 얻기 어렵다. 그랑서울은 건물주이자 시공사인 GS건설이 양진석 대표에게 프로젝트 매니저 역할을 맡기고 지휘에 따랐다. 프로젝트 매니저는 시공, 설계, 디자인, 조경 등을 총괄하는 일종의 컨트롤 타워라고 볼 수 있다. 오케스트라의 지휘자 같은 역할이다.

건물주나 시공사와는 별개인 '프로젝트 매니저'라는 제삼자가 있을 경우, 우선 업체 시각에서 벗어나 사용자 시각으로 전체 작업 과정을 바라볼 수 있다는 장점이 있다. 이를테면 시공사가 바닥재 업체 선정을 할 때 으레 계열사를 고르는 것이 관례다. 대기업이 지은 아파트의 빌트인(붙박이) 가전제품은 하나같이 계열사 제품 일색이다. 그랑서울 역시 처음엔 시공사 계열사의 바닥재로 마감하려 했지만, 양 대표가 "건축 의도를 구현하려면 다른 제품을 써야 한다"고 주장해 계획을 바꿨다.

처음 그랑서울의 이름은 'GS종로타워'였다. 하지만 양 대표는 "이 건물엔 GS건설 말고 절반이 다른 상업 시설일 텐데 누가 'GS'라는 이름 붙은 건물 안에서 더부살이하고 싶겠나. 게다가 그렇게 되면 피맛골 분위기를 살린 독특한 문화 공간이라는 의미가 퇴색한다"고 이의를 제기했고, 의견은 받아들여졌다. "원래 콘셉트에 어긋나거나 전체적인 조화에서 벗어난 선택일 경우엔 논리적으로 설득할 수가 있었지요. 결국엔 그것이 고객을 위한 결정이기도 하니까요."

빌딩 앞에 조형물을 설치할 때도 마찬가지였다. "회사를 상징하는 조형물을 건물 입구에 두면 눈에 잘 띄긴 하지만, 그렇게 하면 정작 중요한 건물 경관을 해치고 상업 시설이 잘 보이지 않게 된다"면서 건물주를 설득, 자리를 옮겼다.

❖사용자의 시각으로 보는 프로젝트 매니저

건축 초기 단계에 콘셉트를 확실히 잡을 경우 나중에 우왕좌왕하며 뜯어고칠 일이 없어진다. 빌딩 안에 고기 굽는 식당을 들여놓으려면 불판 설치용 내부 설계를 해야 한다. 만약 공사가 다 끝나고 나서 뒤늦게 고깃집을 입주시키려 한다면, 배기 설비를 다시 공사해야 한다. 그랑서울은 프로젝트 매니저가 처음부터 '주말과 평일 오후에도 고객이 찾을 수 있는 식당 입점'이라는 계획을 세웠기에 그럴 일이 없었다.

광화문과 종각 일대 대형 빌딩에 입점한 식당은 평일 점심때는 인근 직장인들로 붐비지만, 밤이나 주말까지 매출이 이어지는 경우는 드물다. 양 대표는 평일 저녁과 주말에도 손님들이 찾는 식당을 만들기 위해 고기를 굽고, 술을 곁들일 수 있는 식당이 들어와야 한다고 판단했다고 말했다. 세빌스 코리아 홍석원 상무는 "복합 오피스 건물에 유명 식당이 많이 들어와 있다는 것은 그만큼 위치가 좋고 집객 효과가 있다는 것을 보여주는 말인 동시에 대외 홍보 효과가 있어서 오피스를 유치하는 데도 직간접적 도움이 된다"고 말했다. 그랑서울은 이런 콘셉트 입점을 통해 사무실이나 상가 임대료가 주변 건물보다 10% 이상 오르는 효과를 본 것으로 알려졌다.

출처 : 조선일보, 2014. 6. 14일자

02 외식산업의 상권분석

1. 외식산업 상권에 영향을 주는 요인

도시는 인간생활에 필요한 여러 가지 기능을 가지고 있으며, 사업관계로 인하여 사람들이 모이는 인구밀집지역이다. 도시에는 인구규모의 대소와 이동의 차이가 심하고 상업시설이 많으며, 또한 각 도시마다 발전상황도 다르다.

전국 어디에 그 도시가 있는가에 따른 지리적 조건에도 차이가 있다. 그러나 무엇보다도 도시는 인구의 밀집성에 의해 상권규모와 상권의 질적인 특징에서 차이가 있으므로 도시는 상권을 결정짓는 가장 큰 요인이 된다. 우리나라 상권에 영향을 주는 요인을 간략하게 살펴보면 〈표 5-2〉와 같다.

표 5•2 우리나라 상권의 영향 요인

구 분	내 용	
지리적 요인	· 위계 및 좌표 · 행정구역 · 도시계획	· 지형, 지세 · 교통(도로, 지하철)
인구통계적 요인	· 가구 및 인구분포 · 통행자 분포	· 주택분포
경쟁시설 요인	· 1차 경쟁시설 · 잠재적 경쟁시설	· 2차 경쟁시설
배후 소비자 특성	· 쇼핑관련 형태 · 외식, 문화, 레포츠 관련 형태	· 라이프스타일
점포관련 요인	· 점포 충성도(store loyalty) · 인테리어	· 점포의 구조, 규모
부대시설 요인	· 주차장 · 기타 부대시설	· 셔틀버스의 운행
인위적 요인	· 신도시개발 · 도시규모 산업시설의 출점	· 택지개발 · 대규모 상업시설의 출점
자연적 요인	· 기존상권의 자연적 변화	

자료 : 신재영 · 박기용 공저(1999), 『외식산업개론』, 서울 : 대왕사, p. 386.

2. 외식산업 상권의 조사와 분석

1) 상권의 조사

상권조사란 기존의 영업을 하고 있는 상권 또는 출점하고자 하는 상권에 관한 정보를 수집하고, 그 자료에 따라서 조사 분석하고 싶은 대상의 문제점과 과제를 찾아내는 활동을 말한다. 이러한 상권조사는 자신이 경영하고 있는 외식업소의 상권개발전략을 세우기 위한 것이다.

외식업소의 매출은 상권의 시장환경에 대한 경영능력의 기본 자세에 따라 변한다. 따라서 기존 상권 또는 출점하고자 하는 상권에서의 사업성공을 이루기 위해서는 체계적인 조사와 그에 따른 분석이 이루어져야 한다.

외식업소의 상권조사에서 명확하게 파악해야 할 요소들을 간략하게 살펴보면 다음과 같다.

(1) 통계자료의 조사

통계자료를 조사하기 위해서는 통계청, 상공회의소, 관공서 등을 이용하여 다음과 같은 사항들을 조사해야 한다. 인구, 세대수, 가족 구성원수, 주거형태(단독, 아파트), 소득수준, 학력수준 등을 조사하며, 연령별, 남녀별의 인구구성 등도 파악한다.

(2) 상권규모의 파악

상권규모를 파악하기 위한 내용은 다음과 같다.

첫째, 고정상권의 파악 내용으로는 주거인구, 고정출근자, 상주인구 등이다.

둘째, 유동상권의 파악 내용으로는 비거주, 비상주 인구 등이다.

셋째, 주간 및 야간 상권을 파악하는 일이다.

넷째, 대형 접객시설의 고정 및 유동상권을 파악하는 것이다.

(3) 통행인구 및 차량의 조사

성별 · 연령별 · 시간대별(아침, 점심, 저녁) · 요일별(평일, 주말, 공휴일) 통행인구의 통행성격을 관찰하고, 통행인구의 수준 등을 파악하여 조사한다. 또한 통행차량은 차종별 · 시간대별로 조사한다.

(4) 경쟁관계의 조사

동종 및 유사점포에 대해서 경쟁력 우위를 가지려면 여러 가지의 내용들을 조사함으로써 출점 시 전략적인 핵심역량으로 키워야 한다.

표 5-3 상권 내 경쟁관계의 조사내용

구 분	내 용
점포측면	위치, 층별위치, 전체평수, 실평수, 점포형태, 객석수, 회전율, 동선, 임대료, 인테리어 수준 등
주방측면	주방면적, 설비 및 집기, 동선, 작업공간, 저장 및 보관능력 등
인원측면	종업원수, 파트타임 및 아르바이트 수 등
영업측면	영업시간, 표적대상, 이용시간대, 객단가, 서비스형태, 마케팅전략, 간판형태 및 종류, 위생 및 청결, 접객성, 법적 허가사항 등
메뉴측면	메뉴구성, 주력메뉴, 스타메뉴, 원가, 식재공급, 품질, 전문성 등
손익측면	성장성, 안정성, 생산성, 수익성, 매출과 이익, 제조원가, 인건비 구성 등

(5) 향후 상권변화의 전망

상권조사 반경은 취급업종 및 규모와 입지 등에 따라 다르지만, 개략적으로 거점 반경 150~500m 정도의 범위 내에서 조사하고, 앞으로의 상권변화요인에 대해서도 정보를 입수해서 출점 시 반영해야 한다. 주변 상권의 확대 및 축소 전망, 대형 접객시설 개발에 관한 정보, 주변건물의 신축 및 철거계획에 대한 조사 등을 살펴보아야 할 것이다.

2) 상권의 분석

(1) 상권규모의 분석

후보점의 규모, 주변시설의 흡인력, 주변인구의 외식형태, 외부유출입동선, 경합점의 입지 및 경합력, 주변지역의 지형 · 지세, 도로 및 교통시설, 통행인의 성격,

상권의 규모·형태·수준, 입지의 기능적·지리적 위치 등의 여러 요인들을 감안하여 후보점포의 1차·2차·3차 상권의 범위를 설정한다. 그리고 고정 및 유동상권, 예정업태의 주상권 규모를 분석하고, 이때 조사된 내용을 정밀 분석하고 전략적 시사점을 토대로 출점계획 시 이를 반영하도록 한다.

표 5-4 외식업소의 상권분석

입지구분	입지특성	주고객층	적합한 업태와 업종
유흥가	· 유동인구가 많음 · 주, 야간 영업이 가능한 장소 · 터미널, 환승역 중심의 입지	매우 다양	어떤 업종, 어떤 형태든지 양호
번화가	· 유동인구가 많음 · 비싼 임대료 · 야간영업 비중이 큼	매우 다양	어떤 업종, 어떤 형태든지 양호
사무실가	· 점심시간의 매출이 높음 · 휴일과 야간에는 공동화 현상이 일어남	회사원	중저가형의 깨끗한 업소
주택가	· 주말 매출액이 높음 · 임대료가 비교적 저렴 · 거주자가 표적고객 · 단골고객이 많음 · 고객성향이 비슷	지역주민	가족형 식당
역세권가	· 유동인구가 많음 · 임대료가 비쌈	매우 다양	중저가의 신속한 서비스 제공 업소
학교가	· 개학기에는 번창하다가 방학기는 한산 · 중복요소가 형성되면 유리 · 대학가는 야간과 방학기간에는 매출 양호하나, 중고교 주변은 야간과 방학기간에는 매출 감소	학생층	저렴한 가격대의 업종 및 형태
교외가	· 통행인구가 거의 없음 · 임대료가 비교적 저렴 · 주차장이 넓음	근접지 주민 또는 행락객	주차장이 갖추어진 중·고가의 업종

자료 : 원융희·윤기열 공저(2002), 『외식산업의 이해』, 서울 : 두남, p. 450.

(2) 잠재력의 분석

상권의 잠재력 분석potential analysis의 경우, 1차 상권 규모는 1차 상권 지역 내 빌딩의 업무 및 상업시설 규모에 기초하여 상주 유동인구의 수용규모를 추정하여 산정한다. 또 2차 상권규모는 1차 상권대비 상주 유동인구의 규모와 주거지역 내 고정인구의 규모를 추정하여 산정한다.

빌딩의 경우 상주 인구수는 사용면적 대비 건축면적 7~10명당 약 1명 정도로 보고 있다. 이와 같이 상권규모와 잠재력을 분석할 때 경쟁력 제고를 위해서는 SWOT분석을 주로 활용하고 있다.

SWOT분석이란 기업이 신제품개발이나 신규사업에 진출 시 시장진입을 분석함에 있어서 핵심역량core factor인 외적 환경과 내적 환경을 파악하여 기회opportunity를 활용하고 위협threat을 회피하거나 위협을 기회로 변화시키기 위한 것이다. 또한 전략적 관점에서 자사의 강점strength과 약점weakness을 결합시켜 효과적인 전략을 모색하는 과정이 SWOT분석이다.

따라서 SWOT분석은 강점과 약점, 기회와 위협의 매트릭스matrix를 통한 전략을 수립하는 방법이며, 일반적으로 분석자의 주관적인 판단력에 크게 의존하는 특징을 가지고 있다. 다음의 〈표 5-5〉는 SWOT분석을 통한 환경분석 시 고려사항을 보여주고 있다.

표 5•5 SWOT분석을 통한 환경요인 분석의 고려사항

강점(strength)	약점(weakness)
· 기술경쟁력과 탁월한 능력	· 불확실한 콘셉트 및 전문성 결여 정도
· 자금 및 투자의 재무적인 능력	· 전략의 쇠퇴화 및 빈약한 전략수행
· 소비자의 소비패턴 및 호의적인 이미지	· 수익성 부재 및 경영관리 결여
· 신뢰받고 있는 시장선도자 및 인지도	· 조직력 취약 및 인적 자원 부재
· 규모의 경제성 활용	· 기술력이나 연구개발 미흡
· 실행가능한 정책, 전략, 전술	· 운영관리상의 문제
· 품질과 원가상의 경쟁력 및 식재공급능력	· 본사의 기능과 역할 수준
· 입증된 경영관리 수준	· 자금동원 능력부족 및 수준 이하의 마케팅 전략
· 제반 관련 노하우 및 기타	· 소비자의 기대수준 이하 및 기타

기회(opportunity)	위협(threat)
· 틈새시장공략과 세분화의 창출	· 경쟁자의 신규진출 가능성
· 제품군계열의 다양화 및 다각화	· 대체제품의 판매량 증가
· 수직적 통합	· 시장성장률의 저하
· 경쟁사 간의 정당한 경쟁도구	· 정부정책의 역행
· 시장성 속도	· 시장개방과 경쟁력 가속화
· 정부의 육성과 지원	· 경기침체와 변동에 따른 유연성
· 전략적 집단으로서의 빠른 이행 및 기타	· 소비패턴의 급격한 변화 및 기타

자료 : 홍기운(1999), 『외식산업개론』, 서울 : 대왕사, p. 328.

미니사례 5·2

오너까지 나서서 … 맛집 유치하는 백화점들

현대百, 만석 닭강정 한정 판매 … 1시간 줄서 5~10박스씩 사가
롯데百, 군산 빵집 '이성당' 유치 … 신세계百, 파워블로거까지 영입
식품관 맛집 집객효과 탁월, 백화점 매출 최고 16% 늘어

정지선 회장

정용진 부회장

'백화점 식품관 전성(全盛)시대'가 열리고 있다. '짜장면·비빔밥·냉면·우동'처럼 쇼핑 고객이 간편하게 끼니를 때우는 식당 위주이던 백화점 식품관이 지방 골목시장부터 해외 유명 레스토랑까지 '검증된 유명 맛집'들로 속속 채워지고 있다. 이를 위해 오너와 최고 경영자(CEO)들이 직접 맛집 유치에 나서고 있다. 유통업계에서는 "백화점 VIP 고객을 줄 세우는 유일한 품목은 고가(高價) 명품(名品)이 아니라, 광장시장 빈대떡, 부암동 만두 같은 식품관 맛집"이라는 얘기가 나온다.

❖오너부터 유명 식당 入店 총력전

올 3월 현대백화점 서울 무역센터점에서 일어난 '닭강정 대란(大亂)'이 이를 보여준다. 당시 강원 속초 중앙시장의 명물인 '만석 닭강정' 한정 판매 행사가 열렸을 때, 손님들이 1시간 넘게 줄을 서서 닭강정을 5~10박스씩 사 갖고 가는 바람에 매일 1760여 마리의 닭이 팔리며 백화점 전체가 연일 북새통을 이뤘던 것이다. 신세계백화점 강남점에서도 같은 달 서울 남대문시장의 '가메골 손왕만두' 행사에서 고객이 한꺼번에 몰려 대소동이 벌어졌다. 요리 연구가 박종숙 씨는 "옛날에는 현대백화점 압구정점의 빙수집 '밀탑' 정도가 찾아가 먹는 맛집이었지만 이제는 백화점 지하 식품관이 백화점 총 매출을 견인하는 공간이 됐다"고 말했다.

이를 위해 백화점들은 오너부터 '식품관 키우기'에 나섰다. 서울 청담동에서 디저트 카페를 운영하는 한 요리사는 "요새 뜨는 맛집 주인들 사이에서는 신세계→현대→갤러리아→롯데 순서로 식품 담당 바이어가 찾아와 입점을 권유한다는 얘기가 파다하다"며 "정용진 신세계 부회장이 트위터에 맛집 사진을 올리면 다음 날부터 신세계 배지를 단 임원·실무 직원이 줄줄이 찾아온다"고 말했다.

백화점 지하 식품관이 최근 골목 지역 식당에서부터 해외 유명 레스토랑까지 '최고의 맛집 공간'으로 변신하고 있다. 위 사진은 '빵 마니아'들에게 소문난 현대백화점 무역센터점 지하 베이커리, 아래 사진은 지난달 문을 연 신세계백화점 본점 지하 '고메 스트리트'. /현대백화점 · 신세계백화점 제공

신세계그룹은 실제 '팻투바하'라는 이름으로 유명한 파워블로거 김범수씨를 신세계푸드 식음(食飮)컨텐츠팀장으로 영입했다. 현대백화점은 정지선 회장의 지시로 올해 초 해외 브랜드 판권 전문가, 유명 요리사, 식품 바이어 등 12명으로 구성된 '식품개발위원회'를 만들어 국내외 식품업계 동향을 세밀하게 파악하고 있다.

갤러리아백화점의 경우, 박세훈 대표 주도로 '속초 코다리냉면', 이태원 우동집 '니시키', 멕시칸 타코집 '바토스' 등 유명 맛집 19곳을 들여왔다. 2012년 당시 50여명의 백화점 직원이 6개월간 식당 214군데를 순례한 끝에 19곳을 추려냈다.

✤매출 증대 · 集客에 '최고 효자'

백화점 업계가 오너부터 임직원·외부 인사까지 동원해 맛집 유치에 나서는 것은 매출 증대와 집객(集客) 효과가 탁월하기 때문이다. 식품관 개장에 힘입어 갤러리아백화점 압구정점의 지난해 매출은 전년 대비 10% 정도 늘었다. 현대백화점 무역센터점은 작년 8월 말 백화점 리뉴얼 이후 올 7월까지 총매출액은 16% 정도 늘었는데, 식품관 매출은 같은 기간 39% 증가해 매출 신장의 '일

등공신'이 됐다.

각 백화점은 유명 식당 유치에 총력을 쏟고 있다. 갤러리아백화점의 경우, 서울 이태원의 '핏제리아 디부자' 입점을 위해 식품 부문 총괄 임원과 팀장이 비 오는 날 꽃바구니를 들고 찾아가 통사정한 끝에 화덕 설치, 수수료 인하 제안을 하고 성사시켰다.

롯데백화점은 군산 최고 빵집 '이성당'을 서울 잠실점에 유치하기 위해 군산을 30번 오가며 사장을 설득했다. 신세계백화점은 지난달 부산 센텀시티점 식품관을 5년 만에 재개관하면서 서울 동부이촌동 일식 우동집 '미타니야', 부산 국제시장 명물 '할매 유부 보따리', 오징어 먹물빵으로 유명한 부산 '이흥용 과자점'을 입점시켰다. 현대백화점 공산품팀은 서울 시청 근처 '오향족발'을 들여오기 위해 2012년부터 8개월간 이 족발집에서 팀 회식을 매월 1회 넘게 하는 등 정성을 쏟았다.

출처 : 조선경제, 2014. 7. 21일자

03 외식산업의 입지선정

1. 입지선정의 중요성

외식산업은 입지산업이라고 할 정도로 점포의 입지조건이 매우 중요하다. 입지 location란 일정한 장소에서 지리적으로 그곳을 중심으로 자신의 경영자원을 활용하여 사업성을 높이는 장소이며, 외식산업경영에 중요한 전략일 수도 있다. 따라서 외식산업은 입지조건에 따라 사업의 성패가 좌우된다고 볼 수 있다.

입지의 선정은 현재 및 장래의 상권을 추정하고 현재의 입지에서 흡입가능한 지역의 고객층과 수요를 예상하는 등 출점지의 효율적 측정과 초기 영업정책의 기본자료를 입수하는 것이다. 그러나 입지조건은 시간과 주변상황에 따라 변화하며 현재의 입지가 좋은 상황이었다가도 나쁘게 되는 상황이 더 많이 발생하므로, 항상 모든 정보와 자료를 사전에 파악하여 대비해야만 하는 것이다.

2. 입지선정의 기준

외식업소의 특징, 서비스 형태, 메뉴 판매가격, 그리고 경영 등의 선택적 요인에 따라 입지선정 기준이 달라질 수 있다. 입지선정 시 고려해야 할 사항을 살펴보면 다음과 같다.

1) 입지선정의 고려사항

(1) 일반적인 입지선정의 고려사항

① 잠재시장성

외식업소를 지나가는 차량이나 도보로 지나가는 사람들의 유동이 커야 한다. 또한 외식업소의 인근에 주거지역을 배경으로 가지고 있는 곳이 좋다. 정통 레스토랑인 경우는 반경 2km 이내에 10,000~20,000명의 거주 인구를 필요로 한다.

② 소득수준

규모가 있는 외식업소는 특수한 경우를 제외하고는 5km 이내에 중산층 이상의 거주지를 배경으로 하면 좋다.

③ 지역의 성장과 쇠퇴

그 지역이 경제적으로 활력을 갖고 있는가에 크게 영향을 받는다. 악화되고 있는 모습이 나타난다면 외식업소의 도산은 시간문제에 속한다.

④ 경쟁업소

비교할 만한 경쟁업소가 얼마나 있는가의 여부, 이용고객이 쉽게 선택할 수 있는 다양한 업종의 외식업소가 존재하는가의 여부 등은 신중히 검토해야 할 사항들이다.

⑤ 집합적인 외식업소 거리

유동인구가 많고 상권이 번화한 거리에 집합적인 외식업소 거리가 있는 경우 총체적인 이용고객의 숫자가 증가하는 경향이 있기 때문에 지역성으로만 평가한다면 양호하다.

(2) 체인점 본부의 입지선정의 고려사항

외식업소 운영을 체계적으로 하고 있는 체인본부에는 나름대로의 입지선정 세부기준을 수립하여 가맹점이나 직영점을 운영하고 있다. 체인점 본부에서 고려되고 있는 요소를 살펴보면 다음과 같다.

① 반경 2km 이내에 주거 및 상주 인구 5만 이상을 시장으로 하는 인구집중 지역
② 도로로부터의 근접성이 용이하고 1일 2,000대 이상의 교통량이 있는 곳
③ 쇼핑센터와 위락시설, 사무실 등의 상권지역에 포함된 지역
④ 적절한 주차공간을 갖고 있거나 인근에 주차가 가능한 편의시설이 있는 곳
⑤ 경제적으로 활력이 있는 지역
⑥ 고객의 시야에 쉽게 들어올 수 있도록 가시도가 뛰어나고 접근이 용이한 장소

⑦ 상하수도의 이용이 원활하고 임대권을 포함한 법적 권리가 보장되는 곳

(3) 패스트푸드점 가맹점의 경우 고려되는 기준

① 쇼핑센터 등의 건물 내에 위치
② 상권이 형성된 코너 위치(최소한 2면이 보도로 연결)
③ 최소 폭 10m 정면을 가지고 있는 위치
④ 주변 거주인구 10,000명 이상이 1km 내에 있거나 사무실이 있는 위치
⑤ 도보 왕래객이 개점시간 내내 이어지는 위치
⑥ 주변에 관청이 소재하거나 공공시설로 사람의 업무상 왕래가 빈번한 위치
⑦ 다른 외식업소와 거리가 500m 이상 떨어지지 않은 위치

(4) 입지선정의 지리적 위치에 의한 고려사항

① 코너 위치에 의하면, 일면, 삼거리코너, 사거리코너가 좋은 위치이다.
② 시계성의 오목형 입지, 볼록형 입지는 주변 간판장애, 전면 가로수 장애, 주변 건물장애가 될 수 있으므로 피하는 것이 안전하다.
③ 접근성이 가능한 지리적 위치여야 한다.
④ 홍보성이 가능한 지리적 위치여야 한다.
⑤ 상권의 구매행태를 파악해야 한다.
⑥ 상권의 생활동선을 파악해야 한다. 즉 주요 외부 출입 동선(출퇴근, 통학통로, 구매동선)은 입지선정할 때의 고려사항이다.
⑦ 주변의 교통시설 현황을 조사해야 한다.
⑧ 도로상황을 조사해야 한다.
⑨ 지형, 지세를 파악해야 한다(철도, 도로, 대형담장, 언덕, 평지 등).

2) 입지선정의 배제지역

외식업소의 입지여건으로 장소를 선택할 때는 다음과 같은 요인이 내재되어 있을 경우 가급적 선택장소에서 배제하는 것이 바람직하다.

(1) 구획공간의 독립성

장소가 외식업소 독립적으로 사용할 수 없는 경우는 배제해야 한다.

(2) 배수장치, 하수도, 상수도 등의 이용

외식업소의 장소로서 가장 중요한 요인 중의 하나는 어떠한 경우에라도 배수장치 및 상하수도 사용문제는 원활해야 한다.

(3) 주차 편의성

최근 외식업소로 성공하기 위해서는 최소한 주차장소가 필수적이다. 보통 패밀리레스토랑의 경우, 200석 규모의 외식업소는 75대의 주차공간이 필요하다는 통계가 있다.

(4) 단기 임대조건

계약 조건상 2년 정도로 계약을 하는 경우라도 장기적으로 임대할 의사가 없는 경우는 가급적 입지선정 요건에서는 배제되어야 한다.

(5) 과도한 교통량과 속도

업소의 위치가 교통량이 폭주하거나 주행하는 차량의 속도가 비교적 높은 지역 근처라면 고려해 보아야 할 것이다.

(6) 도로나 보도로부터의 접근성

고객이 도로를 이용할 경우에는 주행선상으로부터 좌회전해야만 하는 위치는 배제되어야 한다. 이것은 우회전하는 장소보다 일반적으로 약 50%의 매출감소 요인을 내포하고 있다.

(7) 가시성

외식업소가 최소 근접거리 50m 이상의 가시성을 살리는 입지여야만 한다. 외부 건물이나 기타 여건으로 업소 정문 앞에 서지 않으면 간판을 볼 수 없는 위치는 가급적 배제해야 한다.

(8) 기타 요인들

- 병원 주위업소를 피한다.
- 언덕길이나 내리막길은 피한다.
- 주유소 주위는 가급적 피한다.
- 지하실은 피한다.
- 임대료가 싼 곳은 피한다.
- 2층 이상은 좋은 입지가 아니다.
- 주인이 자주 바뀌는 곳은 문제가 있다.
- 주변에 식당이 없으면 피한다.
- 주변에 규모가 큰 식당이 있으면 피한다.

미니사례 5·3

빵맛은 파리 스타일, 매장은 한국 스타일 … 파리로 간 파리바게뜨

단팥빵 등 한국 인기 상품은 배제… 프랑스 전통 바게뜨 위주로 판매

파리바게뜨가 22일(현지 시간) 개점한 프랑스 파리의 1호 매장 샤틀레점. 파리 1구 지하철 샤틀레역 근처에 자리한 이 매장은 주변의 오래된 건물과의 조화를 위해 기존의 파란색과 은색이 섞인 간판을 회갈색으로 대체했다. SPC 제공

이달 22일(현지 시각) 프랑스 파리 지하철역 샤틀레 부근의 장 랑티에르 거리. 고풍스러운 건물 1층에 흰색으로 'PB'라고 쓰인 회갈색 간판이 내걸렸다. 국내 제빵 브랜드 파리바게뜨가 프랑스에 낸 첫 매장이 처음 손님을 맞는 날이었다.

낮 12시쯤, 10여명이 진열대 앞에서 주문을 기다리고 있었다. 시간이 지날수록 고객들의 줄은 더 길어졌다. 크루아상을 맛본 소피 아리안(42)씨는 "고소한 버터 맛이 좋다"며 "한국 회사의 빵집인 줄 전혀 몰랐다"고 말했다. 매장의 판매 담당인 실비 타히르(51)씨는 "오전에 만든 바게트 샌드위치 200개가 모두 팔렸다"며 "크루아상, 뺑오쇼콜라(초콜릿 빵) 등 현지인이 평소 즐기는 빵에 대한 반응이 뜨겁다"고 말했다. 이날 매장에선 총 700개의 바게트가 팔렸다.

'프랑스풍(風)의 빵'을 슬로건으로 내걸고 1988년 서울 광화문에 파리바게뜨 1호점을 열었던 허영인 SPC그룹 회장이 26년 만에 그 이름을 갖고 파리 본토에 입성한 현장이다.

❖파리市 최고 중심부에 入城

프랑스 1호점인 '샤틀레점'은 입지(立地)에서부터 자신감이 넘친다. 파리1구

(區)에서 파리시청과 루브르박물관, 노트르담성당 등이 걸어서 10분 이내 거리에 있는 요지(要地)로 파리 시내에서 유동인구가 가장 많은 곳 중 하나다. 이곳의 주력 제품은 바게트와 크루아상 같은 '전통 프랑스 빵'이다. 단팥빵이나 소보루빵처럼 국내에서 인기있는 품목은 배제했다. 심재식 프랑스법인장은 "국내 빵으로 틈새시장을 노리기보다는 현지 정통 스타일로 빵의 본고장인 프랑스에서 정면 승부를 걸고 있다"고 말했다.

제조 방식도 '프랑스 전통 스타일'을 그대로 따랐다. 파리바게뜨는 지상 9층 건물 중 3개 층의 총 200㎡(약 60평)를 임차했다. 지하 1층에선 빵을 굽고, 지상 1층에 매장을 열었다. 지상 2층은 제빵사의 숙소로 꾸몄다. 그곳에서 새벽 2시부터 효모를 이용해 반죽하고 숙성을 시켜 빵을 직접 굽는 것이다. 최근 프랑스에서도 외부에서 빵을 구워 공급하는 대중 브랜드 빵집이 늘고 있지만, 파리바게뜨는 제빵사가 매장에서 모든 빵을 직접 굽는 방식을 택했다. 제빵사 4명을 포함한 13명의 직원은 모두 프랑스인으로 뽑았다.

❖프랑스式 빵에 한국式 카페 융합

그렇다고 프랑스 빵집 스타일을 그대로 모방한 것은 아니다. 맛과 제조 방식은 현지식(式)을 따랐지만, 매장 운영 방식은 한국식을 접목했다. 프랑스 빵집은 대부분 매장에 테이블이 없다. 이 때문에 샌드위치와 음료수를 사서 인근 공원이나 길거리 벤치에 앉아 먹는 경우가 대부분이다. 파리바게뜨는 46개의 좌석을 마련해 빵과 음료를 앉아서 먹는 '한국식 카페형'으로 매장을 꾸몄다.

친구 4명과 딸기 타르트(프랑스식 파이)와 커피를 마시던 비비안나(60)씨는 "빵집에서 간단한 요기를 하며 얘기를 할 수 있어 만족한다"고 말했다. 파리바게뜨는 카페형(型) 매장 운영의 노하우를 전수하기 위해 개점 전 프랑스 직원을 모두 서울로 불러 2주일간 교육을 진행했다.

❖매장 건물 구하는 데만 6년

파리에서 첫 매장을 열기까지는 8년이 걸렸다. 빵에 대한 자부심이 남다른 프랑스인의 '눈에 보이지 않는 텃세'를 넘어야 했다. 현재 파리에는 약 1200개의 빵집이 있다. 복잡한 행정절차 때문에 신규 점포는 거의 불가능하고, 가업(家業)으로 빵집을 운영하는 경우도 많아 빵집 매물은 한 달에 1~2건이 고작이다. 파리바게뜨는 카페형 매장을 만들 만한 곳을 찾아 확정하는 데 6년을 보냈다. 파리바게뜨는 이곳에 앞으로 국내 제빵사 1~2명을 주기적으로 보내 제빵 기술 교류를 추진한다는 방침이다.

김범성 SPC그룹 상무는 “샤틀레점의 제품과 운영 방식을 유럽, 미주, 북아프리카의 신규 시장 개척 때 적용할 것”이라며 “이 1호점을 발판으로 글로벌 시장을 본격 공략할 것”이라고 말했다.

출처 : 조선경제, 2014. 7. 24일자

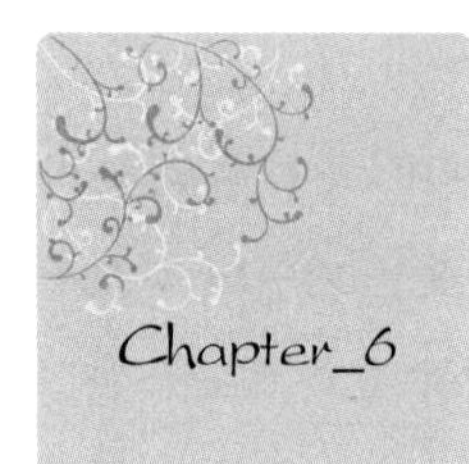

외식산업의 조직관리

01 조직관리

1. 조직의 목적과 구성요소

조직organization이란 공동의 목적을 달성하기 위해 필요한 여러 가지 활동을 분담하고 상호 간에 협조하여 수행하는 사람들의 집합체를 말한다. 경영자는 기업의 목적을 달성하기 위하여 조직을 합리적으로 구성·경영하는 능력과 관리기술을 가져야 한다. 조직의 목적을 간략하게 살펴보면 다음과 같다.

첫째, 기업 또는 각 조직단위의 목적을 능률적으로 유효하게 달성할 수 있도록 조직 각 구성원 간의 협력관계를 확립한다.

둘째, 각 개인의 창의력을 충분히 발휘시켜 적극적으로 기업 목적에 공헌할 수 있는 조직을 마련한다.

셋째, 각 개인의 책임체계를 확립한다.

넷째, 기업의 성장을 촉진시킬 수 있는 조직을 유지한다.

한편 조직이 제 기능을 효과적으로 수행하고 더 나아가 기업목표를 달성하기 위해서는 조직요소가 합리적으로 구성되어야 한다. 이러한 조직요소는 조직의 구조화에서 고려해야 할 핵심적인 내용이다.

1) 부문화

기업의 목표달성에 필요한 제 업무를 분화함으로써 직무수행의 기본 단위를 마련하는 것을 부문화departmentation 또는 부서화라고 한다. 일반적으로 기업의 규모가 커지면서 많은 일들을 여러 구성원들이 나누어서 하게 되면, 이를 효과적으로 관리할 필요가 있다. 이를 위해서 서로 유하거나 관련이 있는 업무나 작업활동이 함께 이루어질 수 있도록 그 담당자들을 부서별로 묶게 된다.

2) 직무의 할당

부문화에 의해 명백해진 단위 직무는 각 개인 또는 각 직위에 따라 직무로서 할당된다. 직무는 직능이라고도 하는데, 이는 조직구성원에게 각각 분화된 업무의 기술적 단위 또는 업무의 총체를 말한다. 직무할당은 책임소재별로 경영활동을 수행시키기 위한 기초 작업인데, 이 경우 적정배치는 직무할당의 기본 원칙이다. 그리고 직무할당은 각 직위에 대하여 이루어지며, 직무명세서, 직위카드 및 조직편람 등을 작성하게 된다.

3) 권한의 할당

권한authority이란 할당된 직무를 스스로 수행하고 타인에게 수행시키기 위해 주어진 공식적인 권리를 말한다. 직무를 수행하는 데 필요한 권한은 스스로 직무를 수행할 수 있는 힘일 뿐만 아니라, 자신의 결정에 대해 타인을 따르게 할 수 있는 힘으로 조직 내에서 공식적으로 보장되는 것이다.

4) 책임의 확정

책임responsibility이란 일정한 직무와 권한을 일정한 책임표준에 따라 수행할 의무를 상위자에게 부과하는 의무이다. 직무는 적절한 권한위양과 함께 하위자에게 위양될 수 있지만 책임은 위양될 수 없으므로 조직은 책임표준을 구체적으로 정해야 한다.

5) 직위

직위position는 조직상의 위치로서 수행해야 할 일정한 직무가 할당되고, 그 직무를 수행하는 데 필요한 권한과 책임이 구체적으로 규정되어 조직의 각 구성원에게 부여된 조직의 기본 단위를 말한다. 따라서 직위는 기업의 목표달성에 필요한 기업의 한 기관으로서 각 구성원을 조직과 관련시킬 때 발생하는 개념이다.

6) 상호관계의 설정

조직이 합리적으로 편성되기 위해서는 각 직위 상호 간에 발생하는 직무의 범위 및 권한, 책임의 중복 및 모순관계를 방지해야 하며, 또한 직위 상호 간의 제 관계를 합리적으로 설정해야 한다. 특히 조직이 안정을 유지하기 위해서는 조직 내 어느 개인, 어느 부서를 막론하고 부여받은 권한과 책임이 동등해야 한다. 그러므로 권한, 책임, 의무가 서로 균형을 유지해 나가도록 하는 과정 속에서 과업을 수행해야 한다.

2. 조직구조

외식업소의 대부분이 직원 10인 이하의 영세형이고 가족경영 형태의 소규모 경영조직이다. 따라서 직능의 분화가 되어 있지 않은 편이고, 그 조직도 각 업소의 영업 필요성에 따라 차이가 나타나고 있다. 그러나 외식산업이 성장하고 규모도 커짐에 따라 기업형 외식업체가 나타남으로써 이들의 경영조직은 직능별로 전문화되어 가고 있다. 조직구성에서 소규모 업소의 조직은 영업조직의 형태로 이루어져 있고, 대규모의 업소와 체인본부의 조직은 합리적인 조직관리를 위해 고객에게 제공될 음식을 생산하는 생산부서, 생산된 음식을 판매하는 판매부서, 그리고 영업활동을 지원하는 관리부서 등으로 구성된다. 외식업소의 조직구조에 대하여 살펴보면 다음과 같다.

1) 소규모 외식업소

소규모 외식업소에서는 경영자, 서빙직원, 주방직원 등의 조직구성을 나타낸다.

경영자가 서빙직원과 주방직원에게 지시를 내리면 이들은 지시내용을 분담하여 실행한다. 경영자와 직원 간의 업무균형과 협동이 이루어질 때 업소를 합리적으로 움직이며 성과를 거둘 수 있다.

[그림 6-1] 소규모 외식업소의 조직

경영자

객 장

주 방

2) 중규모 외식업소

중규모 외식업소에서는 조리부문과 객장부문에 각각 장의 역할을 정해 두어, 그들의 지시대로 주방과 객장의 서비스 업무가 이루어지게 되어 있다. 여기서 경영자가 점장을 겸임하기도 하는데, 점장은 업무가 원활하게 흐르는지 항상 살펴야 한다. 객장이 바쁘면 객장을 돕고 주방이 바쁘면 주방에 들어가 도울 수 있는 유연함이 있어야 하고, 모든 것을 점장 자신이 직접 처리하는 독단을 보이면 곤란하다. 중요한 것은 부하직원을 신뢰하여 권한을 위임하고, 윗사람은 권한을 맡긴 부하의 부족한 점을 보완한다는 자세를 취해야 한다.

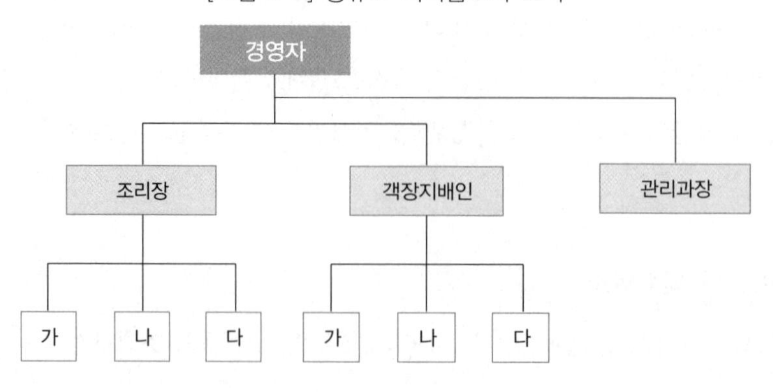

[그림 6-2] 중규모 외식업소의 조직

점포수가 5개 이상으로 확대되면 슈퍼바이저라는 중간관리자가 필요하게 된다. 슈퍼바이저는 사장을 대신하여 현장 상황을 파악하고, 점장과 직원을 지도하면서 외식업소를 활성화시키는 역할을 한다.

3) 체인형 외식기업

외식업소가 대규모의 체인으로 확대되면 조직이 크게 달라진다. 외식 체인기업은 영업부문과 관리부문으로 나눈다. 영업부문은 라인line조직으로 기업의 목적 달성에 직접적으로 권한을 행사하고, 이에 따라 책임을 지는 부서로 직영점을 직접 경영하고 가맹점의 경영지도를 해준다. 관리부문은 스태프staff조직으로 기업의 목적을 좀 더 효율적으로 이룰 수 있도록 라인조직에 조언과 서비스를 제공하는 부서로 인사, 재무, 기획 등의 부서가 여기에 속한다.

[그림 6-3] 체인형 외식기업의 조직

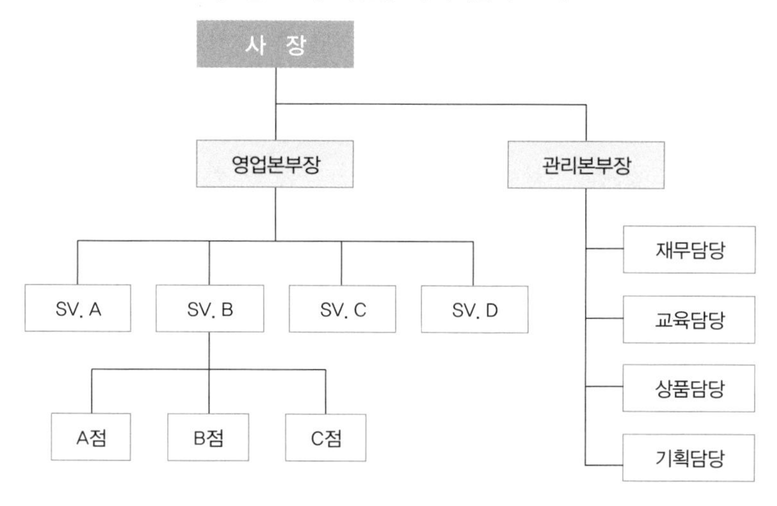

3. 조직구성원의 직무

식당의 구조나 크기, 유형 등에 관계없이 조직구성원은 능률적으로 업무를 수행해야 한다. 대표적인 인적 서비스 산업인 만큼 식당 구성원의 기능과 역할은 고객에 대한 서비스 수준과 상품의 판매와 직결된다. 호텔을 포함한 중규모 이상의 외식업소 직원업무를 살펴보면 다음과 같다.

1) 주방부서

주방부서는 식음료의 생산을 담당하는 곳으로 고객과의 접촉이 적어 'back of the house'라고 한다. 업장의 크기와 종류에 관계 없이 생산업무에 따라 다음과 같이 분리된다.

(1) 총주방장

총주방장executive chef은 주방의 생산부서 종업원을 감독하는 경영자이다. 규모가 큰 업장의 총주방장은 운영·관리를 책임지며 생산은 주방장이 담당한다. 그러나 작은 규모의 업장에서는 총주방장이 운영과 생산을 모두 책임진다.

총주방장은 업장, 지배인과 함께 메뉴를 기획하고 메뉴의 표준화, 전반적인 메뉴의 품질, 식재료 구매명세서 개발, 당일의 주식단 준비, 식재료구매 여부에 대한 의사결정, 특별행사 계획, 식음료 생산과정의 개발 및 생산업무 등을 실행하고 있다.

(2) 조리사

조리사cooks는 주방장을 돕고 수프, 소스 및 여러 가지 조리방법에 따라 음식을 준비한다. 대형 식당의 조리사는 수프조리사, 소스조리사, 생선조리사, 오븐구이조리사 등으로 구분된다. 조리사 보조assistant cooks는 조리사가 요리하도록 준비하는 것을 돕는다. 요리하기 전의 준비과정을 담당하거나 조리사의 감독하에 간단한 요리를 한다.

(3) 식기서비스 보조

식기서비스 보조pantry-service assistant는 연회 및 업장에서 필요한 그릇을 책임진다. 식기서비스의 보조요원은 음료를 준비하기도 하고, 필요할 때에는 음식서브를 보조하기도 한다.

(4) 기물관리원

기물관리원stewards은 주방의 모든 집기에 대한 세척, 위생 및 구매 등을 담당하고 있다. 또한 주방기기 설비를 관리하고 냄비류를 청결하게 관리하여야 한다. 쓰레기와 주방의 청소, 식기 · 유리그릇 · 은그릇 등의 세척 및 보관, 주방 전반의 위생관리 등을 담당한다.

(5) 창고관리원 및 검수원

창고관리원storeman은 식재료의 저장, 확인, 출고 등을 담당하며, 검수요원receiving employee은 식재료가 배달되었을 때 배달송장과 함께 배달되어 온 식재료의 품질, 규격, 수량 등이 구매명세서와 일치하는가를 확인하여야 한다. 또한 송장에 표시되어 있는 가격과 구매주문서에 나타나 있는 품목의 가격이 일치하는가도 확인하여야 한다.

(6) 제과 직원

제과조리부서는 제과조리장, 제과조리사, 제과조리사 보조 등으로 나눈다. 제과조리장은 제과조리기술이 고도로 필요한 제품을 생산하며, 제과조리사는 식빵, 파이, 케이크 등 단순한 제품을 만들고, 제과조리사 보조는 제과조리사를 돕는다.

2) 업장부서

업장은 고객과의 접촉이 많은 곳으로 'front of the house'라고 한다. 식당지배인, 호스트, 캡틴, 웨이터, 접객수, 바텐더, 캐셔 등으로 구성된다.

(1) 식당지배인

식당지배인dining room manager은 식당을 운영하는 임무와 호스트의 임무를 겸하고 있다. 즉 식당의 책임자로서 영업장의 운영, 고객관리 및 식당종업원의 인사관리, 교육훈련 등 종업원과 부서장 간의 직 · 간접적인 중계역할을 한다.

(2) 접객수장

접객수장host, captains은 접객의 책임을 맡고 있는 책임자로서 종업원의 복장 및 용모를 점검하고 식음료 서비스에서 정확한 주문과 서비스를 담당한다. 종업원을 감독하고 영업장의 상태를 점검하여 모든 것이 제 위치에 있는가를 확인한다. 특선메뉴, 주요 고객, 그날의 예약된 고객인원 등을 종업원에게 알려주며, 테이블 옆에서 디저트 요리의 시범도 보인다. 안내원은 지배인, 부지배인의 업무를 보좌하며 고객을 영접하고 테이블까지의 안내 역할을 한다.

(3) 접객원

접객원food servers은 접객수장을 보좌하며 주문된 식음료를 직접 취급하여 고객에게 제공하고 각 책임구역의 준비 및 정돈·청소 등을 한다. 영업장의 서비스 종류에 따라 접객원이 실행하여야 할 접객기술은 다양하다.

(4) 조주원

조주원bartenders은 칵테일과 알코올음료를 준비하고, 고객에게 직접 서비스하거나 식료접객원에게 제공한다.

(5) 음료접객원

음료접객원beverage servers은 주문된 음료를 고객에게 제공한다.

(6) 수납원

수납원cashiers은 예약관리와 고객의 식음료가격을 계산하여 요금을 받고 그날의 영업실적을 지배인에게 보고한다.

미니사례 6·1

외식 프랜차이즈 기업에게 요구되는 시스템 경영

홍기운 혜전대학교 호텔조리외식계열 교수,
한국외식산업대학교수협의회 회장

불확실하고 불투명한 경영환경이 지속되고 있는 가운데 무한경쟁시대에서 이기면서, 지속가능한 발전을 꾀하기 위한 작금 프랜차이즈 비즈니스의 실상은 전쟁이라고 표현하고 있다. 그야말로 다종다양한 프랜차이즈 기업의 출현을 보면서 외식시장은 선진화와 전문화라고 하는 변화와 혁신의 물결이 요동치고 있음을 체감하고 있다.

살아남기 위한 자구책 강구, 경쟁우위를 위해 몸부림치는 프랜차이즈 기업들을 보면서 시스템 경영의 중요성이 여러 곳에서 나타나고 있다.

사람에 의존하지 않고 어떤 사람이라도 상시 교체가 가능하고, 조직이 경제적이면서 효율적으로 관리되면서 사업성과를 나타나게 하는 것이 시스템 경영이다. 시스템 경영은 이미 선진국에서 보편화돼 있고 특히 사업다각화나 다브랜드화를 추구하는 외식 프랜차이즈 기업에게는 절실하게 요구되고 있다. 즉 구태의연한 과거의 경영논리로는 급변하는 시대변화에 적응할 수 없을 뿐만 아니라, 저성장 침체기라는 경제환경을 극복할 수 없다는게 국내외 프랜차이즈 비즈니스의 실상이다.

때문에 선진화된 프랜차이즈 기업에게 성장과 발전을 추구하면서 위기의 난국을 돌파하기 위한 방편으로 대두되고 있는 것이 시스템 경영이다. 또한 다점포사업 전개를 기본원칙으로 하고 있는 외식업의 특징은 프랜차이즈 비즈니스를 의미하고 있다. 따라서 프랜차이즈 기업에서 추구하고 있는 시스템 경영은 최근 저성장 침체기에 접어든 글로벌 경쟁시장의 중요한 변수이자 경영전략으로 떠오르고 있다.

외식 프랜차이즈 비즈니스는 다점포전개와 사업다각화 관점에서 동시다발적으로 전개되고 있는 것이 특징이다. 특히 표준화, 단순화, 전문화라고 하는 매뉴얼 시스템은 최근 선진국의 핵심 경쟁전략으로 대두되고 있으며 사업의 수직적, 수평적 통합화 개념에 있어서도 매뉴얼 시스템이 전략적으로 활용되고 있다.

따라서 시스템 경영의 근간이자 성공요소로 거론되고 있는 외식 프랜차이즈 패키지는 다음과 같은 것들로 계획·개발해 구성돼 있다. 경영이념·목표·정책 등 미래비전의 설정, 종합디자인(Brand, BI, CI, Character)의 제작개발, 점포개발(입지 및 상권분석, 출점계획), 상품개발 및 구성, 개점지원 및 오퍼레이션, 광고·홍보·판촉 등 마케팅, 구매 및 자재 등 조달, 송품 및 물류, 전산정보화 및 사무자동화, 교육훈련 및 전문가 양성, 재무 및 회계관리, 생산(C/K) 및 연구개발, 인테리어 등 건장 및 건축, 경영관리 등이 시스템 경영의 주요 대상이 되고 있다.

이 같은 선진화 시스템 경영이 구축되면 매출과 판매량이 증가하고 고객만족과 감동경영이 이뤄지며 원활하고 동시다발적인 대량출점이 가능할 뿐만 아니라, 업무의 효율성이 높아지면서 인재육성은 물론 코스트 다운과 수익창출의 원동력이 된다. 하지만 시스템 경영의 부재는 생산성이 떨어지게 되고 경제성과 효율성은 감소하면서 기업의 존재가치는 물론 성과창출에도 큰 영향을 미치게 된다.

외식 프랜차이즈 비즈니스 기업 가운데 시스템 경영으로 성공한 맥도날드의 경우 가맹점의 이익과 고객을 최우선으로 하는 시스템 경영기법을 적용했다. 특히 원부자재 조달에 하자 없는 상품만을 취급하였다. 재구매 기간이 짧은 상품과 대중적인 선호도가 높은 상품을 개발해 맛·향·중량·외관·형태·가격 등에 있어서 동일한 방법으로 정형화된 상품들을 취급했다. 점포내의 디자인과 색상, 종업원의 유니폼, 집기 및 비품, 설비 및 시설, 장치 등 각 부분을 시스템 경영으로 통일화를 일궈내면서 고객을 위한 경영이념과 공동체 경영에 임했다.

이러한 시스템 경영 결과, 많은 기업들의 매출과 수익성이 향상됐고 맞춤형 및 글로벌 전문인재육성 뿐만 아니라 원가절감 등 브랜드 가치가 높아지면서 저성장 침체의 늪에서 벗어났던 것이다.

결과적으로 선진 외식프랜차이즈 기업들은 시스템 경영기법의 도입과 활용을 통해 기업의 성과창출에 크게 기여하며 고객과 함께 가치 중심의 경영, 품질중심의 기술경영, 고객만족과 감동 경영에 이어 시스템 경영을 토대로 새로운 변화와 혁신의 기본틀을 만들어 가고 있다.

출처 : 식품외식경제, 2015. 5. 4일자

02 종업원관리

1. 모집과 선발

모집recruitment이란 자격을 갖춘 직무 예비자집단을 조직에 불러들이기 위한 일련의 활동을 말한다. 그리고 모집의 목적은 과업에 대한 대규모 집단의 지원자들을 확보함으로써 경영자가 조직이 필요로 하는 유능한 종업원들을 선발할 수 있도록 하는 데 있다. 외식업체에서는 업종과 업태 또는 업소의 영업전략에 따라 정규직원과 시간제 직원을 적절한 비율로 채용하여 인적 자원을 관리하고 있다.

모집방법에는 내부모집과 외부모집의 두 가지가 있다. 내부모집이란 필요한 인력을 갖춘 종업원의 승진이나 전직 등을 통해 조직 내부로부터 모집하는 방법이다. 내부모집의 이점은 외부모집에 비해 모집비용이 저렴하고, 채용 후에도 교육훈련에 따른 비용이 절감되며, 종업원들의 능력개발과 사기를 높일 수 있다는 점이다. 외부모집은 신문, 잡지, TV, 라디오 등의 매체에 광고를 하거나 학교 또는 직업소개소를 통하여 직접 지원자를 받는 방법으로서 조직의 외부로부터 후보자를 모집하는 것이다. 외부모집의 이점은 유능하고 진취적인 외부자를 확보하여 조직의 분위기와 효율을 높일 수 있다는 점이다. 한편 경력직 사원을 스카우트하는 형식으로 특채할 경우에는 종업원들의 승진기회를 박탈할 수도 있기 때문에 신중을 기해야 한다.

선발selection은 모집에 의해 형성된 지원자 집단에서 직무명세서에 제시된 해당 직무나 직위에 가장 적합한 사람을 선정하는 과정이다. 선발하는 과정은 지원서류 검토, 필기 또는 기능시험, 면접, 적성검사, 신체검사 등이다.

이러한 모집과 선발을 통하여 확보된 직원들은 그들의 능력이나 적성에 맞추어 적재적소의 부서에 배치함으로써 직원들의 능력개발과 조직효율성 향상을 꾀해야 한다.

2. 교육훈련

1) 교육훈련의 필요성

(1) 기업 측면

인적 · 물적 복합체인 기업에서 인력자원의 관리와 개발은 중요한 사항으로서 이는 외식업체의 경우에도 예외는 아니다. 외식업체 종사원에 대한 서비스의 교육훈련 여부가 장래의 계속기업으로서의 번영과 발전이라는 과제로 연결되기 때문이며, 그 업소의 우수성을 측정하는 중대한 요소가 되기 때문이다. 기업의 측면에서는 종사원의 잠재능력을 충분히 발휘하게 하고 관리능력을 배양할 수 있도록 해야 한다.

(2) 종업원 측면

종업원에 대한 교육훈련은 종업원의 자기개발 기반을 조성하기도 한다. 외식업체의 교육훈련을 통해 각 개인의 능력을 개발할 수 있고, 직무에 대한 강한 동기부여를 할 뿐만 아니라 자아실현에도 도움이 된다.

(3) 고객 측면

현대인들은 서비스의 품질에 대해 예민하다. 따라서 종업원의 교육훈련은 기업의 이윤추구 범위를 떠나 고객에게 환원하는 서비스 수준으로까지 이루어져야 한다. 고객들은 집을 떠나 밖에서 식사를 하는 만큼의 가치를 얻고 싶어 하기 때문에 종업원의 교육훈련을 통해 양질의 서비스를 제공하여야 한다.

2) 교육훈련의 내용

기업에서 실시하고 있는 교육훈련의 내용은 크게 네 가지 영역이 있다. 첫째는 전문지식, 둘째는 기능 · 기술이며, 셋째는 태도, 넷째는 창조성 개발 등이다. 이 네 가지 영역은 어느 기업에서나 어느 하나도 소홀히 할 수 없는 교육훈련의 매우 중요한 내용이 되고 있다.

외식산업은 서비스업으로서의 특성이 있는 만큼 이 네 가지 내용 중에서 특히 서비스 태도의 교육과 직무기능 · 기술 그리고 외국어 훈련 등에 매우 치중하고 있는 실정이다. 외식산업에서 실시하고 있는 주요 교육훈련 과목은 서비스정신, 외국어, 서비스기능 · 기술, 그리고 일반교육 등이 있다. 교육훈련의 내용을 교육대상별, 직능별로 구분하면 다음과 같다.

(1) 교육대상에 따른 교육훈련

① 신입사원 및 파트타임 종업원에 대한 교육훈련

신규채용자에 대해서는 현실의 직무를 효율적으로 담당하고 수행할 수 있도록 실시해야 하며, 또한 재직구성원들에 대해서는 새로운 기능과 기술을 습득하기 위한 교육훈련이 실시되어야 한다.

최근 경영환경의 변화에 따라 파트타임 근로자나 임시직 또는 파견근로자들을 채용하는 경향이 증가하고 있다. 이러한 추세에 맞추어 이들의 교육도 신입사원 교육의 범주에 포함시켜 교육훈련을 실시하고 있다. 파트타임 종업원은 대부분 고객과 가까이에서 서비스를 제공하는 경우가 많으므로 이들에 대한 교육훈련 역시 매우 중요하다.

신입사원의 교육은 외식업에 대한 신뢰감과 업무에 대한 흥미, 집단생활에서 지켜야 할 매너나 에티켓, 그리고 레스토랑의 공통적인 일반지식과 생활 대우상의 문제 등에 관한 교육을 받는다. 이러한 교육을 통해 새로운 것에 대한 심리적 불안감을 해소할 수 있다.

② 중간관리자에 대한 교육훈련

중간관리자는 경영자의 방침을 충분히 이해하고 경영목표를 달성해 나가야 하는 위치에 있는 사람으로 기업활동에서 가장 중요한 자리이다. 중간관리자는 주임, 부지배인 또는 부서 지배인급 등의 지위를 가지고 종업원들을 감독 · 지도 · 통솔하는 역할을 한다. 외식업체의 경우 서비스의 전달과정에 고객이 참여하기 때문에 고객 · 중간관리자 · 종업원이라는 인간관계에서 중간관리자의 역할은 매우 중요하다.

이들에 대한 교육훈련에는 업무의 지식, 외식업에 대한 전반적 지식, 서비스 작업을 지도할 수 있는 기능, 서비스 작업방법의 개선기능 및 통솔기능 등을 수행할 수 있는 내용이 포함되어야 한다. 구체적으로는 외식경영의 기초 지식, 안전 및 위생관리, 식재료에 관한 지식, 메뉴경영이론, 조리의 이론과 기술, 원가관리, 접객서비스 기술과 고객관리, 리더십, 마케팅, 부하교육 및 훈련, 관계법령 등의 교육을 받게 된다.

③ 최고경영자에 대한 교육훈련

점장 등 관리자는 조직목표를 실현하기 위해 노력해야 한다. 따라서 부하를 통해 점포의 성공적인 경영을 실현하는 것이 관리자의 임무이며, 업적 달성과 부하에 대한 인간적인 배려라는 두 가지 측면의 리더십이 필요하다. 그러나 업적 달성과 부하에 대한 인간적 배려는 전후관계가 아니고 부하의 협조를 통해 실적을 향상시키고 업적 달성을 통해 팀워크를 강화하는 동시관계에 있다. 이것을 가능하게 하는 것이 참된 리더십이다.

(2) 직능에 따른 교육훈련

① 주방 부문

조리부문의 교육훈련에서는 조리기능 및 기술과 관련된 사항을 주로 다룬다. 최근 개방주방open kitchen의 개념이 도입되면서 조리부문의 종업원과 고객의 접촉빈도가 높아지고 있는 추세이다. 이러한 추세에 맞추기 위해서는 주방의 직무교육뿐 아니라 고객응대와 관련된 교육도 실시되어야 한다.

그 밖에 위생에 관한 교육내용도 매우 중요시되고 있는데, 개인위생과 건강관리가 기본적인 내용이다. 또한 주방설비를 다루는 부문이므로 각종 설비 이용에 대한 안전관리 교육 및 에너지 사용상의 주의사항도 빠질 수 없는 교육과정이다.

② 객장 서비스부문

고객에게 음식을 제공하는 부서로 고객과의 접촉이 가장 빈번하며, 여기에 종사하는 직원들로는 업장지배인, 호스트, 캡틴, 푸드서버, 보조, 바텐더 등을 들 수 있다. 이들에게 무엇보다도 중요한 교육훈련과정은 고객응대에 관한 것이다. 고객과 1차적으로 대면하면서 각종 서비스를 제공해야 하므로 객장의 서비스부문은 직무

태도, 예절교육, 직업관 등과 같은 정신교육을 기본으로 한다.

교육내용에 따라 서비스 제공자의 인격수양에 관한 교육, 상품내용 · 식사법 · 품질 등에 관한 상품지식 교육, 고객의 심리 및 욕구파악을 위한 세일즈맨십 교육, 그리고 효과적인 판매기술 교육 등이 있다.

③ 관리부문

관리부문은 주방부문의 생산활동과 객장 서비스부문의 서비스 활동을 지원하는 부서로 마케팅, 총무, 재무, 개발담당자 등으로 구성되어 있다. 이들은 조리와 서비스에 관한 기본 교육을 받은 후 파트별로 업무교육을 받게 된다.

3) 교육훈련 방법

종업원의 능력개발을 위한 교육훈련 방법에는 강의식 방법, 회의식 방법, 사례연구법, 실연, 역할연기법, 수련장 연수 등이 있다. 외식업체에서 주로 실시하는 교육훈련 방법은 OJTon the job training; 직장 내 훈련로서 이는 상급자가 실제로 시범을 보이면서 그것을 따라하게 하는 기법으로 훈련생의 몸에 익을 때까지 반복하게 하는 기법이다. 또 종업원들에게 고객과 직원의 역할을 부여하여 연기해 보게 함으로써 상황대처능력을 높이는 역할연기법role playing도 포함된다.

한편 현장 밖에서 이루어지는 교육방법에는 협회 세미나 참석, 국내 전문기관 연수, 해외연수, 그리고 외부에서 실시하는 합숙훈련 등이 있다.

표 6•1 교육훈련의 유형

구 분	훈련 형태	내 용
사내 교육훈련	OJT	조리, 서비스, 식음료교육 등
	Off JT	연수원, 콘도 등에서 세미나와 인성교육
	자기개발	기업의 지원을 받거나 자비를 들여 개인 스스로 이수
	해외교육연수	해외 세미나 참석이나 유명업소 탐방
사외 교육훈련	위탁교육	직원들의 팀워크를 위한 극기훈련, 단합대회
	외부초빙교육	능률협회 등 외부기관에 의뢰하여 교육 실시

3. 보상

직무수행에 따른 적절하고 공정한 보상은 종업원들에게 경제적인 측면뿐 아니라 심리적으로도 중요한 의미를 가진다. 종업원에게 지급되는 보상은 주로 금전적인 형태인 '급여'와 비금전적인 부가급부인 '복지후생'으로 나눌 수 있다.

급여는 기본급, 수당, 상여금, 퇴직금 등으로 구성되며 보상체계의 중요한 부분이다. 기본급은 근무평가에 따른 직무급에 가족급이 부가되는 것이 보통이며, 수당에는 직무수당, 시간외 수당, 자격수당 등이 있다. 상여금은 경영성과에 따른 특별보상의 형태이나 미리 정한 시기에 정해진 금액 또는 비율에 따라 지급되며 급여의 개념으로 볼 수 있다.

소규모 외식업소의 경우에는 대기업과 같은 호봉제를 시행하기가 어려우므로 기본급과 수당을 합한 월정 급여를 정하고 근속에 따라 일정금액을 가산하는 정도로 체계화하고 있다. 경영성과에 따라 정률 또는 정액으로 상여금을 지급하거나 개인별, 집단 인센티브를 시행하는 경우도 있다.

종래의 외식산업에서는 급여 지불능력이 상대적으로 취약하여 직원들의 복리후생에는 거의 관심을 두지 못했다. 그러나 급여 이외에 제공되는 각종 복지제도는 종업원들의 소속감이나 서비스의 질을 높이는 중요한 요소가 될 수 있고, 나아가 인재 확보의 중요 요소가 되기도 한다.

이러한 복리후생의 구체적인 실행 예로는 다음과 같은 것이 있다.

첫째, 식사를 제공하는 것이다. 이것은 식사수당을 지급하는 경우와 직원용 음식을 만들어 제공하는 방법이 있다. 또는 자사 점포의 메뉴 중 선택하게 한다.

둘째, 외식업소 내의 시설로 휴게실과 라커시설을 제공하는 것이 필요하다. 일반 외식업소에서는 한 자리라도 객석을 더 많이 확보하려고 직원이 쾌적하게 일할 수 있는 환경을 만들기에 소홀했던 것이 사실이다. 직원이 안심하고 기쁘게 일할 수 있도록 별도의 휴게실을 만들어 여기서 유니폼을 갈아 입거나, 식사를 하거나, 휴식시간에 쉴 수 있도록 해야 한다. 또 휴게실 내에 라커를 설치하여 개인의 사물을 정리·관리할 수 있도록 해야 한다.

셋째, 여행, 야유회, 체육대회, 취미모임 등을 활성화하여 단결심과 소속감을 높이는 것이 필요하다.

기타 복리후생 방안으로 결혼기념일이나 생일을 축하하는 것, 명절, 크리스마스 선물을 지급하는 것, 우수사원, 공로자, 개근자를 표창하는 것 등을 생각해 볼 수 있다.

미니사례 6•2

외식업계 인재 직접 키운다

SPC그룹 · CJ푸드빌 등 자체 교육기관 잇따라 설립 창업지원 등 상생 경영도

CJ푸드빌 상생 아카데미 1기 베이커리창업과정 수강생들이 전과정을 수료한 후 화이팅을 외치고 있다. CJ푸드빌 제공

외식 프랜차이즈업체들이 대학과 자체 교육기관을 잇따라 설립, 인재 확보와 상생 실천이라는 두 마리 토끼를 잡고 있다. 제과제빵 프랜차이즈 양대 업체인 SPC그룹과 CJ푸드빌이 대표적 사례로, 다른 기업들이 산학협력 수준에 그치는 것과 달리 자체 교육기관을 통해 인재를 기르고 창업까지 돕는 적극적인 활동을 펼치고 있다.

SPC그룹은 국내 최초의 사내 대학인 'SPC식품과학대학'을 정부인가를 받아 2011년 3월에 개교, 그룹사와 협력업체 직원들을 교육하고 있다. 2012년 1월에는 경희사이버대와 학술교류 협력을 체결, 체계화된 교과과정을 거친 후 정부가 인증하는 식품전문학사 학위를 수여하고 있다. 이곳은 현재까지 45명의 졸업생을 배출했다.

이 회사는 특히 고교생을 학생으로 선발해 제과제빵 교육을 실시하고 그 중 우수 학생을 그룹사에 취업시킨 후 SPC식품과학대학에 입학시켜 이 분야 전문 인재로 길러내고 있다. 학생들에게는 미래를 열어주고 회사는 가능성 있는 사람을 확보하는 '착한 시너지'를 얻고 있는 것. 신정여자상고와 산학협력을 맺고 2기에 걸쳐 29명의 교육생을 배출한 데 이어 현재 한국관광고 재학생까지 총 16명의 3기 교육생에게 교육을 하고 있다. 학생 중 15명은 SPC그룹 계열사인 파리크라상과 비알코리아 직원으로 채용됐고, 이 중 2명은 SPC식품과학

대학에 입학했다.

이 회사는 제과제빵요리 전문학원인 'SPC컬리너리 아카데미'도 운영하고 있다. 연평균 300여 명이 이곳을 찾아 현재까지 3000여 명의 제과제빵요리 전문가를 배출했다.

CJ푸드빌은 고졸자를 위한 'CJ푸드빌 기업대학'과 중장년층을 위한 'CJ푸드빌 상생 아카데미'를 통해 젊은층과 중장년층에게 각각 맞춤형 교육을 실시하고 있다. 고용노동부 인증을 받고 지난해 6월 문을 연 기업대학은 채용예정자 대상 뚜레쥬르 베이커리학과, 재직자 대상 베이커리학과·카페매니지먼트학과·외식서비스학과 등 총 4개 학과로 운영되며 3년 과정이다. 졸업후에는 정규 대졸자와 동등한 대우로 외식 서비스 전문가로 활동할 기회가 주어진다. 현재 고용노동부 기업대학 인증을 받은 곳은 LG전자, 한화그룹 등 총 8곳으로 외식업계에서는 CJ푸드빌이 처음이다.

이 회사는 제2의 인생을 위해 창업을 준비하는 중장년층에게 무료로 교육과 창업 기회를 제공하는 상생 아카데미도 열고 있다. 교육은 외식업 창업을 계획하는 퇴직자와 전직 예정자들을 대상으로 7주 과정으로 이뤄지며, 지금까지 130여 명의 수료생을 배출했다. 올해 7차 교육과정을 운영하며 총 300여 명의 교육생을 배출할 계획이다.

제네시스BBQ그룹은 치킨대학을 설립해 프랜차이즈 경영, 교육 등을 전수, 2012년에 1만번째 수료생을 내놨다. 현재까지 BBQ 단일 브랜드에서 1만3000명, 닭익는마을, U9 등 10개 브랜드를 합치면 1만7000명의 외식 전문가를 양성했다. 이 회사는 지난 8월 신라요리직업전문학교를 인수, '글로벌푸드아트전문학교(GFAC)'로 교명을 바꾸고 외식조리학과, 관광식음료학과, 글로벌학과 등 3개 학과를 운영하고 있다.

토종 커피 브랜드 할리스커피와 카페베네를 성공으로 이끈 강훈 대표가 경영하는 '망고식스'는 대학과 협력해 '망고식스학과'를 운영하고 있다. 고구려대학에 개설된 '망고식스 디저트 카페학과'는 지난 2012학년도부터 신입생을 받아 제품 연구개발, 해외 매장 연수, 프랜차이즈 서비스학 등을 교육한다. 재학 중 웰빙디저트 레시피사, 바리스타, 물관리사 자격증을 취득할 수 있으며 망고식스 입사 기회도 제공한다.

프랜차이즈 업계 한 관계자는 "기업 운영 교육기관에서는 일과 학습을 병행하면서 전문가 교육을 받을 수 있고 일자리도 찾을 수 있어 교육생들의 지원이 이어지고 있다"며 "길러진 인재들이 외식산업의 선진화 일꾼으로 성장해 나갈 것으로 기대한다"고 밝혔다.

출처 : 디지털타임스, 2014. 10. 27일자

PART_3

외식산업의 마케팅

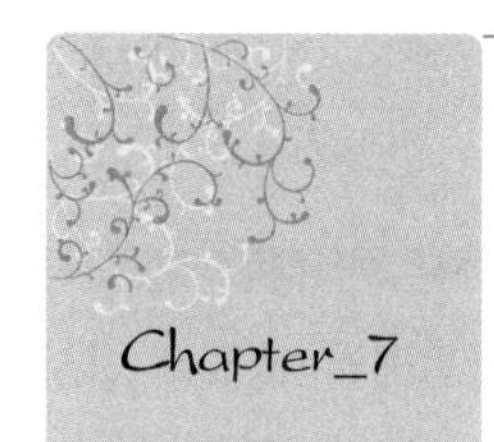

Chapter_7

외식산업과 서비스

01 서비스의 이해

1. 서비스란 무엇인가?

오늘날 현대인들은 서비스 사회service society 혹은 서비스 경제service economy 속에서 살고 있다고 해도 과언이 아니다. 선진국의 경우 1950년대부터 1970년대에 걸쳐 이미 서비스 경제시대에 진입하여 전체 산업에서 서비스 산업이 차지하는 비중이 60% 이상이 되고, 서비스 산업의 생산 증가율이 국내 총 생산의 증가액을 상회하고 있다. 우리나라의 경우 전체 산업에서 차지하는 서비스 산업의 비중이 1980년대 후반 50%를 넘어선 이래 2000년에 들어서면서 68.9%에 이르러 선진국 수준에 접근하고 있다.

흔히 우리는 '서비스가 좋다', '서비스가 만점이다' 혹은 '서비스가 엉망이다'라는 표현으로 사람이나 업소를 평가하게 되고, 서비스 질의 잣대는 입에서 입으로 전달되어 그 업소의 서비스 수준과 평가요인이 된다.

외식산업은 서비스 산업 중에서도 대표적인 인적 서비스 산업이다. 단지 메뉴보다는 업소에서 제공하는 눈에 보이지 않는 서비스에 따라 업소의 품위와 평가가 달라지게 된다. 그렇다면 진정한 의미에서의 서비스란 무엇인가? 한마디로 말하기는 참으로 어렵다. 왜냐하면 서비스는 상황적 환경에 지배를 받게 되고, 서비스의 제공자는 의도와는 달리 그것을 받아들이는 사람들의 견해와 개성, 환경, 관여도 등 개인적인 요인들이 크게 지배하기 때문이다.

서비스의 사전적 정의는 '행위, 과정 그리고 성과deeds, processes, and performance'이다. 우리 주변에서 발생하고 있는 많은 행위들, 예를 들면 음식점에서 맛있는 식사를 하는 것, 은행에서 돈을 찾는 것, 병원에서 진료를 받는 것, 미용실에서 머리를 하는 것 등 주로 고객들을 위한 행위이며 과정이자 성과라고 볼 수 있다.

미국 마케팅학회American Marketing Association에서는 "서비스란 판매 목적으로 제공되거나 상품판매와 연계해서 제공되는 제 활동, 편익, 만족"이라고 정의하고 있다. 즉 서비스는 무형적 성격을 띠는 일련의 활동으로서 고객과 서비스 종업원의 상호관계로부터 발생한다. 그리고 고객의 문제를 해결해 주는 것으로 서비스는 서비스 제공자와의 상호작용을 포함하게 된다.

사회가 점차 고도화되고 소비자의 생활방식, 의식구조, 레저패턴 및 가치관 등이 달라지면서 서비스 행위는 점차 고도화·세련화되어 가고 있다. 특히 외식산업에 있어서 서비스는 매우 중요하다고 볼 수 있다.

2. 서비스의 특징

서비스는 무형성, 비분리성, 이질성, 그리고 소멸성 등 네 가지의 특징을 지니고 있는데, 간략하게 살펴보면 다음과 같다.

1) 무형성

서비스의 기본 특성은 형태가 없다는 것이다. 객관적으로 누구에게나 보이는 형태로 제시할 수 없으며, 물체처럼 만지거나 볼 수 없다. 따라서 그 가치를 파악하거나 평가하는 것이 어렵다. 레스토랑 서비스, 법률 서비스, 의료 서비스 등이 이런 특성을 잘 나타내고 있다. 이러한 서비스의 무형성intangibility으로 인해 서비스 상품은 진열하기 곤란하며, 그에 대한 커뮤니케이션도 곤란하다.

무형성 때문에 생기는 불확실성을 줄이기 위하여 구매자는 그 서비스에 관한 정보와 확신을 제공하는 유형의 증거를 찾는다. 레스토랑의 외부 모습은 그 점포에

도착한 고객이 맨 처음 보는 것이다. 레스토랑 주변의 배경과 청결 상태는 그 레스토랑이 얼마만큼 잘 운영되고 있는가의 증거를 제공하기도 한다. 즉 여러 가지의 유형적 요소들이 무형의 서비스 질에 대한 신호를 제공해 주고 있다.

따라서 무형성으로 인한 이와 같은 문제점을 해결하기 위해서는 실체적인 단서를 강조하고, 구전 커뮤니케이션을 자극하며, 강렬한 이미지를 창출하고, 구매 후 커뮤니케이션 등에 신경을 써야 한다. 예를 들어 음식점 서비스인 경우 식당의 명성이나 유명도, 외적인 시설 등과 같은 실체적 단서를 강조하거나 가시화할 수 있는 정보를 알려야 한다.

2) 비분리성

제품의 경우에는 생산과 소비가 분리되어 일단 생산된 후 판매되고 나중에 소비된다. 그러나 서비스의 경우 생산과 동시에 이루어지며 소비되기 때문에 소비자가 서비스 공급에 참여해야 하는 경우가 많다.

또 고객들이 참여하기 때문에 집중화된 대량생산체제를 구축하기 어렵다. 제품의 경우에는 구입 전 소비자가 시험해 볼 수 있다. 그러나 서비스의 경우에는 구입 전 시험할 수 없다. 제품처럼 사전에 품질통제를 하기가 곤란하며, 이러한 비분리성inseparability에 따른 여러 가지의 문제들을 해결하기 위해서는 고객과 접촉하는 서비스 요원을 신중히 선발하고 철저히 교육해야 한다.

예를 들면 어느 음식점에서 요리가 환상적으로 훌륭했다 하더라도 서비스를 제공하는 종업원의 태도가 좋지 않다든가 주의성이 없는 경우, 고객은 그 음식점에 대해 전반적으로 낮게 평가하고 그 경험으로부터 만족을 느끼지 못할 것이다.

3) 이질성

서비스의 과정에는 여러 가지의 변수들이 많기 때문에 한 고객에 대한 서비스가 다음 고객에 대한 서비스와 다를 가능성이 있다. 이것을 서비스의 이질성heterogeneity이라고 한다. 같은 서비스업체에서도 종업원에 따라서 제공되는 서비스의 내용이나 질에 차이가 있을 수 있다. 또 같은 종업원이라도 시간이나 고객에 따라서 다른 서비스를 제공할 수 있다.

예를 들면 어떤 고객의 경우 어느 날은 좋은 서비스를 받고, 다음 날 같은 종업원으로부터 호의적이지 않은 서비스를 받을 수도 있다. 마음에 들지 않은 서비스를 받은 경우 그 종업원의 건강상태나 감정에 문제가 있을지도 모른다. 따라서 서비스는 생산과 소비가 동시에 일어나기 때문에 질적 수준을 관리하는 데 많은 어려움이 따른다.

4) 소멸성

서비스는 1회로서 소멸하며, 그와 동시에 서비스의 편익도 사라진다. 그러나 제품은 구입된 후에 그 상품의 물리적 형태가 존재하는 한 몇 회라도 반복하여 사용할 수 있다. 저장되지 않는 이러한 특성을 서비스의 소멸성perishability이라고 한다. 따라서 이를 해결하기 위해서는 수요와 공급 간의 조화를 이루는 전략이 필요하다.

예를 들면 레스토랑에서 예약을 하고 나타나지 않는 고객 때문에 다른 고객에게 서비스를 제공하지 못했다면, 그 레스토랑의 입장에서는 커다란 손실이 아닐 수 없다. 따라서 서비스의 수익을 최대화하려면 팔리지 않은 재고를 이월할 수 없기 때문에 수용능력과 수요를 적절히 관리해야 한다.

3. 서비스의 부수적인 특성

서비스는 네 가지의 기본적 특성 외에도 여러 가지의 부수적인 특징을 가지고 있는데, 다음과 같이 요약할 수 있다.

- 서비스는 물건이 아니라 일련의 행위 또는 과정이다.
- 일반적으로 서비스는 소유권의 이전을 수반하지 않는다.
- 서비스의 주된 가치는 고객과 서비스 제공자 간의 상호작용 가운데 생산된다.
- 서비스는 인력에 의존하는 경우가 많다.
- 서비스의 수요·공급에는 시간적·공간적 조절이 중요한 요소가 된다.
- 서비스의 평가는 주로 고객에 의해 주관적으로 이루어진다.

- 서비스의 유통경로는 존재한다고 해도 매우 짧다.
- 서비스는 생산계획이 불확실하다.
- 제품의 품질을 평가하는 데는 시간이 소요되는 데 비해서 서비스 품질의 평가는 즉시 이루어지는 것이 보통이다.
- 제품의 혁신은 소재 및 과정 기술에 민감하고, 서비스 혁신은 정보 및 커뮤니케이션기술에 민감하다.

02 외식산업의 접객서비스

1. 접객서비스의 의의

외식산업에 있어서 접객서비스는 고객의 존재에서부터 출발한다. 아무리 점포분위기가 훌륭하고 맛있는 음식, 정중한 서비스, 청결한 환경 등이 구비되어 있어도 고객이 찾아주지 않으면 의미가 없으며, 사업으로서의 가치도 없게 된다.

고객이 존재하지 않는다면 점포의 존재가치는 그 의미를 상실하게 되는 것이다. 바쁘기 때문에 기다려야 되는 것이 당연하다거나 행동과 태도가 불손하고 종업원 자신의 일을 먼저 생각하는 것은 고객의 지지를 잃게 되고 만다. 몸도 마음도 모두가 고객지향적이 되고, 고객입장에서 이해할 때 접객서비스는 시작되는 것이다.

외식산업에서 접객서비스란 "직업에 대한 강한 의지적 욕망과 전문적인 지식을 소유하고 고객에게 취하게 되는 종업원의 모든 행동과 태도에 대한 표현이다"라고 정의할 수 있다. 따라서 접객서비스는 고객의 입장에서 고객에게 즐겁고 쾌적함을 제공할 수 있는 근원을 창출해 내려는 일련의 노력과 정성이 수반되어야 하며, 어떤 고객에게나 최상의 친절과 마음으로부터 애정을 표출해야 한다. 진정한 의미에 있어서 접객서비스는 고객에 대한 단순한 형식보다는 마음속에서 우러나는 서비스의 제공인 것이다.

2. 접객서비스의 기본 전략

인간의 서비스에 대한 사고방식은 동서양을 막론하고 비슷하며, 성의껏 하려고 하는 의욕만 있으면 반드시 성공할 수 있다는 확신을 가져야 한다. 인적 서비스의 역할이 증대되고 있는 외식산업에서 기본적인 접객서비스 매뉴얼을 가지고 교육과 훈련을 계속 지도하고 시행해야 할 것이다. 접객서비스를 실행하기 위한 기본적인 전략으로 복장·몸차림, 태도, 웃는 얼굴, 그리고 배려 등에 대하여 설명하면 다음과 같다.

1) 복장·몸차림

고객에게 환영의 마음, 환대하는 마음을 표현하기 위해서는 우선 복장·몸차림이 단정해야 한다. 단정한 복장·몸차림을 위해서는 다음과 같은 몇 가지의 내용들을 고려해야 할 것이다.

첫째, 외식업소 사정에 맞게 종업원들의 복장·몸차림 등 각 항목에 대한 기준을 명확히 하는 것이다. 조리장, 영업장에 있어서의 기준을 남녀별로 자신의 점포에 맞게 알기 쉽게 리스트를 만들어 채용할 때부터 이 기준을 반드시 지키도록 새로운 채용자에게 철저히 가르치는 것이 중요하다.

둘째, 무엇보다도 먹는 일에 관한 것이기 때문에 '청결해야 한다'는 것이 필수조건이다. 머리끝에서 발끝까지 이 청결을 염두에 두고 복장과 몸가짐을 생각해야 한다.

셋째, 외식업소는 고객이 주역이 되며 종업원은 '고객이 음식을 즐길 수 있도록 협조'하는 보조역할을 하는 사람이다. 이런 점에서 절대로 종업원이 고객보다 더 눈에 띄는 존재가 되어서는 안된다. 항상 검소한 복장·몸차림을 갖추는 것이 원칙이다.

2) 태도

복장·옷차림이 단정하게 되면, 다음으로 중요한 것은 종업원이 고객을 대하는 태도이다. 이를 위해서는 고객맞이, 식사제공, 그리고 배웅 등에 이르기까지의 종업원의 태도, 즉 동작이나 말씨가 고객의 눈으로 보아서 호감이 가도록 해야 한다. 그중에서 가장 중요한 것은 자신의 점포특성에 맞추어서 접객 동작이나 말씨의 기준을 명확히 해 두는 일이다. 따라서 이러한 기준들을 명확히 정하고, 종업원들을 교육·훈련함으로써 철저하게 실행해 가는 것이 필요하다.

3) 웃는 얼굴

웃는 얼굴은 상대방을 환영한다는 의지표시의 수단이다. 또한 환대하는 마음을 표현하는 최고의 수단이라고 말할 수 있다. 맥도날드 햄버거 메뉴판에는 '스마일 프리smile free', 즉 미소는 무료라고 쓰여 있다. 이것은 '우리 점포에서 파는 햄버거나 튀긴 감자 속에 당연히 이 미소가 들어 있지 않은 상품이라면, 고객에게 대금을 받지 않겠다'고 하는 사상, 이념을 스마일 프리라는 말로 표현하고 있는 것이다. 여기에는 '웃는 얼굴이야말로 고객과 가장 가까워지는 가장 좋은 방법이다'라고 하는 맥도날드 창시자의 경영철학이 담겨 있는 것이다. 미소 띤 얼굴의 서비스도 상품인 것이다. 따라서 '미소도 상품이다'라고 하는 사고방식을 종업원을 채용할 때부터 철저하게 가르치는 것이 중요하다.

4) 배려

외식업소에 오는 고객은 그 점포의 종업원에게 항상 고객으로서 대우받기를 원하고 있고, 무엇인가를 스스로 해주기를 기대하고 찾는 것이다. 예를 들어 컵에 물이 조금밖에 남지 않았다면 다시 따라주는 것이다. 고객이 요구하기 전에 행동을 취하는 것이 서비스인 것이다. 종업원은 항상 테이블에서 눈을 떼지 말아야 한다. 요리를 조리장에서 객석까지 이동할 때에도, 식사가 끝나고 치울 때에도 항상 테이블 위를 주시하고 있어야 한다.

특히 만원일 때보다는 객석의 20~30%가 찼을 경우에 무료한 시간의 배려방법이 더욱 중요하다. 왜냐하면 만석일 때에는 전 종업원이 긴장되어 있기 때문에 큰 실수도 없을 뿐만 아니라 고객들도 '만원이니까' 하고 조금은 관대하게 보고 참아주기 때문이다.

3. 감동의 접객 서비스

음식 맛은 시간이 지나면 잊기 쉽지만 서비스는 여전히 고객의 마음속에 자리를 잡게 된다. 특히 불친절한 서비스는 고객의 마음속에 간직되어 다시는 그 업소를 찾지 않게 만들지도 모른다. 많은 소비자를 모두 충족시킬 수 있는 서비스는 분명히 없다. 그러나 여러 소비자들에게 인정받을 수 있는 서비스는 분명히 우리 가슴속에 존재한다. 그것은 진실에서 우러나오는 가식 없는 미소, 따뜻한 몸가짐, 격의 없는 말 한마디 등과 같은 평범한 것들이라고 볼 수 있다.

1) 데이터베이스 정보의 구축

고객이 단골집이라 생각하고 방문하는데, 종업원 누구 하나 알아주는 사람이 없다면 고객은 실망할 것이다. 이 같은 관점에서 요즈음 외식업체에서는 데이터베이스data base의 정보를 구축하여 전략적으로 이용하는 것이 바람직하다.

고객의 이름, 나이, 주소, 직업, 소득수준, 즐겨 찾는 메뉴, 생일, 결혼기념일 등 개인적인 자료를 컴퓨터에 수록하여 1 : 1 서비스 전략을 펼쳐나가는 것이다. 그래서 다음 번 방문한 점포에서 자기의 이름을 기억해 주고, 결혼기념일에 축하전보를 받아볼 수 있다면 고객들은 너무도 즐겁고 기뻐할 것이다. 고객감동은 큰 격식이나 없던 서비스를 개발하는 데 있는 것이 아니고, 말 그대로 고객을 따뜻이 대하고 고객과 친해질 수 있는 분위기를 만들어나가는 데 있다.

2) 외식산업은 먹는 산업

외식산업을 두고 EAST산업이라고 한다. 말 그대로 먹는 산업이다. 그런데 우리가 알고 있는 음식만을 먹는 것은 아니다.

첫째, 오락 · 즐거움Entertainment을 먹는다. 피자집에 오는 고객들은 단지 배고픔을 채우기 위해서 오지 않는다. 피자문화 자체를 체험하고, 피자를 먹는 즐거움이 좋아서 방문하는 경우가 많다.

둘째, 분위기 · 환경Atmosphere을 먹는다. 고객은 언제, 어느 업소를 방문하든지 자기가 찾는 곳이 쾌적한 공간이기를 원한다. 특히 정중한 서비스를 받으며 음식을 맛있게 먹고 나오다가 문득 주방의 불결한 모습들을 보았을 때 고객은 기분이 많이 상할 것이다. 또한 종업원들은 먼저 청결하고 산뜻한 이미지를 줄 수 있어야 하며, 이들의 옷차림, 말씨 등이 점포에서 취급하는 메뉴와 인테리어, 음악 등과 조화를 이룰 때 고객은 맛은 물론이고 그 분위기에 젖어들 수 있을 것이다.

셋째, 위생Sanitation을 먹는다. 외식업소의 위생은 어떠한 서비스보다도 우선되어야 하며, 백번을 강조해도 지나치지 않음을 명심해야 한다.

넷째, 맛Taste을 먹는다. 소비자가 찾아가는 외식업소의 음식 맛은 고객의 취향에 맞아야 한다. 그러기 위해서는 고객의 입맛이 어떻게 변해 가는지 면밀히 분석할 필요가 있다.

이처럼 EAST를 충족시키기 위해서는 서비스가 기본이 되어야 한다. 적절한 서비스 없이는 아무리 좋은 환경, 음식, 분위기, 깨끗한 위생시설 등이 있다고 해도 물거품이 될 수 있다. 따라서 서비스는 외식경영의 시작이며 과정이고, 마지막이 되어야 한다. 외식산업을 두고 인적 서비스 산업이라고 부르는 것도 사람이 최고의 제품이 되어야 하기 때문이다.

03 서비스 구매과정에 따른 관리

1. 서비스 과정의 중요성

서비스 과정이란 서비스가 전달되는 절차나 그 활동들의 흐름을 의미한다. 대부분의 서비스는 일련의 과정process이며, 흐름flow의 형태로 전달된다. 따라서 서비스의 과정은 서비스 상품 그 자체이기도 하면서, 동시에 서비스 전달과정인 유통의 성격을 가지고 있다.

서비스는 동시성과 분리성 때문에 고객과 떨어져서 생각할 수 없다. 서비스의 고객은 서비스가 이루어지는 과정 안에서 일정한 역할을 수행한다. 예를 들어 비디오를 구매하는 고객은 그것이 만들어지는 제조과정에 대해서 특별히 관심을 두지 않는다. 그러나 근사한 레스토랑에 방문한 고객들은 단순히 최종 결과물인 먹는 것에 만 관심을 두지는 않는다. 레스토랑에 도착하여 자리에 앉아서 안락한 분위기를 즐기며, 주문을 하고, 음식을 받고 식사를 하는 전 과정과 거기서 얻어지는 경험이 훨씬 더 중요하다.

이러한 서비스 과정의 단계와 서비스 제공자의 처리 능력은 고객의 눈에 가시적으로 보여진다. 그러므로 이러한 일련의 과정들은 서비스 품질을 결정하는 데 매우 중요한 역할을 하고, 구매 후 고객의 만족과 재구매 의사결정에도 영향을 끼칠 수 있다.

미니사례 7·1

맛집의 완성, 서비스에 달렸다

루이 14세 접대하던 지배인, 재료 떨어지자 '명예 자살'
뉴욕 名所들은 직원 상대로 발레 응용한 동작 가르치고
손님에게 계산된 농담까지 … '진짜 고객 만족' 고민해야

위대한 레스토랑은 요리사 혼자서 만들지 못한다. 뛰어난 음식 맛은 기본이지만, 여기에 훌륭한 서비스가 덧붙여져야 한다. 영국에서 활동하는 프랑스 요리사 미셸 루(Roux)는 "형편없는 음식 맛에 너그러운 손님도 형편없는 서비스는 용서 못 한다"고 말했다. 식당에서의 한 끼라는 총체적 경험에 미치는 영향은 어쩌면 서비스가 음식 맛보다 더 클지도 모른다. 그런 점에서 손님을 접대하는 지배인과 종업원은 매우 중요하다.

서비스 분야에서 전설로 꼽히는 이가 있다. 최고의 서비스를 제공하지 못했다는 자괴감에 자살한, 17세기 프랑스에 살았던 프랑수아 바텔(Vatel)이라는 남자다. 1671년 4월 24일 금요일 콩데(Conde) 공(公)은 자신의 영지인 샹티이(Chantilly)성(城)에서 프랑스왕 루이 14세와 3000명의 베르사유 궁전 사람들을 초청해 성대한 연회를 베풀었다. 루이 14세의 환심을 사기 위해서였다.

요리사 출신인 바텔은 콩데 공의 궁정 음식 총감독인 '마조르도모(majordomo)'였다. 요즘 레스토랑 총지배인과 비슷한 자리였다. 당시 유럽에서는 연회가 매우 중요했다. 연회를 얼마나 잘 차려내느냐에 따라서 연회 주최자의 명성이 높아지거나 정치적 영향력이 커지기도 했다. 바텔은 콩데 공 이전에도 여러 주인을 모시며 훌륭한 연회를 매끈하게 진행해 명성이 자자했다.

바텔은 2주 동안 밤낮없이 연회를 준비했다. 연회 당일 예상보다 많은 손님이 참석한다는 연락이 왔다. 준비하는 데 며칠이 걸리는 로스트비프는 더 이상

추가할 수 없는 상황이었다. 결국 2개 테이블에 로스트비프가 나가지 못하게 됐다. 바텔은 상심하기 시작했다. 연회 당일 새벽 기다리던 식재료 일부가 도착하지 않았다. 그는 당황했다. 결정적으로 메인 요리의 주재료인 생선이 오지 않았다. 바텔은 절망했다. "이런 망신을 당하고도 살 수는 없다. 내 명예와 평판을 완전히 더럽혔다."

바텔은 비통한 심정으로 주방에서 사라졌다. 때마침 기다리던 생선이 주방에 도착했다. 이 소식을 알리러 바텔의 방을 찾은 하인은 칼로 자신의 심장을 찔러 자살한 그를 발견했다. 연회에 참석한 손님 누구도 바텔을 죽음으로 몰고 간 생선요리에 손대지 않았다고 한다.

바텔의 후예들도 최상의 서비스를 위해 노력을 아끼지 않는다. 세계 최고급 레스토랑들은 요리사만큼이나 서비스 인력을 모집하고 교육하는 데 돈과 시간을 쏟아붓는다. 뉴욕의 '다니엘(Daniel)'은 미슐랭 가이드로부터 별 셋, 뉴욕타임스로부터 별 넷을 획득한 미국 최고 레스토랑 중 하나다. 최근 이곳을 찾은 지인은 "나 스스로 무엇이 필요한지 알기도 전에 종업원들이 먼저 알아서 서비스해 주는 듯했다"며 "태어나 받아본 최고의 서비스"라고 감탄했다. 손님이 요구하기 전에 제공하는 궁극의 서비스를 위해 이곳 종업원들은 현장 실습은 기본이고 세미나에 참석해 공부한다. 매일 영업 시간이 끝나면 마련되는 세미나에는 와인·치즈·리큐르 등 분야별로 전문가가 교육을 담당한다.

뉴욕의 또다른 고급 레스토랑인 '퍼세(Per Se)'의 신입 종업원은 125쪽에 달하는 서비스 매뉴얼을 달달 외워야 한다. 그뿐이 아니다. 퍼세는 발레 무용수를 불러 종업원들에게 기본 발레 동작을 가르친다. 지난 2012년 한국을 방문한 퍼세의 오너셰프(주인 겸 주방장) 토머스 켈러(Keller)에게 "식당 종업원이 왜 발레까지 배워야 하느냐"고 물었다. 그는 "우리는 종업원이 발레 무용수처럼 우아해 보이기를 원한다. 우아하고 아름다운 자세와 손동작으로 서빙하는 것도 훌륭한 서비스의 일부"라고 대답했다.

뉴욕 명소인 '포시즌스(The Four Seasons)'는 세계를 움직이는 유명하고 영향력 있는 인사들이 즐겨 찾는 식당이다. 이곳의 지배인 겸 공동 소유주인 줄리안 니콜리니는 최고의 서비스로 '즐거움'을 꼽았다. 그는 손님을 격의 없이 대하는 것을 넘어 짓궂은 농담과 장난까지 친다. 지난해 인터뷰 당시 그는 "아무리 단골이 요구해도 늘 같은 자리를 주지는 않는다"고 했다. "뭐든 원하는 대로 된다면 인생이 무슨 재미가 있겠어요? 우리 손님들은 세상일을 뜻대로 할 만한 영향력을 가진 최상류층이죠. 그런 분들에게 원치 않았던 나쁜 자리를 드리면 오히려 즐거워합니다. 그렇다고 손님이 기분 나빠할 정도로 선을 넘지는 않아요. 그러려면 손님과 친하고 잘 알아야 하죠."

며칠 전 대한항공 부사장이 승무원 서비스에 불만을 갖고 책임자를 항공기에서 내리게 했다는 뉴스를 접하고 '과연 좋은 서비스란 무엇인가'에 대해 생각해봤다. 기내 서비스 담당 임원으로서 할 수 있는 지적이었을 것이다. 하지만 그로 인해 항공기를 탑승구로 돌려 사무장을 내리게 하는 바람에 항공기가 도착 예정 시간보다 11분 늦게 인천에 도착했다. 승객 250여 명이 11분씩 손해봤다. 안내방송도 없이 항공기를 돌려 잠시지만 불안감을 느꼈다고 한다. 안전하고 빠르게 목적지에 도착하는 것이 항공사가 탑승객에게 할 수 있는 최고의 서비스 아닌가. '작은 서비스'를 바로잡으려다 '큰 서비스'를 실수한 건 아닌가 싶다.

출처 : 조선일보, 2014. 12. 11일자

2. 서비스 구매과정에 따른 관리

1) 서비스 구매 전 과정(대기관리)

(1) 대기관리의 중요성

서비스는 소멸성, 비분리성 때문에 고객들이 서비스를 받기 위해서 종종 기다려야 한다. 서비스를 받고자 하는 고객은 많은 반면에 서비스를 제공하는 시설은 부족한 경우가 있다. 이때 고객들이 줄을 서서 기다리는 대기의 상황이 발생한다.

대기는 고객이 서비스받을 준비가 되어 있는 시간부터 서비스가 개시되기까지의 시간을 의미한다. 예를 들면 음식점의 경우 자리에 앉기까지 기다리는 경우, 주문을 받고 식사가 나올 때까지 기다리는 경우, 식사 후 요금의 계산과정 등에서 기다려야 할 때가 있다.

대기는 어쩔 수 없이 발생하는 것이지만, 모든 고객들이 이러한 상황을 이해하고 당연한 것으로 받아들이는 것은 아니다. 많은 사람들은 서비스를 받기 위해 기다리는 것도 부정적인 경험으로 인식하고 있다. 따라서 고객들이 서비스를 받기 위해서 보내는 대기시간을 효과적으로 관리하는 것은 고객에게 만족을 제공할 수 있고, 서비스를 재구매하려는 고객에게 큰 영향을 줄 수 있다.

(2) 대기관리의 기본 원칙

고객의 대기를 효과적으로 관리하여 고객에게 만족을 주기 위해서는 다음의 원칙들을 알고 있어야 한다.

- 아무 일도 하지 않고 있는 시간이 뭔가를 하고 있을 때보다 더 길게 느껴진다.
- 구매 전 대기가 구매 중 대기보다 더 길게 느껴진다.
- 근심은 대기시간을 더 길게 느끼게 한다.
- 언제 서비스를 받을지 모른 채 무턱대고 기다리는 것이 얼마나 기다려야 하는지를 알고 기다리는 것보다 그 대기시간이 길게 느껴진다.
- 불공정한 대기시간이 더 길게 느껴진다.
- 서비스가 더 가치 있을수록 사람들은 더 오랫동안 기다릴 것이다.

- 혼자 기다리는 것이 더 길게 느껴진다.

가장 이상적인 상황은 대기를 만들지 않는 것이다. 하지만 서비스는 소멸하는 성격을 가지고 있다. 따라서 수요가 항상 일정하여 도착하는 고객의 수를 완전히 파악할 수 있을 때와 전적으로 예약시스템에 의해서 손님을 받을 경우를 제외하고는 대기상황은 발생할 수밖에 없다.

(3) 대기관리를 위한 서비스 기법

① 예약제도의 활용

예약을 활용할 때에는 중복예약에 관한 방침을 미리 정하는 것이 중요하다. 일반적으로 예약에 대해서는 부도율이 어느 정도 존재하기 때문에 일정 수준의 초과예약을 받게 된다.

② 커뮤니케이션의 활용

고객들은 서비스 시설에 도착하기 전에 가장 혼잡한 시간을 알고 있다. 그럼에도 불구하고 가장 혼잡한 시간에 고객들이 많이 모일 수밖에 없는 경우가 있다. 다소 한가한 시간에 도착하는 고객에게 인센티브를 제공하는 커뮤니케이션 전략을 사용한다.

③ 공정한 대기시스템의 구축

먼저 온 사람이 먼저 서비스를 받는 원칙이 지켜져야 한다는 것이다. '배고픈 것은 참아도 배 아픈 것은 못 참는다'는 말이 있다. 식사를 하기 위해서 10~20분 기다리는 것은 참을 수 있지만 5분간을 기다리더라도 나보다 늦게 온 다른 손님이 먼저 식사를 하게 되는 상황이 발생하면 소비자들은 분노하게 된다는 것이다. 이때 반드시 인식해야 하는 것은 예약과 도착순서의 원칙 중 어느 것에 우선하느냐는 것이다. 만일 예약손님과 예약 없이 방문한 손님을 분리할 수 없다면 예약손님이 먼저 입장하는 것에 대한 설명을 반드시 해야 한다.

(4) 대기관리를 위한 고객의 인식관리 기법

① 서비스가 시작되었다는 느낌을 주어야 한다

서비스 제공되기 이전의 대기가 서비스가 이루어지는 과정 중의 대기보다 더 길게 느껴지기 때문에 기업은 고객에게 서비스가 시작되었다는 느낌을 주는 것이 필요하다. 마냥 우두커니 앉아서 기다리는 것이 뭔가를 하는 것보다 더 지루하므로 간단히 읽을거리나 TV, 비디오 등의 볼거리를 제공하는 것이 필요하다.

② 총 예상 대기시간을 알려준다

"앞의 대기손님이 ○○명입니다." "○○분만 기다리십시오."와 같은 정보를 제공하면 고객들은 막연히 기다리기만 하는 것이 아니라 다른 방법을 찾기 위해서 대기를 포기하거나 아니면 참을성 있게 기다릴 수 있다. 즉 고객이 선택할 수 있는 기회를 제공하는 셈이 된다.

③ 이용되고 있지 않은 자원은 보이지 않도록 한다

고객들은 종업원이 열심히 일하고 있는 것 같을 때는 아무리 오래 기다려도 그 기다림에 대해 관대해진다. 반면 종업원이 자리를 비우거나 아니면 자리에 있음에도 불구하고 일하지 않고 있는 것을 볼 때 화를 내는 경향이 있다.

④ 고객 유형별로 대응한다

고객을 성격에 따라 분류하고 차별적인 대응을 할 수 있다. 고객에 따라서 품질선호자, 시간선호자, 중립자 등의 세 가지 계층을 찾아볼 수 있다. 이 중에서 특히 시간선호자는 전체 만족에 대한 표현에서 대기선의 길이를 강조하기 쉽다.

예를 들어 항공서비스와 호텔서비스에서는 체크인과 체크아웃을 신속히 처리하기 위해 회원제도를 만들어 놓기도 한다. 어떤 슈퍼마켓에서는 즉시 계산할 수 있는 줄express line을 만들어서 편의추구 고객을 만족시킨다. 외식업소에서는 빨리 먹을 수 있는 음식의 메뉴와 시간적 여유를 가지고 음식을 즐기며 식사할 수 있는 메뉴의 선택을 도와줄 수 있어야 한다.

2) 구매과정(MOT관리)

고객과의 접점에서 발생하는 결정적 순간이 중요한 것은 고객이 경험하는 서비스 품질이나 만족도는 소위 곱셈의 법칙이 적용된다는 것이다. 여러 번의 결정적 순간 중 한 가지가 나쁜 경우 한 순간에 고객을 잃어버릴 수 있기 때문이다.

그래서 서비스 관리의 입장에서는 접점에 있는 종업원들의 접객태도에 신경을 써야 할 것이다. 왜냐하면 흔히 무시되고 있는 안내원, 경비원, 주차장 관리원, 전화교환원, 상담접수원 등 일선 서비스 종업원들의 접객태도가 회사의 운명을 좌우할 수 있기 때문이다.

사실 결정적 순간 하나하나가 그 자체로서 상품인 것이다. 따라서 서비스 생산 및 제공에서 결정적 순간들이 제대로 다루어지도록 계획하고 실시해야 한다. 결정적 순간을 제대로 관리하지 않으면 서비스의 품질이 평범하거나 형편없는 것으로 인식될 수 있다.

서비스를 경험하는 고객은 종업원 혹은 물리적 환경과 접하는 매우 짧은 순간에 그 서비스를 평가하고 만족하거나 불만을 갖게 된다. 따라서 결정적 순간Moments of Truth : MOT을 위해 서비스가 이루어지는 과정을 적절하게 설계하고, 그 서비스의 품질을 개선하려고 노력하는 것은 매우 어렵지만 중요한 일이다.

3) 구매 후 과정

서비스 제공이 완료되었다고 고객기대에 대한 관리가 끝나는 것은 아니다. 구매 후 단계에서 고객기대관리를 위한 서비스 기업의 전략은 크게 세 가지로 나누어 생각해 볼 수 있다.

첫째, 서비스 기업은 기대가 충족되었는지에 대한 여부를 확인하기 위해서 고객들과 반드시 커뮤니케이션을 가져야 한다.

둘째, 서비스 기업은 사후관리 프로그램을 개발하여야 한다.

셋째, 서비스 기업의 입장에서는 미래 고객기대를 관리한다는 차원에서 불만족 고객들을 처리하는 프로그램을 개발해야 한다.

3. 서비스의 물리적 증거 관리

1) 물리적 증거의 정의

물리적 증거physical evidence는 서비스가 전달되고 서비스 기업과 고객의 상호작용이 이루어지는 환경을 말한다. 이는 무형적인 서비스를 전달하는 데 동원되는 모든 유형적 요소를 포함한다.

물리적 증거는 고객의 구매 의사결정에 영향을 미친다. 또한 서비스 품질에 대한 단서로서 고객의 기대와 평가에 영향을 준다. 뿐만 아니라 이것은 서비스 직원의 태도와 생산성에 영향을 주는 유형의 요소로 작용한다.

물리적 증거는 물리적 환경과 기타 유형적 요소로 구성된다. 물리적 환경요소는 크게 외부환경(간판, 주차장, 건물, 토지 등)과 내부환경(디자인, 배치, 설비, 실내장식 등)으로 구분할 수 있다. 물리적 증거의 구성을 살펴보면 〈표 7-1〉과 같다.

표 7•1 물리적 증거의 구성

물리적 환경	외부환경 : 시설의 외형, 간판 등의 안내 표지판, 주차장, 주변 환경 등
	내부환경 : 내부 장식과 표지판, 벽의 색상, 가구, 시설물, 공기의 질 / 온도 등
기타 유형적 요소	종업원 유니폼, 광고 팸플릿, 메모지, 영수증 등

자료 : 이유재(2004), 『서비스 마케팅』, 서울 : 학현사, p. 220.

[그림 7-1] 물리적 환경의 예

2) 물리적 환경의 중요성

서비스의 물리적 증거는 물리적 환경과 기타 유형적 요소로 구성된다. 그러나 대부분은 물리적 환경이 중요한 요소이기 때문에 본 절에서는 주로 물리적 환경에 초점을 맞추어 설명하고자 한다.

(1) 물리적 환경의 중요성

서비스는 무형적이기 때문에 고객들은 흔히 구매 전 서비스를 평가할 때나 구매 후 만족을 평가하는 데 가시적인 물리적 환경에 의존하는 경향이 있다. 서울대 서비스연구회와 이손 C&CI의 공동조사 연구에 의하면, 패밀리레스토랑의 고객만족도에 가장 크게 작용한 요소 세 가지는 친절, 맛, 분위기 등으로 나타났다. 보통 레스토랑의 선택기준이나 만족요소로는 맛, 가격 등의 요인이 될 것 같은데, 오히려 친절이나 분위기 등이 보다 중요한 것으로 나타났다.

실제로 TGI 프라이데이스는 식욕을 자극하는 것으로 알려진 포도향을 매장 전체에 은은하게 퍼지게 하고 있으며, 또한 식욕을 자극하는 색상으로 알려진 핑크색을 주로 사용하여 고객들의 식사량을 늘려 매출을 높이고 있다.

(2) 물리적 환경의 요인

물리적 환경은 크게 외부환경과 내부환경으로 분류할 수 있으나, 이러한 요인들이 지니고 있는 각각의 독립적인 요소들을 포괄적으로 인식하여 다음과 같은 세 가지 차원으로 나누어서 살펴보고자 한다.

① 주변요소

주변요소ambient condition는 실내온도, 조명, 소음, 음악, 냄새, 색상, 전망 등과 같은 환경의 배경적 특성을 말한다. 일반적으로 주변요소는 인간의 오감에 영향을 미친다. 특히 주변요소가 극단적이거나 오랫동안 접하고 있는 경우에는 그 영향력이 크다고 볼 수 있다. 예를 들어 슈퍼마켓이나 식당에서 음악의 템포가 소비지출액, 체류시간, 쇼핑 속도 등에 영향을 미칠 수 있다. 또 백화점에서 들려주는 음악의 친숙성은 고객들의 쇼핑시간에도 영향을 준다.

② 공간적 배치와 기능성

공간적 배치spatial layout는 기계나 장비, 사무기기를 배열하는 방법, 크기와 형태, 그리고 이들 간의 공간적 관계이다. 기능성functionality은 조직의 목적 달성과 성과 성취를 용이하게 하기 위한 품목들의 기능을 말한다.

공간적 배치와 기능성은 특히 고객들이 종업원의 도움을 못 받는 셀프서비스 환경에서 더욱 중요하다. 그러므로 ATM, 셀프서비스 식당, PC뱅킹 등이 성공하고 고객을 만족시키기 위해서는 기능성이 중요할 것이다.

음식점은 주방에서 요리된 음식을 고객에게 제공하는 것이 아니라 주방장이 손님이 보는 앞에서 직접 고기를 불에 굽고, 양념하는 것을 마치 쇼처럼 보여주면서 고객과 접촉한다. 이때 요리를 하는 직원은 음식에 대해 설명하기도 하며, 고객의 관심사에 관해 대화하면서 단골고객으로 만든다. 때로는 식당 내의 다른 손님들과 자연스럽게 접촉하도록 유도하기도 한다.

③ 표지판, 상징물과 조형물

표지판sign은 명시적 커뮤니케이터의 역할을 한다. 예를 들어 '부모동반', '금연' 등과 같은 행동규칙을 알리는 수단으로서 방향을 제시해 주는 역할을 수행한다. 상징물symbol이나 조형물artifacts 같은 물리적 환경을 이용하여 특정 상황에서 기대되는 행위규범을 의미하는 묵시적인 단서들도 있다.

예를 들어 깨끗한 흰색의 테이블보와 은은한 조명을 갖춘 외식업소는 높은 가격과 고급 서비스를 제공하는 레스토랑이라는 상징적인 의미를 갖고 있다. 반면에 카운터 서비스, 플라스틱 도구, 밝은 조명 등은 중저가의 외식업소 이미지를 갖게 한다.

미니사례 7·2

기다림은 NO, 고객대기시간 줄여야 성공한다

병원, 은행을 방문했을 때나 외식, 배달음식을 기다리면서 긴 대기시간 때문에 짜증이 났던 경험은 누구나 한번쯤 가지고 있을 것이다. 창업 시장에서 불변의 진리로 받아들여지는 '대기시간과 고객의 불만은 비례한다'라는 말의 의미를 다시 한번 확인할 수 있는 상황이다.

대기하는 시간이 길면 길수록, 기다리는 고객은 브랜드 자체에 대한 부정적인 이미지를 가질 수 있기에 고객 대기시간을 줄이는 것은 고객만족의 첫걸음이라 할 수 있다. 특히 주문 후 조리 과정이 반드시 포함되는 외식업에서는 고객대기관리는 필수요소다. 반대로 효과적인 고객대기관리가 이미지 상승효과를 가져올 수 있다는 사실을 명심해야 할 것이다.

❖조리시간 단축은 가장 효과적 방법!

외식업의 경우 고객이 주문한 메뉴를 최대한 빨리 내오는 것이 최고의 고객대기관리법이다. 고객이 궁극적으로 원하는 것은 핵심제품이기 때문. 비비큐, 굽네치킨, 훌라라치킨, 죠스떡볶이, 토마토도시락, 한솥도시락 등 다수의 외식업 프랜차이즈들이 원팩 시스템을 갖춘 것도 같은 이유다. 본사 직영 생산 공장에서 재료를 가공, 포장해 가맹점에 공급함으로써 조리시간을 단축시킬 수 있음은 물론 식자재보관이 용이하고 재료 손실률을 줄일 수 있는 것이 장점이다.

가맹점자체의 기발한 발상으로 조리시간 단축에 성공한 사례도 있다. 치킨이 맛있는 맥주집 '바보스'(www.babos.co.kr) 망원역 점주 한영돈 씨(남, 40세)는 주간메뉴와 야간메뉴를 다르게 구성했다. 메뉴판도 야간용이 따로 있다. 시간대에 따라 고객들이 주문하는 메뉴에 차이가 있음을 파악한 한 씨는 고객들이 몰리는 야간에는 조리 시간이 짧고 맛에 자신 있는 메뉴들만 골라냈다. 바보스 망원역점의 대표 인기메뉴인 버터갈릭포테이토는 5분~10분이면 고객 앞에 제공된다. 그는 한결 빨라진 조리속도와, 점주 스스로가 자신 있어하는 음식으로 구성된 야간 메뉴가 일 평균 100만원의 매출을 올리며 단골고객까지 확보하게 된 비결이라고 말한다.

❖이미 서비스가 시작되었음을 느끼게 하라

프리미엄 오븐치킨 전문점 '돈치킨'(www.donchicken.co.kr) 서울대입구점 점주 류지수 씨(여, 38세)는 사진 이벤트로 고객들의 대기시간을 즐겁게 했다. 음식을 기다리는 고객들을 대상으로 화기애애한 모습이나 유쾌한 모습을 연출토록 해 사진을 찍어준 것. 메뉴가 나온 후에는 맛있게 먹는 모습도 촬영했다. 고객들의 연락처를 받은 후 사진을 일일이 전송해 줬음은 물론이다. 촬영된 사진을 놓고 매월 콘테스트도 열었다. 당첨된 고객에게는 영화티켓이나 도서상품권을 증정했고, 큰 호응을 이끌어냈다. 고객들은 사진 이벤트를 즐거운 놀이로 인식하고 친구와 가족까지 대동해 매장을 찾았다.

친환경 유기농 죽/스프 전문점 '본앤본'(www.bnb.or.kr) 안산 고잔점은 브랜드 장점까지 부각시킨 사례. 안산 고잔점은 고객 주문과 동시에 우엉차를 제공했다. 본 메뉴가 나오기 전 건강차를 선보임으로써 이미 서비스가 시작되었음을 느끼게 해준 것이다. 고객들은 본 메뉴를 기다리기에 앞서 건강차를 음미했고 어떤 차냐며 관심을 보이기도 한다. 매장 벽면에 친환경 유기농 재료의 장점을 홍보한 대형 포스터도 읽을거리 역할을 했다. 건강차와 홍보포스터는 고객의 대기체감시간 축소뿐만 아니라 본앤본이 자랑하는 건강한 맛을 환기시키는 효과까지 가져왔다.

❖어플리케이션을 이용한 대기관리도 주목돼

언제 서비스를 받을지 모른 채 무턱대고 기다리는 것도 고객 불만 상승요인이다. 스타벅스는 어플을 이용해 커피를 선택, 결제한 후 매장에서 바로 커피를 받을 수 있는 서비스를 제공 중이다. 아웃백스테이크는 어플로 메뉴 안내를 실시한다. 기다리는 고객들은 어플로 메뉴를 확인할 수 있으며, 음식을 선택할 경우 결제 금액까지 표시되는 계산기능도 갖춰 예산에 맞게 메뉴를 정할 수 있다.

출처 : 이투데이, 2015. 3. 4일자

4. 서비스의 종업원관리

1) 내부마케팅의 중요성

서비스 기업은 두 종류의 고객을 갖고 있다. 하나는 통상적인 의미에서의 고객으로 외부고객이다. 다른 하나는 기업의 종업원인 내부고객이다. 서비스 기업은 외부고객에게는 상품을 판매하고, 내부고객에게는 내부상품으로서의 업무를 판매한다. 내부마케팅이란 종업원을 최초의 고객으로 보고 그들에게 서비스 마인드나 고객지향적 사고를 심어주며 더 좋은 성과를 낼 수 있도록 동기부여하는 활동이라고 정의할 수 있다.

서비스 제공에서 종업원은 결정적인 중요한 역할을 수행한다. 그 이유는 첫째, '그들 자체가 서비스'이기 때문이다. 특히 미용사나 변호사, 의사 등의 경우엔 더욱 그렇다. 둘째, '그들은 고객의 눈에 비치는 조직 그 자체'이기 때문이다. 그들은 기업의 이미지를 형성하는 데 매우 중요한 역할을 한다. 이것을 인식한 디즈니랜드는 종업원들에게 'On-Stage자세'를 교육하고 있다. 셋째, '그들은 마케터'로서 종업원 스스로가 마케팅 활동을 수행하고 있기 때문이다. [그림 7-2]는 기업 - 종업원 - 고객의 관계에 따른 마케팅 개념을 설명하고 있다.

[그림 7-2] 기업-종업원-고객의 관계에 따른 마케팅 개념

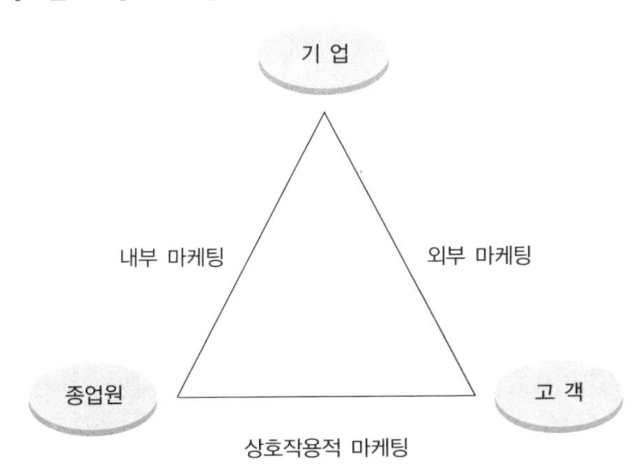

자료 : 이유재(2000), 『서비스 마케팅』, 서울 : 학현사, p. 407.

2) 내부마케팅의 실천방안

종업원의 서비스 마인드나 고객지향성에 영향을 주는 것이면 어떤 활동이든지 내부마케팅의 일환으로 볼 수 있다. 내부마케팅의 실천방안을 간략하게 살펴보고자 한다.

(1) 갈등과 스트레스의 관리

서비스업은 제조업보다 노동집약적인 경향이 강하기 때문에 사람들 간의 갈등과 일과 사람과의 갈등이 많이 발생한다. 따라서 종업원의 만족도가 서비스 품질의 결정요인이 되기 때문에 종업원의 갈등과 스트레스를 관리하는 것이 중요하다.

(2) 적합한 사람의 고용

서비스 기업은 서비스 능력뿐만 아니라 서비스 성향을 고려해야 한다. 서비스 능력이란 기술이나 지식 또는 신체적 조건이나 학위 등을 의미하지만, 서비스 성향이란 가치관, 태도 등을 의미하는 것으로서 남을 도우려는 성향, 사려깊음, 사교성 등이 여기에 속한다.

(3) 최고의 사원을 유지

종업원에게 동기를 부여하는 환경을 구축하는 것이 필요하다. 종업원에게 업무에 대한 동기를 부여하기 위해서는 그들의 서비스 성과에 대한 정확하고 객관적인 측정과 강력한 보상이 필수적이다. 종업원들에 대한 보상은 아주 작은 실적까지도 간과하지 않고 보상하는 것이 무엇보다도 중요하다.

(4) 교육과 훈련의 실시

종업원들 사이에는 기업의 전략이나 자신의 중요성에 대한 이해가 부족한 경우가 종종 있다. 전략적 사고뿐만 아니라 운용수준에서까지도 서비스 노하우가 부족한 것이 현실이다. 따라서 서비스의 내용에 대한 지식이나 노하우를 꾸준한 교육과 훈련으로 극복해야 한다.

미국의 맥도날드 햄버거 모의대학이나 KFC 모의대학은 종업원 교육훈련의 사례로 유명하다. 호텔신라는 1980년대 서비스 교육센터를 개장하여 매기 6개월간의 교육기간을 통해 많은 졸업생을 배출하였는데 초기의 과감한 투자가 상당한 효과를 얻고 있다는 내부평가를 받았다. 우리나라의 BBQ치킨도 경기도 이천에 'BBQ치킨 대학'을 통해 종업원들의 교육·훈련을 실행하고 있다.

(5) 경영지원 및 내부 커뮤니케이션의 강화

교육 프로그램을 마치고 돌아온 종업원을 그저 방치하고 있거나 그들이 무엇을 배웠는지 또는 새로운 아이디어나 지식을 어떻게 이용할 것인지에 대해 상사는 별 관심이 없는 경우가 많다. 많은 경우 종업원들은 상사를 포함한 모두가 자신들이 배운 것에 대해 전혀 관심이 없다는 사실을 깨닫게 된다.

경영자나 중간관리자는 종업원들이 새로운 아이디어를 실천하도록 적극적으로 권장하고 작업환경에 어떻게 응용할 수 있는가를 도와주어야 한다. 또한 현장교육이 끝난 종업원들에게는 교육과정이나 프로그램이 종업원들에게 많은 도움이 되며, 격려를 아끼지 않는 자세가 필요하다.

미니사례 7·3

외식업계 힘쓰는 젊은 여성CEO들

해외체류 경험 바탕 트렌드 선도…신세대 입맛 사로잡아

외식업계 여성 CEO
*괄호 안은 매장 수

CEO	남수정 대표(47세)	김미화 대표(41세)	김여진 대표(32세)	정선희 대표(32세)
창업	1995년	2003년	2012년	2011년
브랜드	메드포갈릭(30) 등 6개	몽슈슈(일본 28, 한국 3)	공차(234)	설빙(360)

최근 외식업계에 젊은 여성 최고경영자(CEO) 바람이 거세다. 이들은 해외체류 경험과 유행 감각을 바탕으로 특히 젊은 여성층이 선호하는 업종에서 두각을 나타내고 있다는 공통점이 있다. 이 때문에 족발 · 동태찜 등의 식당을 직접 오랫동안 운영했던 기존 여성 CEO들과 차별화해 '2세대 여성 CEO'로 불릴 만하다.

'세대 여성 CEO'의 맏언니 격은 남수정 썬앳푸드 대표다. 미국 보스턴대학 경영대를 나온 남 대표는 타워호텔 외식사업부를 분리해 1995년 회사를 설립했다. 와인과 스테이크 · 파스타를 판매하는 매드포갈릭을 비롯해 시추안하우스 · 토니로마스 · 세레브 데 토마토 등 6개 외식 브랜드를 운영하고 있다. 20년간 성장할 수 있었던 비결은 꼼꼼하고 고집스러운 경영스타일 때문이라고 주변 사람들은 전한다.

매드포갈릭은 기업체 등이 요청하는 케이터링(출장 연회) 서비스를 하지 않고 있다. 직원들이 매출 증대를 위해 해보자고 해도 남 대표는 "요리 본래의 맛이 떨어질 수 있다"며 모두 거절한다고 한다. 남 대표는 중국 외식기업과 파트너십을 체결하고 투자 유치에 나서는 등 제2 도약을 준비 중이다. 대만 버블티 브랜드 공차는 창업 2년 만에 전국 230여 매장을 늘리며 젊은 여성들에게 큰 인기를 끌고 있다.

김여진 대표는 대학 졸업 후 싱가포르에 체류하며 공차 브랜드를 처음 접하고 국내에 도입했다. 차의 당도나 차에 넣는 말랑말랑한 구슬 모양 펄의 양을 고객이 조절할 수 있게 하는 등 다이어트를 의식하는 여성의 니즈를 잘 파악하고 있다는 평가다.

일본의 롤 케이크 브랜드 몽슈슈는 지난해 9월 신세계백화점 강남점에 처음 입점했다. 이후 현대백화점 압구정점에 이어 최근 부산 롯데백화점에 팝업스토어 형태로 들어서 국내 진출 1년 만에 3대 백화점에 모두 입점하게 됐다. 김미화 대표는 재일교포 3세로 대학에서 교육학을 전공한 후 일본에서 7년가량 초등학교 교사를 했다. 딸만 다섯 명인 가정의 넷째 딸로 김춘화 몽슈슈 전무는 쌍둥이 동생이다.

교사를 그만두고 50일간 유럽 10개국을 여행다니면서 맛본 디저트에 매혹돼 창업을 결심했다고 한다. 김 대표는 처음에는 오사카의 한 호텔 매장에서 생크림 케이크 30여 종을 판매했다. 이후 가장 인기있는 제품인 '도지마 롤'을 특화했다. 현재 일본 28개, 중국 4개, 홍콩 2개 등 매장을 운영 중이며 곧 두바이에 진출할 계획이다.

설빙의 정선희 대표는 일본에서 제빵과 푸드코디네이터 과정을 공부했다. 3년 전 창업 초기에는 '퓨전 떡카페'를 표방하며 떡 디저트 메뉴를 판매했다. 그중 떡과 콩가루·팥 등을 섞은 빙수가 인기를 끌며 빙수 브랜드로 거듭나게 됐다. 현재 국내 360여 매장을 운영 중이며 곧 중국 일본 등 해외에 진출할 예정이다.

이처럼 외식업계에 젊은 여성 CEO가 늘고 있는 것은 한식에 비해 디저트 업종은 상대적으로 오랜 경험이 없어도 창업이 가능하기 때문이다.

출처 : 매일경제, 2014. 9. 1일자

외식산업과 소비자행동

01 소비자행동의 이해

1. 소비자행동의 의의

일상생활을 영위하기 위해 제품이나 서비스를 구매하거나 사용 또는 소비하는 사람을 소비자consumer라고 부른다. 소비자는 연령, 소득, 학력 및 기호 등에서 많은 차이가 있으며, 소비자들마다 실생활에서 다양한 제품과 서비스를 구매하고 있다.

소비자행동consumer behavior은 구매 및 사용(소비)을 위한 소비자의 최종적인 실행행동뿐만 아니라, 구매결정과 관련하여 발생한 소비자의 내·외적 행동을 모두 포함한다. 제품을 직접 구매·사용·소비하는 행동 이외에도 구매결정을 위해 정보를 수집하고 제품 및 상표를 비교·검토하며, 특정제품이나 상표에 대한 지각·태도·선호도의 변화 과정에서 발생하는 소비자의 심리적 움직임까지도 소비자행동의 범위 속에 포함된다. 따라서 소비자행동은 소비자의 물리적 행동physical action은 물론이고, 인지적 활동cognitive activities을 포함하는 아주 포괄적이며 다양한 행동이라고 볼 수 있다.

2. 소비자행동의 특성

소비자행동은 다양하고 포괄적인 의미를 갖고 있으며, 이러한 소비자행동은 여러 가지 특징이 있다. 그중 소비자행동의 기본적인 몇 가지 특성을 살펴보면 다음과 같다.

첫째, 소비자행동은 목표지향적이며 의도적이다. 소비자행동은 우연히 발생하는 임의적인 무작위행동이 아니며, 특별한 목적을 위해 수행되는 의도적인 행동이다. 따라서 소비자행동에는 반드시 어떤 동기가 있으며, 특정 목적을 달성하기 위한 수단으로 수행된다.

둘째, 소비자행동은 다양한 형태의 수많은 활동을 포함한다. 직접적인 구매행동actual purchase은 물론이고 구매 전 활동prepurchase activities과 구매 후 활동postpurchase activities을 포함하기 때문에 매우 다양하고 포괄적인 성격을 가진다.

셋째, 소비자행동은 개인 외적 요인에 의해서 영향을 받는다. 환경적 요인은 소비자의 구매의사결정 과정에서 소비자행동에 상당한 영향을 줄 수 있다.

넷째, 소비자행동은 행동주체에 따라 상이한 양상을 보인다. 어떤 소비자는 고가품만 선호하고 어떤 소비자는 할인제품이 아니면 구매하지 않으려고 한다. 따라서 소비자행동은 똑같은 상황에서도 소비자 개개인에 따라 상이하게 나타나는 경우가 많다.

다섯째, 소비자행동이 구매 또는 소비에 관한 의사결정 과정과 관련된 행동이라면 어떠한 행동도 포함된다. 어떤 사람이 제품에 대한 정보를 제공함으로써 타인의 구매결정에 영향을 주었다면, 이 사람의 정보제공행동도 중요한 소비자행동으로 보아야 한다.

미니사례 8·1

혀는 거들 뿐… 눈이 먼저 맛본다

[시각에 강한 뇌, 같은 샐러드도 예쁘게 담으면 더 맛있다 생각]
뇌의 절반은 시각정보를 처리…미각부분은 몇퍼센트에 불과해

색깔도 맛에 큰 영향 미쳐…
붉은 색소 탄 화이트와인을 레드와인 맛이 난다고 느끼기도

최근 한 음식 배달 업체가 프랑스 화가 마네의 그림 '풀밭 위의 식사'에 치킨을 먹는 남자를 교묘하게 끼워 넣은 광고로 눈길을 끌었다. 명화(名畵) 속의 치킨을 보고 더 군침이 도는 것은 왜일까. 심리학자들은 '보기 좋은 떡이 먹기도 좋다'는 속담으로 이유를 설명한다. 음식 맛은 미각(味覺)보다 먼저 시각(視覺)으로 판단되기 때문에 눈이 혀보다 먼저 맛을 느낀다는 것이다.

❖샐러드로 만든 추상화

영국 옥스퍼드대 심리학과 찰스 스펜스(Spence) 교수는 명화에 음식을 끼워 넣는 데서 한 걸음 더 나아가 아예 음식 재료를 갖고 명화를 재현했다. 전문 요리사를 시켜 화가 칸딘스키가 그린 추상화와 모양이 똑같은 샐러드를 만들어 실험에 쓴 것이다. 멀리서 보면 어느 쪽이 그림인지, 샐러드인지 구별하기 어려울 정도로 닮았다.

칸딘스키의 추상화 '201번'(왼쪽)과 이를 모방한 샐러드(오른쪽). 사람들은 명화를 본떠서 꾸민 음식이 재료를 기하학적으로 배치한 샐러드나 일반적인 샐러드(왼쪽 작은 사진)보다 더 맛있다고 평가했다. /영국 옥스퍼드대 제공

연구진은 명화를 본뜬 샐러드와 일반 샐러드, 그리고 재료를 섞지 않고 하나하나 줄에 맞춰 배치한 샐러드를 각각 60명에게 제시하고 맛을 평가하도록 했다. 맛을 보기 전과 후의 점수는 모두 칸딘스키 그림을 본뜬 샐러드가 가장 높았다. 평가자들은 다른 샐러드의 두 배나 비싼 돈을 낼 용의가 있다고 답했다.

사실 세 가지 샐러드는 재료나 소스가 모두 같았다. 평가자들도 각각의 샐러드에서 단맛, 신맛, 짠맛, 쓴맛 네 가지는 모두 같다고 답했다. 하지만 전체적인 맛은 추상화 모양 샐러드가 가장 좋다고 느꼈다.

스펜스 교수는 지난달 20일 국제 학술지 '풍미(Flavour)'에 발표한 논문에서 "명화를 본뜬 음식을 보면 그 안에 더 많은 수고가 들어갔다고 보고 맛에 대한 기대를 더 하기 때문"이라고 설명했다. 그는 "뇌의 절반은 시각 정보를 처리하고 실제 미각 정보를 처리하는 부분은 몇 퍼센트에 그친다"며 "뇌에서는 항상 시각이 이길 수밖에 없는 것"이라고 밝혔다.

❖ 핫초코는 주황색 컵이 제격

색깔도 맛에 큰 영향을 미친다. 스페인 발렌시아 공대와 영국 옥스퍼드대 공동 연구진은 지난해 1월 국제 학술지 '감각 연구(Sensory Studies)'에 핫초코 음료를 주황색, 크림색, 흰색, 붉은색 그릇에 각각 담고 평가자 57명에게 맛을 보게 한 결과를 발표했다. 그릇 크기는 같고 안쪽은 모두 흰색이었다. 시식 결과 주황색 그릇의 핫초코가 7점 만점에 4.6점으로 가장 높았다. 크림색은 4점, 붉은색 3.75점, 흰색 3.25점 순이었다.

과학자들은 색으로 맛을 평가하는 것은 자연에서 체득한 경험 탓이라고 설명한다. 일반적으로 사람들은 파란색 음식을 꺼리고 붉은색 음식을 선호한다. 자연에서도 파란색 음식이 드물고, 잘 익은 과일은 대부분 붉은색이다. 2009년 독일 요하네스 구텐베르크 대학 심리학연구소는 사람들이 같은 포도주라도 붉은색 조명 아래서 마실 때가 흰색이나 초록색 조명 아래에서보다 50%는 더 달게 느낀다고 발표했다.

미국 코넬대의 테리 애크리(Acree) 박사도 비슷한 주장을 폈다. 그는 지난해 4월 미국 화학회 연례 학술 대회에서 화이트 와인 시음(試飮) 결과를 소개했다.

시음자들은 처음엔 화이트 와인 특유의 바나나, 열대 과일, 피망 같은 맛을 느꼈다고 답했다. 다음엔 같은 화이트 와인에 시음자들 모르게 붉은색 색소를 타서 제시했다. 그러자 이번에는 카베르네 소비뇽이나 메를로 같은 레드 와인 맛이 난다고 답했다. 색이 바뀌자 그에 맞는 기억이 뇌를 지배해 맛을 바꾼 셈이다.

그렇다면 시각이 차단되면 맛을 어떻게 느낄까. 일반적으로 시력을 잃으면 다른 감각이 예민해져 이를 보상하는 것으로 알려졌다. 하지만 맛은 그렇지 않았다. 신경과 의사이자 작가인 올리버 색스는 '화성의 인류학자'라는 책에서 사고로 시력이 나빠진 사람 예를 들었다. 그는 예전보다 먹는 것이 즐겁지 않다고 답했으며, 나중에는 색이 흑백인 음식만 먹거나 아예 눈을 가리고 먹기 시작했다고 한다.

출처 : 조선경제, 2014. 7. 7일자

02 소비자 구매의사결정 과정

소비자들은 제품이나 서비스를 구매할 때 보통 다섯 단계의 구매의사결정 과정을 거치게 된다. 그러나 보다 일상적인 구매에 있어서는 몇 가지 단계를 생략하는 과정을 거치게도 된다. [그림 8-1]은 소비자행동의 구매의사결정 과정을 나타내고 있다.

[그림 8-1] 소비자행동의 구매의사결정 과정

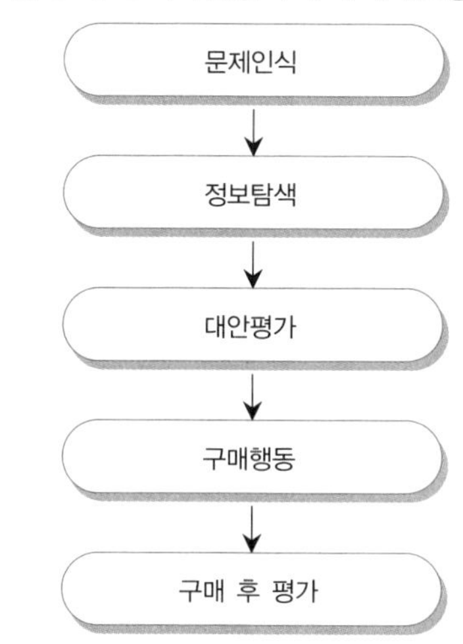

1. 문제인식

문제인식problem recognition이란 소비자가 제품이나 서비스의 구매 필요성을 느끼게 되는 심리적 불안상태를 말한다. 소비자는 그가 기대하는 이상적인 상황the ideal state과 실제상황the actual state 사이에 격차가 있음을 지각할 때 문제를 인식하게 된다.

예를 들면 배가 고픈 사람은 식욕이 활성화됨으로써 어느 음식점에 가서 무엇을 먹을 것인가에 대한 문제인식을 하게 된다. 또한 갈증을 느끼는 사람은 이를 어떤 방법으로 해소할 것인가, 즉 호프집에 가서 맥주를 마실 것인가, 자동판매기에서 콜라를 사서 마실 것인가 등에 대해 문제인식을 느끼게 될 것이다.

이처럼 소비 및 구매를 위한 문제인식은 우리의 일상생활 속에서 끊임없이 경험하게 된다. 소비자는 그가 기대하는 이상적 상태나 현재의 실제적 상태에 어떤 변화가 주어지면 반드시 문제를 인식하게 된다.

2. 정보탐색

소비자가 구매의 필요성을 느낀 후, 제품이나 서비스에 대하여 적극적으로 정보를 수집하는 단계를 정보탐색information search이라고 한다. 만일 기억 속에 내재하고 있는 정보가 부족하거나, 제품이나 서비스 구매에 따르는 위험이 크거나, 또는 정보의 처리능력에 자신이 있는 소비자는 보다 많은 정보를 탐색하려고 할 것이다. 따라서 소비자는 다양한 정보매체와 주변 사람들에 의해서 적극적으로 정보를 탐색하려는 경향을 보이게 된다.

3. 대안평가

탐색한 정보를 기초로 하여 여러 대안을 비교·검토하는 과정을 대안평가evaluation of alternatives의 단계라고 한다. 대안을 평가하기 위하여 소비자들은 몇 가지의 평가기준을 정하는데, 이때 소비자의 신념이나 태도가 중요한 변수로 작용한다. 왜냐하면 소비자가 가장 중요하게 여기는 구매 및 사용상의 혜택이 무엇인가에 따라 평가기준이 달라지기 때문이다. 예를 들면 레스토랑을 선택하고자 할 때의 속성요인으로는 친절, 분위기, 음식의 맛, 주차장의 편리성 등을 고려할 수 있다.

4. 구매행동

가장 선호하는 상점이나 상표를 선정하고 선정된 제품이나 서비스를 실제로 구매하는 단계를 구매행동purchase이라고 한다. 이 단계에서는 대안평가 과정에서 결정된 외식업소를 방문하여 식사를 하게 되는 것이다. 식사하는 과정에서 식당의 분위기, 종업원의 서비스 태도, 음식의 맛 등이 소비자의 지각에 영향을 주게 된다.

5. 구매 후 평가

소비자 구매의사결정 과정의 최종단계로서 제품의 사용결과를 평가evaluation하는 단계이다. 이 단계에서 소비자는 제품이나 서비스의 구매 및 사용경험을 통해 새로운 학습을 하게 되고, 그 결과 특정 상표나 그 상표에 대한 새로운 태도를 형성한다. 이렇게 형성된 소비자의 태도나 학습의 내용은 차기 구매결정에 중요한 영향변수로 작용하기 때문에 이 단계는 소비자나 마케팅관리자에게 모두 중요한 단계이다. 만일 외식업소를 이용한 후, 소비자가 만족을 느끼면 소비자는 그 외식업소를 재방문할 가능성이 높기 때문에 소비자의 구매 후 만족 여부는 외식업소에게 큰 영향을 미친다.

03 소비자행동에 영향을 미치는 요인

소비자 구매행동에는 여러 가지의 요인들이 영향을 미치게 된다. 즉 개인이 지니고 있는 동기유발, 학습, 개성 및 라이프스타일 등 내적 요인은 물론이고, 개인이 속해 있는 환경적 요인으로 가족, 준거집단, 사회계층, 문화 등이 직·간접적으로

[그림 8-2] 소비자행동 모델

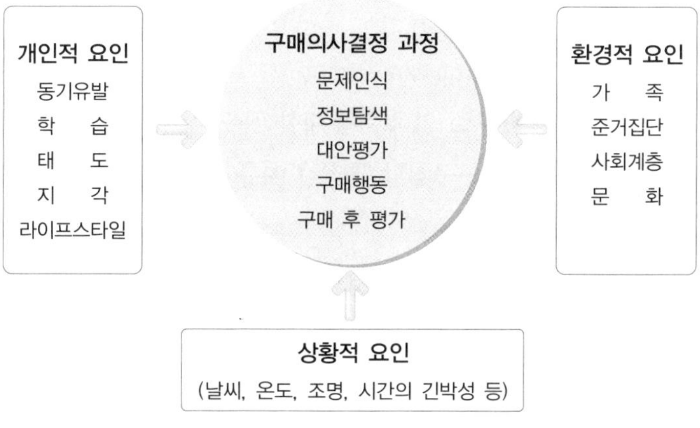

영향을 주고 있다.

소비자행동에 영향을 주는 요인들을 요약하면 [그림 8-2]와 같으며, 그 요인들에 대하여 살펴보고자 한다.

1. 개인적 요인

소비자의 구매의사결정 과정에 영향을 주는 개인적 요인으로는 여러 가지가 작용할 수 있다. 동기유발의 정도, 학습의 경험 정도, 태도의 형성, 지각상태 그리고 개인의 라이프스타일 등이 크게 영향을 줄 수 있다. 각각의 요인을 살펴보면 다음과 같다.

1) 동기유발

인간에게는 다양한 욕구가 내재되어 있는데, 이들 욕구가 어떤 계기로 활성화되면 이 욕구를 충족시키기 위해 필요한 행동이 유발된다. 즉 동기motives란 행동을 유발시키는 강력하고 지속성 있는 내적 자극을 말한다. 동기가 활성화되면 행동이 시작되고 일정한 목표가 달성될 때까지 그 행동은 지속되는데, 이처럼 동기가 활성화되어 행동을 유발시키는 과정을 동기유발motivation이라고 한다.

많은 심리학자들이 동기이론을 연구하였는데, 그중 가장 많이 알려진 것이 매슬로A. H. Maslow의 욕구계층이론이다. 매슬로는 인간의 욕구를 다섯 유형으로 나누고, 이들 욕구가 활성화되는 순서에 따라서 [그림 8-3]과 같이 계층화하였다.

(1) 생리적 욕구(physiological needs)

인간의 가장 기본적인 욕구로 의식주에 대한 욕구가 주축을 이룬다. 만약에 자신, 가족을 위해 원하는 음식을 구입할 금전적 여유가 없다면 그 돈을 마련하기 위해서 모든 노력을 할 것이다.

(2) 안전의 욕구(safety needs)

신체적 보호, 직업의 안정 등에 대한 욕구를 말한다. 음식과 공중위생, 그리고 종업원의 개인 위생 등을 말한다. 만약 안전에 대한 욕구가 충족되지 못하면 고객은 다시 오지 않을 것이다.

(3) 사회적 욕구(belongingness and love needs)

소속감, 친교, 애정, 우정 등에 대한 욕구이다. 이 욕구는 다른 사람 또는 다른 그룹의 사람들에게 받아들여지게 되는 것이다. 친구를 사귀고 모임을 만들어 그 레스토랑을 많이 이용하게 된다. 대부분의 경우 고객은 방문한 레스토랑에서 생리적 욕구, 안전의 욕구 그리고 사회적 욕구를 충족시킨다.

(4) 존경의 욕구(esteem needs)

명예, 신분, 권력, 존경 등에 대한 욕구를 말한다. 그러나 레스토랑의 성패에 직접적인 영향을 미치는 존경에 대한 욕구는 충족시키지 못하는 경우가 많다. 그래서 레스토랑의 모든 구성원들은 이 욕구를 충족시킬 수 있도록 최선을 다해야 한다.

(5) 자아실현 욕구(self-actualization needs)

자기개발, 성장, 성취 등에 대한 욕구를 말한다. 이 욕구는 레스토랑의 모든 구성원들은 고객을 존경하고, 기억해 주고, 중요한 사람 등으로 서비스받고 있다는 것

[그림 8-3] 매슬로의 욕구계층이론

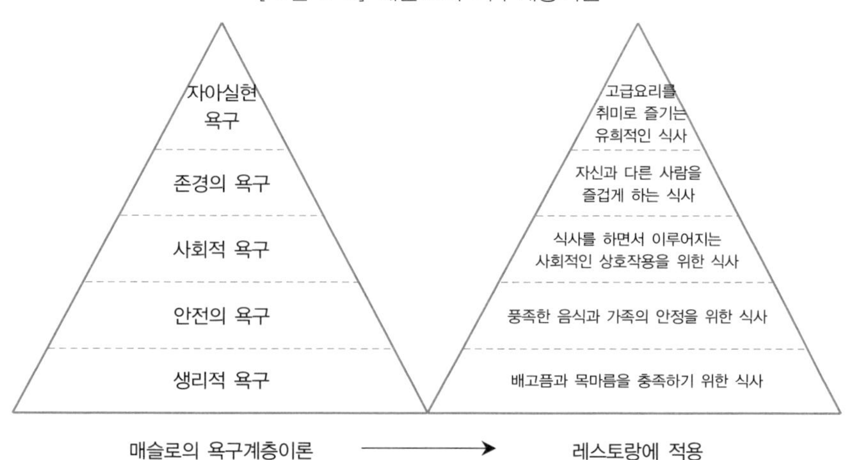

자료 : 나정기(2000), 『외식산업의 이해』, 서울 : 백산출판사, p. 330.

을 느끼게 한다. 그리고 다른 사람과 차별화된 대접을 받고 있다는 것을 느끼게 하면 된다. 고객의 이름을 불러주고, 가족의 안부를 물어주고, 사업이나 직장에 대한 관심을 표명해 주는 것과 같은 방법으로 고객의 마음을 사로잡아 단골고객을 만들 수 있다.

2) 학습

학습learning은 경험으로부터 생기는 개인행동의 변화를 말한다. 소비자에게 있어서 학습이란 직·간접의 다양한 경험을 통해 나타나는 제품, 상표, 상점, 광고 등에 대한 지식, 신념, 태도, 구매방법, 실제 구매행동 등에 있어서의 변화를 의미한다.

사람들은 행동과 학습을 통하여 신념belief과 태도attitude를 형성하고, 이것이 또한 구매행동에 영향을 미친다. 마케팅관리자는 사람들이 특정제품이나 서비스에 대하여 가지고 있는 신념에 높은 관심을 보이고 있다. 왜냐하면 신념이 제품과 상표의 이미지를 강화시키고, 사람들은 신념에 따라서 행동하기 때문이다. 만일 근거 없는 소비자신념이 구매행동을 방해한다면 마케팅관리자는 그 신념을 바꿀 캠페인을 전개할 필요가 있을 것이다.

예를 들면 어느 햄버거 체인점에서는 동물성 기름을 쓰고 있다는 등, 어느 외식업소에서는 식품관리가 비위생적이라는 등 근거 없는 소비자의 신념이 외식업소의 수익은 물론 운명까지도 결정하는 심각한 영향을 미칠 수 있다.

3) 태도

태도attitude는 어떤 대상이나 아이디어에 대한 상대적으로 일관된 평가, 감정 그리고 선호경향 등을 말한다. 사람들은 태도에 의하여 사물을 좋아하고 싫어하는 마음이 생기고 그에 따라서 대상을 받아들일 것인가, 거부할 것인가를 결정한다.

소비자의 레스토랑 평가는 마지막으로 이용한 식사평가에 달려 있다고 한다. 부분적이기는 하지만 같은 레스토랑에서 여러 번 식사한 고객일지라도 어느 때에 맛없는 식사를 경험하게 되면, 그 식당에서 좋은 식사를 기대하는 것이 불가능하다고 믿기 시작한다. 즉 그 레스토랑에 대한 고객의 태도가 변화하기 시작한다. 만일 또 다시 맛없는 식사가 나오면 그 부정적인 태도는 영원히 고정되어 다시는 찾아오지 않을지도 모른다.

유소년기에 형성된 태도는 성인이 되어서도 구매행동에 영향을 미친다고 한다. 맥도날드는 어린이들을 '평생고객'이라는 관점에서 파악하고 있다. 이러한 기업들은 어린이들이 10대가 되고, 청년이 되고, 부모가 되며, 나아가서는 조부모가 된 후에도 다시 오기를 기대하며 미래지향적으로 어린이들을 취급하고 있다.

4) 지각

동일한 사건, 대상, 자극, 현상 등에 대해 사람들은 저마다 보는 시각이 다르다. 그 사람이 어떤 행동을 할 것인가는 그의 상황에 대한 지각에 달려 있다. 지각perception이란 외적 세계를 보는 시각을 말하며, 동일한 대상을 놓고 보는 시각이 서로 다른 이유는 개개인의 지각체계와 인지구조에 차이가 있기 때문이다. 즉 어떤 사람은 특정 패밀리레스토랑의 종업원이 캐주얼하고 세련되어 있지 않다고 느낄지 모르나, 다른 사람은 유쾌하고 자연스러워서 좋다고 생각할지도 모른다.

사람들은 동일한 상황에서도 서로 다른 지각을 하게 되는데, 이것은 인간의 시각, 청각, 후각, 촉각 그리고 미각 등의 오감을 통하여 들어오는 정보를 이용하여 외부의 자극을 경험하기 때문이다. 그리고 이러한 감각적 정보를 자기방식에 의해 수용, 조직 그리고 해석하게 되는데, 이러한 사람들의 세 가지 지각과정을 살펴보면 다음과 같다.

(1) 선택적 노출

사람들은 매일 수많은 자극에 노출되어 있으며, 많은 사람들이 모든 자극에 주의를 기울인다는 것은 불가능하다. 선택적 노출selective exposure이란 자신이 원하지 않는 정보에의 노출은 스스로 회피하고, 원하는 정보에만 의식적으로 노출하려는 성향을 말한다. 육식주의자는 고기가 건강에 좋지 않다는 정보는 외면하려 하지만 고기를 이용한 맛있는 요리에는 적극적으로 정보를 수용하려는 관심을 보이게 된다.

(2) 지각적 왜곡

사람들은 자신의 과거경험이나 현재의 욕구 및 동기 등에 의하여 전적으로 자신의 관점에서 모든 자극을 지각하기 때문에, 자극을 해석하고 이해하는 과정에서 왜곡과 오해가 발생할 가능성이 높다. 왜곡현상은 아주 단순하고 명확한 자극에 대해서도 발생할 수 있다.

예를 들면 어떤 사람이 단골로 삼고 있는 태국요리 레스토랑에 대하여 비판적인 기사를 읽은 경우, 그 레스토랑에 대한 생각을 합리화시키기 위하여 그 정보를 왜곡할지도 모른다. 기사를 쓴 사람이 태국 조미료를 좋아하지 않는다든가, 정통 태국요리보다는 지방화된 태국요리 쪽을 좋아하고 있기 때문이라고 생각할지도 모른다. 사람들은 이미 자기가 믿고 있는 것을 지지하는 방향으로 정보를 해석하는 경향이 있다.

(3) 선택적 보유

사람들은 학습한 내용의 대부분을 금방 잊어버린다. 그러나 자기들의 태도와 신념을 지지하는 정보는 오래도록 보유하는 경향이 있다. 이러한 선택적 보유selective retention 때문에 쉐라톤 호텔에서의 식사를 희망하는 소비자는 쉐라톤을 칭찬한 잡지 기사를 기억할 것이다. 힐튼 호텔을 단골로 삼고 있는 사람들에게 그런 기사는 곧 잊혀지고 만다. 사람들은 자기의 신념을 지지하는 정보를 보유하는 경향이 있다.

5) 라이프스타일

(1) 라이프스타일의 의의와 중요성

라이프스타일life style이란 사람들이 생활하고 행동하는 방식, 즉 생활을 위해 시간과 돈을 사용하는 방식을 말한다. 사람들의 생활방식은 그들이 속해 있는 문화권, 사회계층, 준거집단 등의 영향을 받아 개발되기 때문에 국가별, 집단별, 개인별 등으로 라이프스타일은 상이한 양상을 보인다.

라이프스타일의 개념은 소비자행동을 이해하는 데 매우 유용하게 이용된다. 왜냐하면 라이프스타일은 제품이나 서비스에 대해 돈과 시간을 사용하는 방식이 그대로 반영되기 때문이다. 예를 들면 '주말이면 가족과 함께 외식을 즐겨한다', '그는 시간만 있으면 여행을 즐긴다' 하는 식으로 표현되는 특정인의 라이프스타일은 그가 무엇을 주로 구매하고 무엇을 위해 시간과 돈을 소비할 것인가를 잘 암시해

주기 때문이다.

(2) 한국인의 라이프스타일 유형

한 조사보고서에 의하면, 한국인들의 개인적 관심사는 성별 또는 연령별로 차이가 있지만 남녀불문하고 대부분의 사람들은 자신의 건강, 가정 및 자녀교육 등에 유난히 높은 관심을 가지고 있는 것이 [그림 8-4]에서와 같이 나타났다.

[그림 8-4] 한국인의 개인 관심사

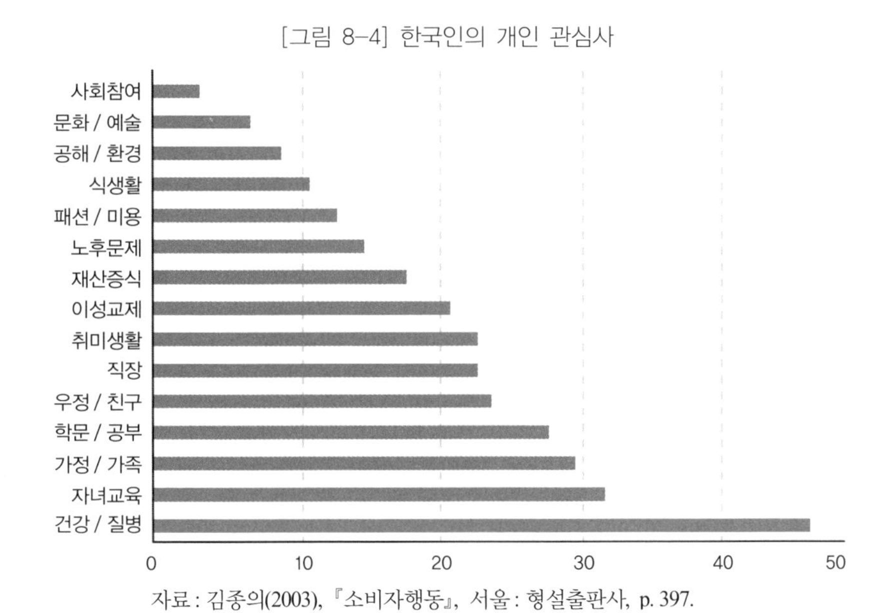

자료 : 김종의(2003), 『소비자행동』, 서울 : 형설출판사, p. 397.

미니사례 8·2

육즙 가득 3.5㎝ … 삼겹살이야, 스테이크야

갈수록 두꺼워지는 삼겹살
냉장 · 위생 상태 개선으로 두툼해져
2008년부터 3.5㎝ 삼겹살 등장 … 가정에선 굽기 편한 0.5㎝ 선호

한국인이 가장 사랑하는 외식 메뉴인 삼겹살이 갈수록 두꺼워지고 있다. 최근 유행은 '3.5센치(㎝) 삼겹살'. 3.5㎝ 두께로 두툼하게 자른 삼겹살로, 두께 0.5㎝ 정도인 일반 삼겹살보다 무려 6배나 더 두껍다. 웬만한 소고기 스테이크를 능가한다.

현재 3.5센치 삼겹살을 표방하는 식당은 '맛찬들왕소금구이' '화미소금구이' '35왕소금구이' 등 수십여곳. 가맹점은 수백곳이 된다. 3.5센치 삼겹살은 2008년 대구에 본점을 둔 맛찬들왕소금구이에서 개발했다고 알려졌다. 이 업체 대표 이동관씨는 "경쟁에서 이기려면 차별화된 메뉴가 필요했다"면서 "당시 제일 두꺼운 삼겹살이 2.5㎝였다"고 했다. 그는 또 "두툼해야 고기를 구워도 육즙이 빠지지 않아 맛있다"고 했다.

1980년대 대중화되기 시작한 삼겹살은 그 폭발적 인기만큼이나 끊임없이 '진화'해왔다. 1990년대 초반 대패로 민듯 얇고 도르륵 말린 '대패삼겹살'이 인기를 끌었다. 1990년대 후반에는 와인·고추장 등 다양한 양념에 잰 '양념삼겹살'이 등장했다.

2000년대 들어서 삼겹살은 두꺼워지기 시작했다. 삼겹살이 소고기만큼 비싼 고급육이 된 데다가, 1990년대 중반 이후 콜드체인시스템(냉장유통체제)이 정착됐기 때문으로 분석된다. 고기 전문가인 경상대학교 주선태 교수는 "과거 도축장이 위생적이지 못하고 육질이 떨어질 때에는 삼겹살을 얇게 썰어서 바싹 익혀 먹어야 했지만, 삼겹살 품질과 안전성이 향상되면서 자연 고기 맛을 즐길 수 있도록 두껍게 써는 방식이 유행하게 됐다"고 설명했다.

삼겹살이 두꺼워지면서 2000년대 초반 유행한 메뉴가 '칼집 삼겹살'이다. 고기 표면에 무수히 많은 칼집을 가로·세로 직각으로 넣은 모양이 벌집 같다고 해서 '벌집 삼겹살'이라고도 불렸다. 칼집 덕분에 뜨거운 열기가 두툼한 고기 안쪽까지 침투해 잘 익는다. 벌집 삼겹살의 인기가 2014년 현재 '삼겹살 스테이크'로 옮아가는 중이다.

3.5센치 삼겹살은 외식 업계에서는 화제지만, 일반 가정용으로는 별다른 반향을 일으키지 못하고 있다. 정재영 신세계 SSG마켓 축산실장은 "숯불 등을 사용해 화력(火力)이 강하고 환기·환풍이 잘 되는 전문 식당에선 괜찮지만, 가정집에서는 굽는 데 너무 오래 걸릴 뿐 아니라 기름과 연기가 많이 발생해 먹기 힘들다"면서 "현재 SSG에서 판매하는 삼겹살은 샤부샤부 등으로 먹는 두께 0.2㎝의 얇은 삼겹살과 일반적인 0.5㎝ 삼겹살이 가장 잘 팔린다"고 말했다.

주선태 교수는 "일반 소비자들을 대상으로 관능검사를 해보면 1㎝ 정도 두께의 삼겹살이 가장 맛있다는 결과가 나온다"면서 "3.5㎝는 너무 두껍다"고 했다. 두껍고 바싹 익지 않은 돼지고기가 건강상 위험하진 않을까? 주 교수는 "도축·유통이 현대화되면서 더 이상 돼지고기를 바싹 구울 필요는 없어졌다"면서, "하지만 삼겹살이 너무 두꺼우면 지방 함량이 높아 느끼하거나 먹고 난 다음 설사 같은 문제가 생길 수 있다"고 지적했다.

집에서도 도톰한 삼겹살을 즐기고 싶다면 1~1.5㎝ 두께가 알맞다. 자주 뒤집으면 육즙이 빠져 맛이 떨어지니 불판이 충분히 달궈지도록 예열한다. 육즙이 올라왔을 때 한 번 뒤집는 것이 이상적이지만 '두 번까지는 괜찮다'는 주장도 있다. 3.5센치 삼겹살을 맛보고 싶다면 정육점에 부탁하면 원하는 대로 썰어준다. 센 불에 구우면 속은 익지 않고 겉만 탈 수 있으니, 중약 불에서 천천히 익힌다. 오븐이나 전자레인지에 초벌구이한 다음 굽는 방법도 있다.

출처 : 조선일보, 2014. 7. 9일자

2. 환경적 요인

소비자의 구매의사결정 과정에 영향을 주는 환경적 요인, 즉 외적인 요인들에는 가족, 준거집단, 사회계층 그리고 문화 등이 있다. 환경적 요인들을 간략하게 살펴보면 다음과 같다.

1) 가족

(1) 가족의 중요성

가족이 소비자행동에서 중요한 이유는 크게 두 가지로 요약할 수 있다. 첫째, 가족구성원 개개인의 행동에 대한 가족의 영향력이 매우 크기 때문이다. 둘째, 가족 그 자체가 하나의 '소비단위' 또는 '구매의사결정 단위'로서 소비자행동의 주체가 되는 경우가 많기 때문이다. 가족의 구성원은 구매행동에 커다란 영향을 미친다. 기업의 관리자들은 여러 가지 제품과 서비스를 구매하는 데 있어서 남편, 아내 그리고 자녀들의 역할과 영향에 대하여 연구하여 왔다.

미국의 경우 패스트푸드에 대한 의사결정에는 자녀들의 의견이 크게 영향을 미치고 있음이 밝혀졌다. 또한 맥도날드의 상업광고는 토요일 오전 중의 만화프로그램에 삽입하고, 어린이들이 다시 찾아오게 하기 위하여 정기적으로 새로운 장난감을 선물하고 있다.

(2) 가족구성원의 역할

가족이 구매의사를 결정하고 실행하는 과정에서 각 구성원들은 다양한 역할을 분담하게 된다. 정보를 수집하고 제공하는 일, 상표대안을 결정하는 일, 실제로 구매를 하는 일 등 제품과 서비스 구매에 필요한 다양한 일들이 가족구성원 중 누군가에 의해 수행되지 않으면 안된다. 그러나 상황에 따라 이들 모든 역할이 가족구성원 중 어느 한 사람에 의해 단독으로 수행되기도 하지만, 대개는 여러 구성원에 의해 분담・수행된다. 가족의 구매 및 소비행동과 관련하여 가족구성원이 수행하는 역할을 분류해 보면 다음과 같다.

① 제안자(initiator)

특정 제품과 서비스의 구매를 맨 먼저 생각하거나 제안하는 사람이다. 예를 들면 가족 중에 “오늘 외식합시다”라고 말할 수 있는 사람이다.

② 정보수집자(information gather)

구매결정에 필요한 제반 정보를 수집하고 제공하는 사람이다. 예를 들면 패밀리 레스토랑을 저렴하게 이용할 수 있는 정보를 알아보는 사람이라고 말할 수 있다.

③ 영향력 행사자(influencer)

최종 의사결정 시에 직・간접적으로 영향력을 행사하는 사람이다. 피자를 좋아하는 어린 자녀가 피자집으로 갈 것을 제안할 수 있다면 그 자녀가 영향력 행사자이다.

④ 구매결정자(decision maker)

최종적으로 결정을 내리는 사람으로 배우자가 중식요리를 원하지 않기 때문에 한식 요리집으로 결정했다면 그 사람이 구매결정자이다.

⑤ 구매자(buyer)

실제로 구매를 하는 사람으로서 경제력이 있는 남편이 카드로 식사값을 계산했다면 그 사람이 구매자이다.

⑥ 사용자(user) 또는 소비자(consumer)

어떤 제품이나 서비스를 실제로 소비하거나 사용하는 사람을 말한다.

따라서 기업의 담당자는 제품의 특성, 서비스와 관련하여 누가 최종 의사결정권자이며, 누가 정보를 제공하고 영향력을 행사하는가를 식별한 후, 그들을 표적으로 하는 광고 및 판촉전략 등을 개발하는 것이 중요하다고 볼 수 있다.

2) 준거집단

준거집단reference groups이란 개인의 가치, 태도, 행동 등을 형성할 때 직접 혹은 간접적으로 비교점이나 준거점을 제공하는 집단을 말한다. 사람들은 누구나 가족을 비롯하여 학교 · 직장 · 종교단체 등 여러 집단에 소속하게 되고, 이들 집단의 규범에 의해 직 · 간접으로 영향을 받게 된다.

그러나 현재 개인이 속해 있는 집단뿐만 아니라, 그가 소속하기를 희구하거나 회피하고 있는 집단에 의해서도 개인은 영향을 받는다. 사람들은 누구나 그가 소속하기를 희구하는 집단에 대해서는 그 집단의 기대에 부응하는 행동을 하고 싶은 강한 요구 때문에 그 집단의 규범에 순응하게 되고 그로 인해 그 집단의 강한 영향권하에 놓이게 된다.

준거집단이 소비자행동을 이해함에 있어서 중요한 이유는 다음과 같은 특성을 지니고 있기 때문이다.

첫째, 준거집단의 영향은 소비자 자신의 뚜렷한 목적이나 의도, 또는 의식적인 노력 없이도 발생한다는 점이다.

둘째, 소비자가 준거집단과 직접적인 대면관계를 유지하고 있지 않아도 준거집단은 소비자에게 영향을 미칠 수 있다. 어떤 소비자가 연예인을 준거대상으로 여기고 있다면, 그 소비자는 연예인들의 행동규범에 호의적 반응을 보이고, 그들의 행동을 모방함으로써 그들과 직접적인 접촉 없이도 영향을 받게 된다. 광고를 통해서 멋진 남녀의 커피 마시는 장면을 보고, 커피구매의 동기가 유발된 경우를 볼 수 있다.

따라서 준거집단은 소비자에게 직접 또는 간접적으로 그리고 의식 또는 무의식 상태에서 뚜렷한 대면적 접촉 없이도 영향을 줄 수 있는 매우 중요한 요인임을 알 수 있다.

3) 사회계층

(1) 사회계층의 의의

사회계층social class이란 사회구성원이 사회적으로 향유하는 명성, 신망, 권력 등의 차이로 인해 형성되는 사회적 신분계층social status hierarchy을 말한다. 사회구성원들은 그들의 혈통, 부, 직업, 학벌, 기술수준 등이 각각 다를 뿐만 아니라, 그들의 사회적 역할 및 사회에 대한 기여도가 제각기 다르기 때문에 구성원 모두가 동등한 지위를 향유하는 사회를 기대하기는 어렵다.

(2) 사회계층의 측정

거의 모든 국가들은 어떤 형태이건 사회계층구조를 가지고 있다. 미국, 캐나다, 오스트레일리아 그리고 뉴질랜드 등의 비교적 신생국가들에서는 사회계층을 소득 등의 단일지표로 판단하지 않고, 직업, 소득, 교육, 재산, 그 밖의 요인들을 결합하여 측정하고 있다.

또한 역사가 오래된 대부분의 나라에서는 사회계층은 출생과 동시에 부여된 것으로 받아들여지고 있다. 이러한 사회에서는 혈통이 소득이나 교육 이상의 의미를 지니고 있다. 어떤 계층에 속해 있나 하는 것은 마케팅관리자에게 매우 중요하다. 왜냐하면 같은 사회계층에 속해 있는 사람들은 구매행동을 포함하여 동일한 행동을 취하는 경향이 있기 때문이다. 특히 사회계층은 음식, 여행 그리고 레저활동 등과 같은 분야에서 뚜렷한 제품 및 상표 선호성을 보이고 있다.

우리나라의 사회계층은 객관적인 측정법을 이용하는데, 직업, 교육수준, 소득원천, 주택유형, 주거지역 등 여러 변수를 기준으로 분석하여 사회계층을 분류하고 있다. 〈표 8-1〉은 한국의 사회계층구조를 간략하게 설명하고 있다.

표 8•1 한국의 사회계층 구조

상 층(5%)
·자기의 능력으로 사회의 엘리트층으로 입신한 사람 ·기업인, 전문직, 고급 공무원, 의사, 교수, 법조인, 군인, 예술가 중에서 성공한 사람들로 구성 ·자신의 지위를 상징하는 제품들을 많이 구매, 소비 ·고급승용차, 보석, 모터보트, 별장, 골프 회원권 등의 주요 고객층
중상층(10%)
·일반적으로 높은 교육수준의 사람들로서 사회적 지위나 부 그 자체보다 자신의 경력관리에 가치를 둠 ·기업체에서 중간 경영층, 전문직 중에서 중층, 소규모기업의 사장들 ·자녀교육에 대한 관심이 높고, 고급 주택가에 살기를 희망 ·좋은 집·옷·가구, 교양서적 등 유명상표의 주 대상 고객층

중하층(50%)
· 기업의 중간경영층으로 사무직과 기술직을 모두 포함. 소규모 회사의 자영업자들로 구성 · 평균수준의 교육을 받은 보수적인 가치관을 지님 · 제품 구매에는 최소한의 유행에 뒤지지 않으려 하며, 지명도가 있는 상표의 제품을 선호 · 대중적인 제품과 중가시장의 주 고객층 · 기업의 입장에서 가장 중요한 집단
도시 하층(20%)
· 봉급이 아닌 일당개념으로 일하거나 흔히 말하는 3D 직업 종사자 · 일반적으로 교육수준이 낮은 편 · 엥겔지수가 높은 편이며, 자기집 마련이 큰 꿈 중의 하나 · 생필품의 소비는 중하층과 큰 차이를 보이지 않으나 중하층에 비해 상표의 선호도가 낮은 편
농어촌 하층(15%)
· 농촌, 어촌, 광산촌에서 지주, 선주들을 제외한 모든 사람들 · 자기집은 소유하고 있으나, 일반적으로 교육수준은 낮은 편 · 경제적으로 도시 하층보다는 높으나 제품의 소비수준은 도시 하층보다 낮아 가능한 한 자급자족 하는 소비행태를 보임

자료 : 채서일(1998), 『마케팅』, 서울 : 학현사, p. 162의 내용을 저자 편집

이와 같은 사회계층은 소비자행동에 영향을 주는 중요한 요인 중의 하나로 알려져 있는데, 이는 일반적으로 동일한 계층에 속한 사람들은 그들의 유사한 사회・경제적 특성 때문에 서로 비슷한 라이프스타일을 공유하게 되고 그 결과 여러 행동 측면에서 유사한 형태를 보이기 때문이다.

4) 문화

(1) 문화의 정의

문화culture는 개인의 욕구와 행동을 결정하는 가장 기본적인 요소이다. 문화는 개인이 특정 사회에서 지속적으로 학습하는 기본적인 가치관, 지각, 욕구 그리고 행동 등으로 구성된다. 문화는 우리들이 무엇을 먹고, 어디를 어떻게 여행하며, 또한 어디서 살고 있는가 등에 커다란 영향을 미친다. 또한 문화는 음식물, 건물, 의복, 예술 등과 같은 유형재를 통하여 표현되기도 한다.

따라서 마케팅관리자는 신규수요를 불러일으킬 만한 신제품과 서비스를 개발하

기 위하여 지속적으로 문화의 변화에 대한 중요성을 인식해야만 한다. 예를 들면 저칼로리 식품과 자연식품으로의 취향변화에 따라서 그에 대응할 수 있는 레스토랑 메뉴가 개발되어야 한다.

(2) 한국의 문화적 특성과 소비자행동

한국의 지배적인 문화적 가치로서 특히 소비자행동과 관련하여 중요한 특성을 몇 가지만 요약해 보면 다음과 같다.

① 신분중시주의

기성세대를 중심으로 아직도 많은 사람들에게 신분중시 사상이 팽배해 있다. 이 때문에 한국에서는 사회적 신분이나 권위를 상징하는 제품과 서비스에 대한 수요가 많은 편이다.

② 타인지향적 형식주의

한국 사람들은 체면과 형식을 중요시하는 편이다. 이 때문에 불필요한 구매행동이나 낭비적 소비행동이 문제가 되고 있다.

③ 사대주의적 사고

비교적 외래문화를 숭상하는 경향이 있다. 이런 성향 때문에 한국에서는 외국제품이나 외국상표와 기술제휴한 제품에 대한 선호도가 매우 높은 편이다.

④ 향락주의적 사고

지속적인 경제성장으로 인해 소득수준이 향상되자 소비자들의 라이프스타일이 서구화되면서 소비생활양식도 변해가고 있다. 즉 절약보다는 소비를, 근면보다는 향락을 선호하는 경향이 뚜렷하게 나타나고 있다. 이로 인해 여가관련 상품, 인스턴트 식품 등에 대한 수요가 급증하고 있으며, 외식산업이 성장하고 있다고 볼 수 있다.

⑤ 자녀중심주의

최근에 핵가족화되면서 더욱 자녀중심적 성향이 강해지고 있다. 한국에서는 아동용품 시장의 잠재력이 크고, 꾸준히 성장하고 있는 것도 자녀중심적 문화 때문이라고 볼 수 있다.

미니사례 8·3

풀잎채, 계절밥상, 자연별곡, 올반 등 한식뷔페 경쟁 치열, '전통 vs 퓨전'

▲ 한식뷔페 '풀잎채' 메뉴

최근 한국농수산식품유통공사(aT)가 발표한 자료에 따르면 외식소비자 3,000명을 대상으로 조사한 결과, 2015년 외식업계 트렌드 가운데 단연 눈에 띄는 것은 바로 '한식의 재해석'이다. 복고·건강·로컬 등의 트렌드에 맞물려 '전통한식'이 새롭게 재해석되며, '옛것'이라는 이미지에서 벗어나 '향수'와 '신뢰'를 느낄 수 있는 새로운 외식 아이템으로 각광받고 있다. 이에 외식·프랜차이즈 업계에서는 현대인의 트렌드에 발맞춰 차별화된 메뉴와 프리미엄 서비스 등을 통해 소비자 공략에 나서며 외식시장의 판도를 흔들고 있다.

❖ 전통적인 재료에 퓨전 노하우를 가미한 새로운 메뉴 출시

서양식 패밀리 레스토랑이 즐비하던 것과 달리, 현재 한식 레스토랑이 대세를 이루는 이유를 살펴보면 전통 한식을 그대로 재현한 것이 아니라 현대화된 컨셉에 맞춰 세련되고 모던하게 재해석한 것이 가장 큰 요인으로 보인다.

전통적 요소를 통해 건강한 음식의 이미지를 주는 동시에 트렌디한 인테리어나 캐주얼한 서비스 방식 등을 접목시켜 새로운 범주의 외식 트렌드가 형성되고 있는 것.

교촌치킨으로 유명한 교촌에프앤비㈜가 2015년 한식 브랜드로 새롭게 선보인 프리미엄 담김쌈 다이닝 카페 '엠도씨(M℃)'는 자연 숙성시킨 슬로우 푸드

를 바탕으로 건강한 식문화를 추구한다.

엠도씨의 대표메뉴 '담김쌈'은 정성 들여 만든 기본 식재료에 참숯에 구운 닭고기, 가마솥에 지은 버섯밥 등 삼색밥과 각 재료들을 층층이 쌓아 엄마의 정성이 담긴 맛부터 정갈한 비주얼까지 오감을 충족시키는 한끼 식사 메뉴다.

지난 여름 '인절미 빙수'로 열풍을 일으킨 코리안 디저트 카페 '설빙'은 겨울철 소비자 공략에 나서며 전통음식 가래떡에 퓨전 노하우를 더한 '쌍쌍 가래떡 시리즈'를 새롭게 선보였다. '쌍쌍가래떡 시리즈'는 모짜렐라 치즈를 넣은 가래떡에 체다와 치즈가루를 뿌려 오븐에 구운 '쌍쌍치즈가래떡'을 기본으로 '쌍쌍만두가래떡', '쌍쌍불갈비가래떡' 등이 포함되어 있다.

스페셜 메뉴로 선보인 '퐁당치즈가래떡'은 버터를 발라 고소한 가래떡 위에 모짜렐라, 체다, 파마산치즈를 가득 올려 오븐에 구워 쫄깃한 가래떡 위에 부드럽게 녹아 내린 치즈가 전하는 식감의 조화가 돋보인다.

❖ 샐러드바와 한식의 결합, 한식뷔페

중소기업이 새롭게 선보였던 '풀잎채'에 이어, 대기업의 CJ푸드빌의 '계절밥상' 성공에 이어 이랜드 '자연별곡', 신세계푸드 '올반' 등 대기업에서 속속 신규 브랜드를 론칭하며 한식뷔페 경쟁이 심화되고 있다. 올 상반기에는 롯데도 효소를 활용한 한식뷔페 브랜드 '별미가' 출시를 예고하고 나서며 한식뷔페 시장은 한층 치열해질 전망이다.

업계 전문가들은 기존 전통한식 시장이 가격적인 측면에서 양극화가 심했던 상황 속에서 1~2만원대의 합리적인 가격으로 다양한 메뉴를 즐길 수 있도록 한식뷔페가 틈새를 공략하며 성공한 것으로 분석하고 있다. 샐러드바와 한식의 결합으로 눈길을 끈 한식뷔페는 치열한 경쟁 속 생존을 위해 브랜드별 차별화를 앞세우고 있다.

대기업 중 가장 먼저 한식뷔페 시장에 안착하며 높은 인지도를 자랑하는 CJ푸드빌의 계절밥상은 각지에서 공수해오는 제철 식재료가 강점이다. 쌈채소(경남 밀양, 전남 무안), 토마토 샐러드(충남 논산), 속배추 쌈밥(강원도 횡성) 등 지난 1년간 총 100여종이 넘는 제철 메뉴를 선보였다. 지난해 7월 경기 판교에 첫 매장을 연 후 1년 4개월간 누적 방문객 수가 120만명을 넘었다.

이랜드의 '자연별곡'은 다른 한식뷔페 브랜드와 차별화를 위해 '퓨전'을 선택했다. 특히 전통 주전부리를 현대적으로 재해석한 팥죽 퐁듀, 오미자 셔벗, 흑임자 아이스크림 등 이색 디저트가 젊은 층의 관심을 끌고 있다.

이 곳의 대표메뉴로 손꼽히는 팥죽 퐁듀는 쫄깃하고 부드러운 찹쌀 경단을 팥죽에 찍어 조청과 견과류를 곁들여 먹는 별미다. 또한 자연별곡은 2030 세대 공략을 위해 강남, 명동, 홍대, 압구정 등 서울 시내 핵심상권을 중심으로 신규 매장을 공격적으로 확장하며 약 20여 개 매장을 운영 중이다.

출처 : 매일경제, 2015. 2. 22일자

3. 상황적 요인

소비자의 행동은 여러 가지 환경요인과 소비자의 개인적인 요인에 따라 영향을 미치기도 하지만 소비자의 구매행동이 동일한 제품에 대하여 다르게 나타났다면 그 차이를 어떻게 설명할 수 있을까? 이와 같이 환경적 요인과 소비자의 특성, 제품 특성이 동일하더라도 소비자의 행동이 달라질 수 있는데 그 원인은 바로 상황으로 설명될 수 있다. 예를 들어 무덥거나 시원한 날씨, 쇼핑 중 자녀의 동반 여부 등의 상황적 특성이 소비자의 지각, 선호, 구매 행동에 영향을 미치는 것은 당연하므로 마케터는 소비자가 당면한 상황적 요인을 고려하여 전략을 개발해야 한다.

1) 상황요인의 본질

한 사람 혹은 그 이상의 사람에 의하여 점거되는 분리된 시간과 공간은 소비자 행동에 대한 영향요인으로서 상황을 구성한다. 따라서 상황은 '개인적 특성과 선택 대안의 특성으로부터 당연히 도출될 수는 없으나 현재의 행동에 논증가능하고 체계적인 영향을 미치는 관측의 시간과 장소에 대하여 독특한 모든 요인'이라고 정의한다. 즉 상황이란 소비자가 당면하는 선택대안의 특성뿐만 아니라 개별소비자의 특성 이외의 모든 영향요인들의 집합이다(유동근, 소비자행동, p. 294).

2) 상황의 유형

상황요인은 소비상황, 구매상황, 커뮤니케이션상황 등의 세 가지 유형으로 구분할 수 있다.

① 소비상황

소비상황이란 제품에 대하여 예상되는 사용계기나 목적, 장소 등의 상황요인들을 포함한다. 즉 소비자는 가정 내에서의 소비와 손님 접대를 위하여 각각 다른 상표의 커피를 선택할 수 있으며 어떤 상표의 향수를 특별한 계기에만 사용할 수 있다. 이러한 예는 상표선택에 대하여 소비상황이 미치는 직접적인 영향을 보여주는 것이다.

② 구매상황

소비자의 구매상황이란 점포 내의 환경적 특성이나 시장여건의 변화 등의 상황요인들을 포함한다. 즉 소비자 선택에 대한 점포 내 환경의 영향을 평가할 때 제품의 가용성, 가격변화, 경쟁자의 할인판매, 쇼핑의 용이함과 같은 상황요인은 소비자의 제품선택이나 점포선택, 고려해야 할 상표의 수, 기꺼이 지불하려는 가격 등에 영향을 미칠 것이다.

③ 커뮤니케이션상황

소비자가 라디오 커머셜을 '운전하면서 듣는지, 또는 거실에 앉아서 듣는지, 잡지를 집에서 정독하는지 또는 출근길에 훑어보고 버리는지, TV 커머셜에 혼자 또는 다른 사람들과 어울려서 노출되는지' 등의 상황요인들은 광고물의 노출, 주의해석, 기억에 영향을 미친다.

3) 학자들의 외식에 대한 상황적 요인

외식부분에서의 소비자의 상황적 요인은 패스트푸드 레스토랑에서 4가지의 다른 상황, 즉 평일의 점심식사, 쇼핑 중의 스낵, 시간에 쫓기는 상황하의 저녁식사, 시간이 넉넉한 상황하의 가족과 함께하는 저녁식사로 측정되기도 했으며(Miller & Ginter, 1979), 레스토랑을 이용하는 2가지 상황, 즉 점심을 먹을 때 회담을 할 경우와 계약을 체결한 경우로 나누어 분석하였다(Schurr & Calder, 1986). 레스토랑 선택요인을 상황적 요인에 의해 분석한 경우도 있는데 친구·친지와의 식사상황, 사업목적상황, 주말 가족식사상황의 3가지로 분석하였다(Filliatrault & Ritchie, 1988). 이외에도 식사상황과 관련된 상황을 시간적 제약, 혼자 식사, 가족동반식사, 친구동반식사, 주중식사, 주말식사, 배가 고픈 상황, 목이 마른 상황, 혼자 있는 상황, 다른 사람과 같이 있는 상황, 점심상황, 디저트, 손을 사용하여 먹을 상황, 날씨 상황, 동반자관계, 시간적 상황, 이용목적, 심리적 상황, 정기적인 모임, 사업목적상 약속장소 이용 상황, 생일이나 결혼기념일 등 가정행사 상황들이 활용되었다(이정실, 2003; 조상철, 2000; Cradello, 2000; Verlegh & Candel, 1999).

이러한 상황을 활용한 연구들이 공통적으로 제안하는 바는 정도의 차이는 있지만 상황적 요인이 포함되었을 때 소비자의 행동을 이해하고 예측하는 데 효과적이라는 것이다.

표 8-2 다양한 상황적 요인

연구자	분 야	상황의 유형
Miller & Ginter(1979)	외식	평일의 점심식사 쇼핑 중의 스낵 시간에 쫓기는 상황하의 저녁식사 시간이 넉넉한 상황하의 가족과 함께하는 저녁식사
Schurr & Calder(1986)	외식	회담을 할 경우 계약을 체결한 경우
Filliatrault & Ritchie(1988)	외식	친구·친지와의 식사상황 사업 목적상황 주말 가족식사상황
이정실, 2003; 조상철, 2000; Cradello, 2000; Verlegh & Candel(1999)	외식	시간적 제약, 혼자 식사, 가족동반식사, 친구동반식사, 주중식사, 주말식사, 배가 고픈 상황, 목이 마른 상황, 혼자 있는 상황, 다른 사람과 같이 있는 상황, 점심상황, 디저트, 손을 사용하여 먹을 상황, 날씨 상황, 동반자관계, 시간적 상황, 이용목적, 심리적 상황, 정기적인 모임, 사업목적상 약속장소 이용 상황, 생일이나 결혼기념일 등 가정행사 상황

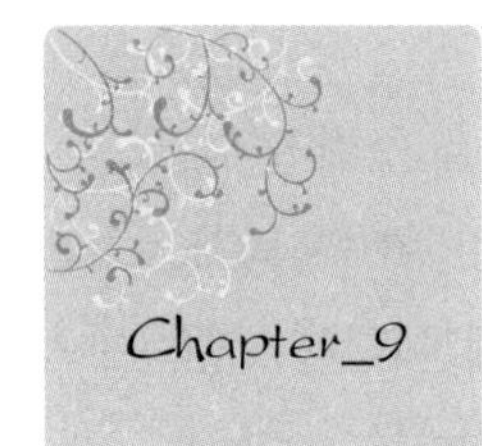

외식산업과 고객만족경영

01 고객의 이해

1. 고객의 의의

오늘날 고객은 과거에 비하여 훨씬 다양한 제품과 서비스를 선택할 수 있는 위치에 있다. 만약에 고객이 받아들일 수 없는 품질을 기업이 제공하게 된다면 고객은 당장 경쟁업체의 제품과 서비스를 선택하게 될 것이다.

최근 고객들의 교육수준은 과거에 비해 훨씬 높아졌으며, 그 요구조건이 까다롭고 다양하다. 그리고 세계적인 초일류기업들로부터 양질의 제품과 서비스를 제공받고 있기 때문에 제품과 서비스의 품질에 대한 고객의 기대수준은 상당히 상승되어 있는 실정이다.

이와 같이 한층 상승되어 있는 고객의 욕구에 대응하기 위하여 오늘날 기업들은 '고객만족경영', '고객가치창조', '고객제일주의', '고객에게 감동을', '무한책임주의' 등과 같은 다양한 슬로건을 내걸고 고객만족을 위한 경영의 혁신에 최선의 노력을 다하고 있다. 고객만족경영은 1990년대부터 세계 각국의 기업들에 의해서 적극적으로 도입되어 실시되고 있으며, 세계적으로 큰 주목을 받고 있다.

국어사전에서 말하기를 고객이란 '영업을 하는 사람에게 대상자로 찾아오는 손님', '단골손님'으로, 그리고 만족은 '마음에 부족함이 없이 흐뭇함', '부족함이 없이 충분함' 등으로 정의되어 있다.

쥬란Juran 박사는 "고객이란 우리가 생산하는 제품과 서비스를 구매하거나 또는 그것들에 의해서 영향을 받는 모든 사람들이다"라고 하였고, 데밍Deming 박사는 "생산라인에서 가장 중요한 요소는 바로 고객"이라고 하였다. 패튼과 블르엘Patton & Bleuel은 서비스 목표에 가장 큰 영향을 미치는 것은 바로 고객이라고 말한다.

따라서 기업은 모든 역량을 고객중심으로 경영하여야 하고, 고객지향적이어야 한다. 왜냐하면 모든 제품과 서비스는 고객 없이는 존재하지 않기 때문이다. 조직에서 행하는 모든 활동은 전부 고객을 위한 것이어야 한다. 제품과 서비스의 품질은 고객의 행동과 반응에 의해 결정된다. 그래서 제품과 서비스를 개선하는 것도 반드시 고객의 필요, 욕구 및 기대 등을 명백하게 이해함으로써 결정되어야 한다.

2. 고객의 분류

고객은 [그림 9-1]과 같이 세 부류로 나눌 수 있다. 즉 가치생산 고객인 내부고객, 가치전달 고객인 중간고객 및 가치사용 고객인 최종고객 등이다.

[그림 9-1] 고객의 분류

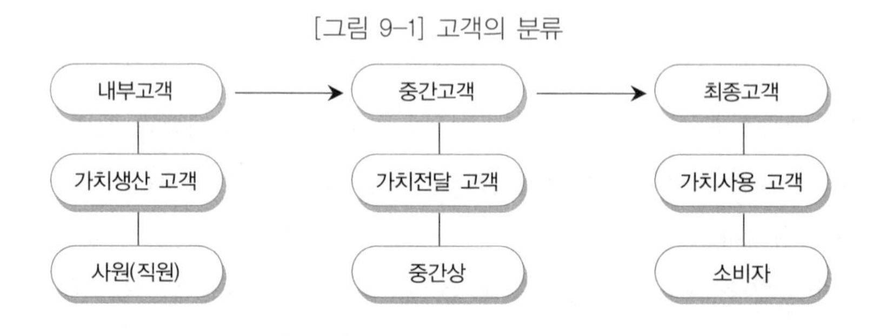

첫째, 내부고객을 가치생산 고객이라고도 하는 것은 기업 내부에 있는 사람들이 가치를 생산해 주어야 그 가치를 고객이 구매할 수 있기 때문이다. 내부고객의 만족이 고객만족의 출발점이 되므로, 내부고객은 가장 먼저 만족시켜야 할 고객이 된다. 불만족한 종업원이 고객에게 좋은 서비스를 제공하여 고객을 만족시키기는 힘들다.

종업원을 내부고객으로 대우하고 만족시켜서 사기를 높여주면 그들은 최종고객인 소비자를 만족시키기 위해 최상의 노력을 할 것이다. 자신에게 주어진 역할에 만족하는 종업원만이 고객에게 정성과 열의에 찬 서비스를 제공할 것이다. 고객만족 기업으로서 경쟁력을 갖추려면 내부고객부터 만족시켜야 한다. 종업원만족 없이 고객만족customer satisfaction은 없는 것이다. 그래서 고객만족의 출발은 종업원만족에 있다.

둘째, 중간고객, 즉 가치전달 고객에는 판매점이나 대리점 외에도 원료를 공급하는 원료공급원 내지 협력업체들을 포함시킬 수 있다. 중간고객의 중요성은 바로 이들을 만족시키지 못하면 결국 최종고객인 소비자를 만족시키기 힘들다는 데에 있다.

셋째, 소비자는 사용자라는 점에서 가치사용 고객에 해당된다. 기업은 최종고객이 가장 중요한 고객이라는 것을 깨달아야 한다. 고객은 이윤을 안겨주는 존재이고, 기업은 고객을 위해 존재하며, 고객이 서비스할 기회를 제공해 줌으로써 호의를 베푸는 것이다. 바로 이 점들을 깨달아야 고객의 중요성을 바로 알고 있다고 할 수 있다.

미니사례 9·1

'가족 단위' 고객 잡아라 … 외식업계는 전쟁 중

가족 단위 고객을 사로잡기 위한 외식업계의 노력이 치열하다. 가족 구성원의 각자 다른 입맛을 사로잡기 위한 메뉴 개발은 물론이고 수유실, 놀이방 등 부대 편의시설로 소비자들을 유혹하고 있다. 과거 가족 단위 외식 장소의 대명사가 패밀리 레스토랑이었다면 요즘은 한식 뷔페가 그 자리를 대신하고 있다. 지난해 7월 CJ푸드빌이 '계절밥상'을 론칭한 것을 시작으로, 이랜드의 '자연별곡', 신세계푸드의 '올반' 등 대기업이 잇따라 진출하며 각축전이 한창이다.

한식 뷔페는 최근 불고 있는 '집밥 열풍'을 외식이라는 형태를 통해 수용했다는 점과 다양한 연령대의 고객 취향을 만족시킬 수 있다는 장점으로 가족 단위 고객을 끌어들이고 있다. '계절밥상'의 경우 '단호박 타락 푸딩'과 같은 어린이 입맛에 맞춘 음식에서부터 '못난이 꽈배기'와 같은 기성 세대의 추억을 자극하는 복고풍 디저트까지 다양한 메뉴를 마련했다.

또 최근 문을 연 경기도 일산점<사진>의 경우 영・유아를 동반하는 가족들을 위해 수유실을 넓히고, 미끄럼틀이나 편백나무 칩 풀장과 같은 놀거리를 갖춘 놀이방 시설을 강화했다. '자연별곡'과 '올반' 역시 세대별로 즐길 수 있는 전략 메뉴를 다양하게 개발해 3대가 모두 즐길 수 있는 먹거리를 갖췄다.

기존에 아이들은 출입할 수 없었던 주점에도 변화가 일어나고 있다. '레스펍(Restaurant +Pub)'이란 개념을 내세운 생맥주 전문점 '치어스'는 아이들 입맛에 맞는 다양한 안주를 내세워 남녀노소 즐길 수 있는 공간임을 강조한다. 유아를 데리고 오거나, 어린 자녀의 생일 파티를 여는 부모 고객도 있을 정도다.

외식업계가 가족 단위 고객에 주목하는 것은 1인 가구가 외식업계를 변화시키는 축인 것에 비해 전통의 가족 단위 고객은 외식업을 지탱하는 축이기 때문이다. 최근 한국외식산업연구원이 낸 '2014년 국내 외식트렌드 조사영역 최종보고서'에서도 이러한 트렌드를 되짚으며, 업계의 관련 대응이 필요하다고 지적한 바 있다.

업계 관계자는 "주중에는 친목모임이나 직장동료와 함께 외식을 하는 경우가 많지만 주말에는 가족단위 고객이 꾸준히 늘어나고 있다"며 "주 5일제로 휴일이 늘어난 영향이 있는 것으로 보이고, 생일과 같은 특별한 날에 가정식보다는 외식을 통해 뜻깊게 보내고픈 마음도 영향을 끼친 것으로 보인다"고 말했다.

출처 : 헤럴드경제, 2015. 2. 26일자

02 고객만족을 위한 전략적 방안

1. 고객만족의 구성요소

고객만족의 구성요소는 제품 요소, 서비스 요소, 기업이미지 요소 등으로 구분할 수 있다. [그림 9-2]에서와 같이 세 가지 요소 모두가 함께 고려될 때 고객만족 달성이 가능해진다.

[그림 9-2] 고객만족의 구성요소

자료 : 최성용 · 한동여 공저(2007), 『경영학원론』, 서울 : 북코리아, p. 202.

2. 고객만족을 위한 전략적 방안

고객이 제품이나 서비스를 구매한 후, 어느 정도 만족하고 불만족하느냐에 따라 기업은 많은 영향을 받는다. 만족한 고객은 여러 측면에서 기업에 크게 기여하지만, 불만족한 고객은 자사 제품시장을 이탈하거나 다양한 불평행동을 통해 기업에 막대한 손해를 끼칠 수 있다. 따라서 고객의 만족 · 불만족이 기업에 어떤 영향을 미치는가를 알아보는 것은 매우 의미있는 일이다.

1) 고객만족 형성과정

고객만족customer satisfaction이란 제품 사용 후 고객이 느끼는 기쁨 또는 실망감 같은 심리적 반응을 말한다. 즉 제품 사용 후 고객이 느끼는 욕구나 기대의 충족 정도를 의미한다. 고객의 만족·불만족이 형성되는 과정은 [그림 9-3]과 같다.

[그림 9-3] 고객만족의 형성과정

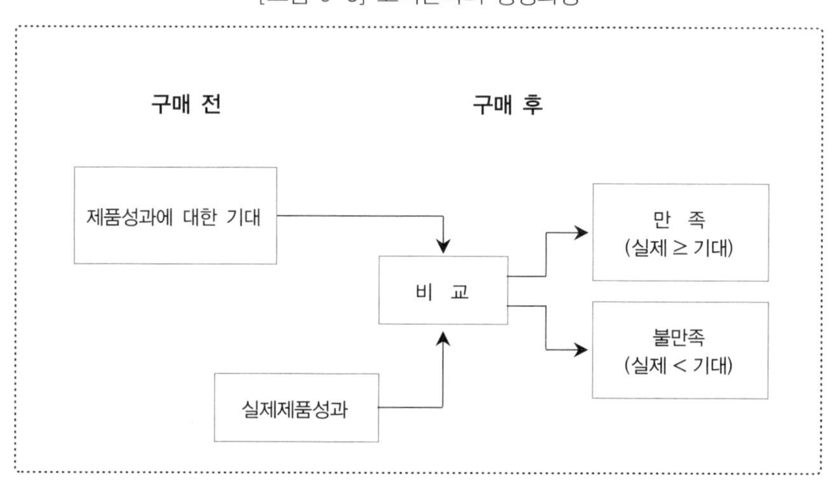

소비자는 사용경험을 통해서 지각된 실제 성과가 구매 전 기대치를 충분히 충족시킨다고 판단될 때 만족을 느끼게 되고, 지각된 실제 성과가 기대수준에 미치지 못한다고 느끼면 불만족을 경험하게 된다. 그리고 이와 같은 만족·불만족의 경험은 소비자의 태도 및 행동에 직접적·결정적인 영향을 주게 된다.

2) 고객만족·불만족의 영향

(1) 만족한 고객이 기업에게 주는 영향력

만족한 고객이 기업에게 주는 영향을 살펴보면 다음과 같다.

① 만족한 고객은 반복구매할 가능성이 높아 매출액 증대를 기대할 수 있다.
② 만족한 고객은 충성고객이 될 가능성이 높아 시장점유율 유지에 기여할 수 있다.

③ 만족한 고객은 여러 사람에게 긍정적 구전광고를 해주기 때문에 확실한 구전 효과를 기대할 수 있다.
④ 만족한 고객은 경쟁사의 유인에 덜 민감하고, 그 결과 경쟁사의 고객으로 이탈할 가능성이 낮다.

(2) 불만족한 고객이 기업에게 주는 영향력

불만족한 고객이 기업에게 주는 영향력을 살펴보면 다음과 같다.

① 불만족한 고객은 재구매를 거부함으로써 고객을 상실할 수 있다.
② 불만족한 고객은 보상을 요구하기 때문에 비용이 발생한다.
③ 불만족한 고객의 부정적 구전을 통해서 잠재적 고객까지도 상실할 수 있다.

03 고객만족경영의 전략

고객만족경영을 위해 기업에서 수립해야 할 전략을 살펴보면 다음과 같다.

1. 고객불평의 중요성 인식

고객의 불평요인은 경영자의 입장에서 귀중한 자산이 될 수 있다. 그래서 고객의 불평은 귀찮은 것이 아니라 문제점을 일찍 파악하고 해결할 수 있게 하는 소중한 정보이다. 고객이 불만을 느꼈을 때 하는 행동은 상황이나 개인 특성에 따라 여러 형태로 나타난다. [그림 9-4]는 소비자들의 불평행동 유형을 나타내고 있다.

첫 번째 유형은 아무런 행동도 취하지 않는 소비자들이다. 불만수준이 낮거나 불만을 호소해도 보상받을 수 없을 것으로 기대할 때 나타나는 반응으로 볼 수 있다.

두 번째 유형은 불만족한 제품의 재구매를 거부하거나 판매점의 재이용을 회피하고 침묵하는 행동유형을 말한다. 이 유형의 고객은 이탈하기 때문에 매출 및 시장점유율 감소에 직접적인 영향을 준다.

[그림 9-4] 소비자들의 불평행동 유형

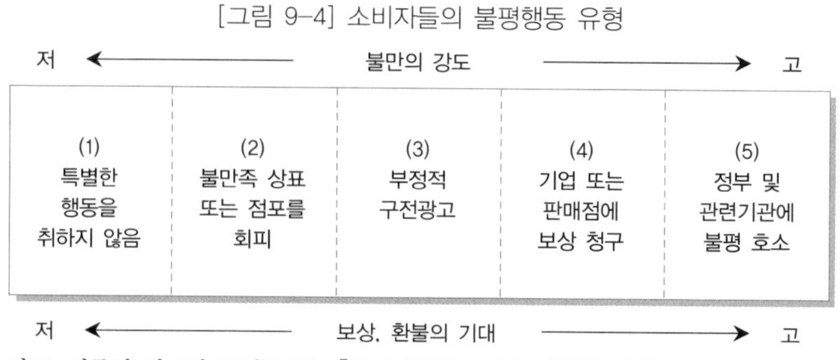

자료 : 김종의 외 3인 공저(2007), 『소비자행동』, 서울 : 형설출판사, p. 351.

세 번째 유형은 불만을 친구나 친지, 이웃들에게 구전함으로써 부정적인 정보를 유포하는 행동을 말한다. 부정적 구전은 신규고객을 유치하는 데 치명적인 피해를 줄 수 있다.

네 번째 유형은 판매점에 직접 불만을 호소하고 보상을 청구하는 행동유형이다. 이 유형의 경우에는 고객이 원하는 대로 보상을 해주면 비용은 소요되지만 이탈고객은 방지할 수 있다. 그러나 고객이 원하는 대로 보상을 해주지 못하면 고객을 상실할 가능성이 매우 높다.

다섯 번째 유형은 정부기관이나 소비자단체 등에 고발하거나 불만을 호소하는 불평행동을 말한다. 이 유형의 경우에도 네 번째의 유형처럼 기업은 상당한 비용을 부담해야 할 가능성이 있을 뿐만 아니라 기업의 이미지에도 영향을 줄 수 있다.

2. 고객불평의 관리

고객의 불평관리는 다음과 같은 두 가지 측면에 초점을 맞추어 실행되어야 한다.

첫째, 고객들이 제안이나 불평을 용이하게 할 수 있도록 불평호소창구를 24시간 개방체계로 운영하여야 한다. 최근에는 대부분의 기업들이 고객정보관리 시스템을 구축하고 다양한 통신망을 통해 고객과의 커뮤니케이션에 적극성을 보이는 경향이 있다. 기업들은 인터넷, Fax, 무료전화 080 등을 활용하여 고객들의 불편과 불만사항을 신속히 접수하고 이를 정보화하고 있다.

둘째, 고객들의 불평에 기업은 즉각적으로 대응하여야 한다. 고객은 불만이 있을 때 이를 즉시 호소할 수 있는 창구가 없거나 불편을 호소했음에도 거기에 대한 즉각적인 응답이 없으면 불만이 더욱 가중되는 경향이 있다. 따라서 기업은 고객들의 불만이 고조되기 전에 불편사항을 신속하게 접수하여 처리하는 것이 바람직하다.

3. 고객욕구조사 및 고객만족도의 측정

고객들이 자사의 제품과 서비스에 대해서 얼마나 흡족해 하고 있는가를 알기 위한 고객만족 조사를 하는 데 있어서 소위 'CS조사의 3원칙'이 제시된다. 첫째, 계속성의 원칙으로서 조사는 정기적으로 계속해야 하며 둘째, 정량성의 원칙으로 조사는 비교가능하도록 정량적으로 해야 하고 셋째, 정확성의 원칙조사는 경영의 실태를 바르게 파악할 수 있도록 해야 한다는 것이다.

고객만족의 측정에 있어서 가장 널리 사용되는 방법은 직접조사direct survey이다. 이 방법의 장점은 간편하며, 목적이 명확하고, 소비자가 쉽게 응답할 수 있다는 점이다. 그러나 단점은 응답자가 질문자에 의해 영향을 받을 수 있다는 점이다. 또한 표본선정의 오류, 면접자 오류, 무응답자 오류 등의 문제로 조사자료의 타당성이 위협받을 수 있다.

고객만족을 측정하는 또 다른 방법에는 고객불평이나 반복구매에 대한 자료수집을 통한 간접조사가 있다. 이 간접조사는 만족과 밀접한 관련이 있는 불평이나 반복구매행동을 대상으로 하기에 고객과 기업 양측 모두에게 중요하다. 그리고 질문과 같은 강요된 형식이 아니므로 응답상 오류가 상대적으로 적다.

고객만족 조사를 할 경우에는 조사의 중요성을 설명하여 고객의 공감을 얻고 협력을 구한다. 응답자에게는 전화카드, 버스카드 또는 펜 등을 답례품으로 제공한다. 조사내용에 대해서는 익명성 등을 보장해 비밀을 유지할 것을 약속한다. 질문지를 우송하기 직전에 조사의뢰 전화를 해서 협력을 부탁하고 회답용지 우송료는 당연히 조사하는 측이 부담한다. 만약 고객이 기일까지 회답을 안 하는 경우 재의뢰장을 보내거나 전화로 독촉한다.

고객만족경영이 만족스러운 결과를 얻을 수 있도록 하기 위해서는 과학적인 설문을 통해 고객의 욕구를 정확히 파악함과 아울러 고객창구를 통하여 수집된 불만으로부터 제품개발 및 경영혁신의 아이디어를 찾을 수 있는 시스템을 구축해야 한다. 그리고 고객의 만족도를 경영의 목표로 삼고 목표고객만족도 달성을 위주로 모든 관리를 해야 할 것이다.

4. 최고경영자의 역할

최고경영자는 모든 구성원들에게 고객들을 완벽하게 만족시키는 것이 기업경영의 궁극적인 목표임을 확실히 하고 이 목표를 향해 나아가도록 그들을 격려하고 북돋아야 한다. 무엇보다도 이러한 경영철학은 스스로 철저히 실천함으로써 모범을 보여야 한다.

어떤 기업의 사장은 일주일에 한 번씩 불만을 호소한 일곱 명의 고객들에게 몸소 전화를 한다고 한다. 그것이 회사 내부에 주는 영향은 그야말로 엄청나다. 사장 자신이 시장에 뛰어들어 생생한 정보를 얻고 고객의 불만이 무엇인가를 스스로 확인하는 것이다.

고객지향적인 정신이 뿌리를 내리려면 기업은 종업원들에게 당위성을 확실히 인식시켜야 하며, 이를 위해 꾸준히 교육훈련을 할 필요가 있다. 이러한 역할을 앞장서서 해야 할 사람이 바로 최고경영자인 것이다.

미니사례 9•2

패밀리 레스토랑의 몰락, 질릴 법도 하지

지난 2005년 3월14일 화이트데이. 강남에 위치한 패밀리 레스토랑 앞에는 진풍경이 연출됐다. 넘치는 '웨이팅'으로 문 밖에까지 사람들이 기다리고 있었던 것. 대기 시간만 무려 3시간. 이런 현상이 강남에서만 연출된 것은 아니었다. 명동이나 홍대, 신촌 등 웬만한 번화가에서도 최소 한두 시간은 기다려야 하는 사태가 빚어졌다. 세련된 인테리어와 맛깔스런 서양음식을 앞세운 패밀리 레스토랑이 특별한 기념일이면 꼭 찾게 되는 최고의 외식 장소로 자리를 잡아서다.

그로부터 10년 뒤인 지난 3월14일 화이트데이, 서울 목동의 한 패밀리 레스토랑. 오후가 되자 주변 식당은 가족이나 연인 손님들로 북적였지만 이곳은 테이블 절반가량이 비어있다. 과거엔 미리 예약하지 않으면 줄을 서서 한두시간이고 기다려야 했지만 요즘은 그런 일이 거의 없다는 게 매장 관계자의 설명.

한때 외식업계 아이콘으로 꼽히면서 새로운 외식문화 형성에 기여했던 패밀리 레스토랑이 역사의 뒤안길로 사라지고 있다. 화려했던 전성기를 뒤로하고 하나둘 간판을 내리고 있는 것. 과거 젊은 층을 중심으로 큰 인기를 끌었지만 내수 침체와 외식 트렌드 변화, 획일적 콘셉트라는 삼중고에 빠지면서 생존이 위태로운 상황이다.

❖ 'OUT'(?)되는 '아웃백'

최근 외식업계에 따르면 아웃백, T.G.I.프라이데이스, 세븐스프링스 등과 같은 패밀리 레스토랑은 외형상 성장이 거의 정체된 것으로 나타났다. 지난 3년간 적게는 3%, 많게는 8%가량 매출 역신장을 보였다. 특히 지역마다 핵심 상권에 위치한 100~200평대(330~660㎡) 대형 매장들은 매출 하락뿐 아니라 임대료 부담까지 더해져 적자의 늪에서 헤어 나오지 못하고 있다.

패밀리 레스토랑의 대명사인 아웃백의 경우 양적 성장보단 질적 성장의 서비스를 제공하겠다며 지난해 11월부터 올해 1월까지 전국 34개 매장을 차례로 폐점했다. 두달 반 동안 문 닫은 매장 수는 지난해 11월 초 기준 아웃백 전체 매장(109개)의 31.2%에 달한다.

영업 종료 매장에는 서울 명동 중앙점·청담점·광화문점·홍대점·종로점 등 도심 대형 매장이 대거 포함됐다. 부산에서는 센텀시티점·연산점 등이 영업을 종료했고 대구의 칠곡점·상인점, 광주의 충장로점 등도 잇달아 간판을 내렸다.

바른손에 인수된 베니건스와 롯데리아가 품은 T.G.I프라이데이스도 이렇다 할 도약을 하지 못하는 실정이다. T.G.I프라이데이스 매장은 전성기 때보다 12% 줄었고, 베니건스 역시 전성기의 절반 수준에도 못 미치는 12개 매장만이 남았다. 이뿐 아니라 코코스, 씨즐러, 마르쉐, 토니로마스 등 한때 잘나갔던 1세대 패밀리 레스토랑 역시 사업을 접고 역사 속으로 사라졌다.

❖ 왜 '지는 별' 됐나

호황을 누리던 패밀리 레스토랑이 이처럼 위기를 맞은 요인은 '획일적인 메뉴' 탓이 크다. 웰빙 열풍과 함께 몸매 만들기에 대한 관심이 사회 전반에 퍼지면서 건강한 먹거리를 선호하는 쪽으로 소비자들의 눈높이가 올라간 것. 자연스레 소비자들은 고열량에 기름진 메뉴로 가득한 패밀리 레스토랑을 찾지 않게 됐다.

또한 반가공 상태로 간단히 조리해 소비자 식탁에 내놓는 패밀리 레스토랑 음식의 경쟁력이 맛집 열풍에 밀렸다. 소비자들은 더 개성 있고 특색 있는 레스토랑을 원했고, 온라인을 중심으로 새로운 맛집을 발굴·소개하는 문화도 확산됐다.

경기 불황에 따른 소비 침체와 낮은 가격 경쟁력, 각종 할인혜택 축소 등도 패밀리 레스토랑 몰락에 기여했다. 잘나갔을 당시에는 이동통신사 제휴, 카드 할인, 요일별 이벤트 등 다양한 혜택이 있었지만 매출이 떨어지면서 혜택이 많이 줄어든 상태다. 소비자 입장에서는 굳이 패밀리 레스토랑을 찾아서 가야 할 이유가 사라진 것이다.

소비자 김모씨는 "샐러드바도 없는데 가격이 비쌌던 건 사실"이라며 "아웃백은 패밀리 레스토랑 1위를 차지하자마자 매출 일등공신인 통신사 할인을 없앴고 점점 할인혜택이 줄어드니 그 돈 내고 안 가게 되더라"고 말했다.

외식업계 한 관계자는 "패밀리 레스토랑이 외식업계 발전에 기여한 것은 명백한 사실이지만 시장 자체가 너무 획일적으로 정체되면서 지는 시장이 돼버렸다"며 "이젠 개인 레스토랑이나 프랜차이즈도 적은 매장 수로 특색 있게 운영하는 곳이 늘어 소비자가 선택할 수 있는 레스토랑이 많아졌다. 오늘 저녁 장소가 패밀리 레스토랑이어야 할 이유가 딱히 없다"고 말했다.

✤빕스와 애슐리의 맞춤 생존법

불황 속 호황을 누리는 몇몇 패밀리 레스토랑은 각자의 특징을 내세워 변화를 거듭하고 있다. 빕스는 점차 세분화되는 고객의 라이프스타일에 최적화한 콘셉트 다각화에 속도를 내고 있다. 올 3월부터 기존의 역량과 경험을 살려 전 매장을 '오리지널', '브런치', '딜라이트' 3가지로 개편했다. 테마존으로 라이스존, 디저트 존을 공통으로 운영하고 딜라이트 매장에는 미트 존을 추가 운영한다. 특히 미트 존에서는 폭립 외 BBQ포크햄 뿐 아니라 저녁에는 풀드포크, 구운 소시지 등을 무제한 제공하는 등 고객 서비스를 더욱 강화했다. 또 파스타 주문 시 오픈 키친에서 즉시 만들어 테이블로 제공하는 '투오더(To-order)'제도를 시행하는 등 지역 특성에 맞는 '고객 맞춤식' 운영 전략도 펼치고 있다.

이랜드그룹 계열의 애슐리는 저렴한 가격과 다양한 메뉴를 앞세워 인기를 끌고 있다. 한식과 샐러드를 포함해 200여 가지 메뉴를 구비했지만 가격은 점심 1만원대, 저녁 2만원대. 소비자들의 발길이 이어지면서 지난 2003년 3개로 출발했던 매장수는 최근 155개로 늘어났다.

유통업계 한 관계자는 "전체 시장을 놓고 봤을 때 패밀리 레스토랑 규모는 작아지는 추세지만 빕스나 애슐리 등은 빠르게 변하는 소비 트렌드에 맞춰 경쟁력을 잘 다지고 있는 것 같다"며 "라인별 매장 운영, 다양한 메뉴 경쟁력 등 맞춤형 전략이 필요한 시점"이라고 말했다.

출처 : 머니위크, 2015. 3. 19일자

04 고객감동경영을 위한 매뉴얼

1. 고객감동경영의 의미

외식업소의 종업원은 업체에서 고객에게 서비스를 제공하는 사람이다. 즉 고객과 직접 접촉에서 서비스를 수행하는 사람으로 종업원은 고객과 긴밀하게 상호작용을 한다. 음식에 대한 태도를 결정하는 것은 고객이 제공받는 인적 서비스이다. 따라서 종업원의 질은 바로 그 외식업체의 질인 동시에 매출을 좌우하는 요소이며, 경쟁적 요소이기도 하다.

고객만족을 위한 서비스의 제공, 만족한 고객, 그리고 긍정적 반응 등 삼위일체의 균형이 확립되어야 외식사업의 계속적인 발전이 가능해진다는 것이다([그림 9-5] 참조).

[그림 9-5] 고객만족경영

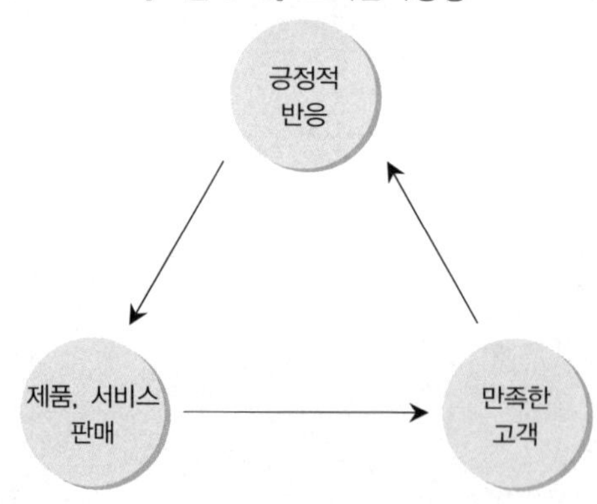

2. 고객감동을 위한 매뉴얼의 원칙

외식업체의 가장 효과적인 프로그램은 고객의 기대를 넘는 만족감을 줄 수 있도록 하는 데서 시작된다. 외식업소에서 고객에게 약속한 것은 그 고객이 현관에 들어설 때부터 그대로 이행되어야 한다. 이를 위한 원칙을 살펴보면 다음과 같다.

1) 고객을 알아본다

어떤 언어에서나 가장 기분 좋은 말은 이름을 불러주는 것이다. 사람들은 문 앞에 들어설 때 자기 이름을 부르면서 인사해 주는 것을 좋아한다. 그러나 오늘날 대부분의 식당 종업원들은 예약기록이나 신용카드를 보기 전에는 고객의 이름을 모르며, 이러한 정보에 접근이 불가능한 종업원은 전혀 고객의 이름을 알 수 없다. 모든 종업원이 모든 고객의 이름을 알아보는 것을 기대하기는 어렵지만, 진짜 미소나 따뜻한 인사, 성실한 반응은 '고객 알아보기'를 위한 긴 과정의 시작이 될 것이다.

2) 첫인상을 좋게 한다

고객은 첫인상을 좌우하는 순간이 30초에 결정된다. 외식업체는 고객과의 첫 접촉에서 고객에게 인상을 심어주는 것이다. 이 인상은 즉각적이지는 않지만 보통은 빨리 나타난다. 외식업소의 주차장 조명, 청결의 문제, 손님을 알아보는 태도 등은 첫인상을 결정하는 데 작용한다.

3) 고객의 기대에 부응한다

고객은 불편을 주지 않는 환경을 기대한다. 고객은 외식업체의 모든 매뉴얼을 읽지 않으며, 그 업소의 정책이나 업무절차를 잘 알지 못한다. 그러나 고객이 원하는 고객의 요구에 대하여 경영자는 과감히 변화를 단행하여 그들의 욕구를 충족시켜 주는 것이다.

4) 고객의 수고를 덜어준다

한 시장조사에 의하면 외식업체에서 음식값을 계산할 때 고객들은 줄을 서서 기다리는 것을 싫어한다는 사실이 밝혀졌다. 그것은 곧 시간의 낭비로 인식하게 했기 때문이었다.

그래서 어느 식당에서는 절차를 바꾸어 고객이 청구서를 계산대에 갖고 가는 것이 아니라 종업원에게 그 일을 하게 하였다. 당연히 고객들은 계산대로 가는 수고를 덜게 되었고 작은 편의가 큰 차이를 나타내는 교훈을 남겼다. 고객들은 그들을 위해 모든 것을 쉽고 편리하게 해주는 것에 감사해 한다는 것이다.

5) 고객의 의사결정을 도와준다

식당에서 고객들은 종종 메뉴를 선택할 때 의사결정에 어려움을 겪곤 한다. 이때 고객들이 결정하는 데에 도움을 준다면, 고객은 훨씬 수월할 것이다.

6) 고객은 기다리는 것을 싫어한다

기다리며 보낸 시간은 항상 실제보다 4배가 더 길게 느껴진다고 한다. 특히 배고픈 손님들에게 기다리는 시간이 얼마나 길게 느껴지는가는 말할 나위도 없다.

7) 고객이 회상하고 싶은 추억을 만든다

고객이 식당을 떠날 때 그들이 갖고 가는 것은 경험에 대한 기억들이다. 고객을 돌아오게 하는 것은 좋은 추억들이다.

8) 고객은 나쁜 경험을 기억하고 있다는 것을 알아야 한다

사람이란 좋은 경험보다는 나쁜 경험을 더 오래 그리고 더 생생히 기억한다. 또한 나쁜 경험에 관해서는 사람들에게 더 많이 이야기한다.

결론적으로 보면, 한 번의 고객을 유지하기 위한 마케팅 비용이 10,000원 든다면, 그 고객을 잃어버리는 시간은 10초 걸리고, 잃어버린 고객을 다시 방문하게 하는 데 걸리는 시간은 10년 걸린다는 유명한 일화가 있다는 것을 잊지 말아야 할 것이다.

미니사례 9·3

불황 속 외식시장, 세트메뉴에 빠지다

서울 송파구 신천동 제2롯데월드몰 5층에는 1930년대 서울 거리를 재현한 '서울서울 3080'이 있다. 이 공간 안에 있는 '원할머니 국수보쌈'에는 하루 종일 650명 이상의 손님들이 몰린다. 이곳에서 가장 인기 있는 메뉴는 보쌈정식과 국수를 동시에 맛볼 수 있는 보쌈반상(1만2800원), 만두정식과 국수가 함께 제공되는 만두반상(1만800원)이다.

쇼핑몰이라는 특수 상권임을 감안해도 매장 90여석이 하루 종일 꽉 찬다는 것은 보기 드문 일이다. 이 점포를 운영하는 허정환 점장은 "세트메뉴인 보쌈국수는 가격에 비해 고객 만족도가 높아 평일 점심과 저녁뿐만 아니라 주말 매출까지 끌어올리고 있다"고 말했다. 165㎡(약 50평) 규모의 이 점포 하루평균 매출은 700만원이다.

❖중식에서 출발한 세트메뉴 전방위 확산

'원할머니 국수보쌈' 제2롯데월드몰점은 '정성으로 올린 반상차림'을 콘셉트로 내세우고 있다. 반상차림이라는 메뉴는 식사와 몇 가지 음식을 덤으로 끼워넣어 1만원대에 즐길 수 있는 세트메뉴다. 반상차림 세트메뉴의 인기 덕분에 '맛보쌈' '새싹쟁반무침면' '멸치주먹밥' 등 다른 메뉴도 덩달아 잘 팔린다. 국수보쌈은 기존 보쌈전문점의 저녁 매출 쏠림현상을 없애고 점심과 저녁, 주말까지 매출 증대를 고려한 메뉴로 일단 성공작이란 평가를 얻고 있다.

중국집에 가서 짜장면을 시킨 뒤 옆자리에서 짬뽕을 먹는 모습을 보면 짬뽕도 먹고 싶고, 짬뽕을 시키면 짜장면도 먹고 싶은 충동을 느낀다. 이렇듯 우리는 중국집에 갈 때마다 '짜장면의 딜레마'에 빠진다. '선택의 갈림길에서 어느 한쪽을 고르지 못해 괴로워하는 심리'를 '선택장애'라고 한다. 이런 소비자 심리가 새로운 수요, 즉 짜장면과 짬뽕을 한꺼번에 먹고 싶은 수요를 만들어냈고 '짬짜면'이라는 세트메뉴가 생기는 동기가 됐다.

세트메뉴가 외식업계에 전방위로 퍼지고 있다. 세트메뉴는 햄버거집의 햄버거 세트나 중국집의 짬짜면 세트, 치킨집의 양념반·프라이드반 메뉴가 일반적이었다. 대부분의 외식업종에서 세트메뉴의 역할은 미끼상품에 불과했다. 하지만 최근 세트메뉴가 주력상품으로 취급받거나 인기상품으로 변하고 있다. 이런 경향에 걸맞게 외식업체들은 기존의 메뉴를 묶어 세트메뉴를 만들었던 형태에서 벗어나 아예 세트메뉴 자체를 새롭게 개발하는 현상이 일어나고 있다. 얇아진 지갑으로 소비심리가 위축되면서 한번의 소비로 더 많은 만족을 원하는 소비자들이 늘고 있는 까닭이다. 이런 추세에 맞춰 외식업체도 실속 고객을 끌어들이기 위해 세트메뉴 개발에 열을 올리고 있는 것이다.

✤복합 세트메뉴가 신규 수요 만들어내

최근에는 세 가지의 서로 다른 메뉴를 묶어 판매하는 음식점도 인기다. 서울 강남구 서초동에 위치한 '스테이크앤포'는 스테이크와 베트남쌀국수, 프렌치프라이(감자튀김) 등으로 구성된 메뉴로 인기를 끌고 있다. 스테이크(150g), 프렌치프라이, 양배추 샐러드, 쌀국수가 포함된 세트메뉴가 9900원이다. 스테이크 고기는 미국산 토시살을 사용한다. 인근 직장인과 젊은 층이 주 고객인데, 남성 고객이 절대다수다. 저렴한 가격에 고기와 쌀국수 세트를 푸짐하게 즐길 수 있기 때문이다.

수제피자 또는 건강한 피자라는 매장 콘셉트로 19.8㎡짜리 작은 매장에서 시작해 현재는 110개의 가맹점을 연 '피자알볼로'는 네 가지 피자맛을 한번에 맛볼 수 있는 메뉴로 상승세를 타고 있다. 한판의 피자에 생불고기와 살라미햄, 유기농 크린베리, 고구마와 파인애플, 바질페스토로 이뤄진 '꿈을피자'란 세트메뉴가 주력 상품이다. 이 메뉴 가격은 2만7000원(라지)과 2만2000원(레귤러)이다. 강병오 중앙대 겸임교수(창업학 박사)는 "불황기 소비자들은 가격소구형으로 변하기 때문에 세트메뉴 전략을 활용하면 신규 수요를 창출할 수 있다는 장점이 있다"며 "단골 고객들은 세트메뉴에 흔들리지 않는 특성이 있어 세트메뉴로 늘어나는 매출은 새로운 수요라고 봐야 한다"고 말했다.

출처 : 한국경제, 2014. 12. 8일자

PART_4

외식산업의 운영실무

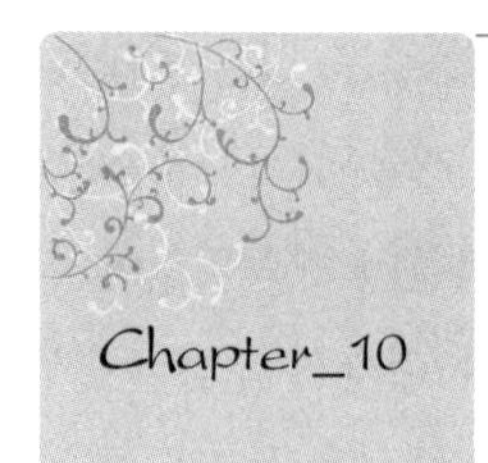

외식산업의 운영지침

01 외식산업의 운영지침 준비

1. 운영지침의 중요성

음식 서비스의 운영지침서나 운영 매뉴얼을 준비해 나가는 것은 사업계획에 있어 중요한 첫 단계가 될 수 있다. 잘 준비된 운영지침서는 음식 서비스설비에 있어 사업자의 기대나 의도하려는 부분을 잘 나타내줄 수 있다. 또한 운영지침서는 건축업자나 음식 서비스 컨설턴트 외에도 다른 부문의 전문가들에게 기획하고 디자인하는 데 도움을 줄 수 있다.

운영지침서는 음식 서비스시설을 운영하는 데 있어 경영방침이나 목적 그리고 이러한 것들을 결정하는 데 영향을 미칠 수 있다. 과거 경험에서 알 수 있듯이 운영지침서가 상세하게 작성되었다면 나머지 단계는 보다 쉬워질 수 있다.

따라서 운영지침서는 특정한 사업에 있어 개념적인 전략을 제시하여줄 수 있어야 한다. 즉 마케팅 · 회계 · 운영 정책 및 그 밖의 다른 특성과 관련된 개념들이 운영지침서에 포함될 수 있어야 한다.

운영지침서의 개발로서 총체적인 디자인개념에 영향을 주는 모든 요소들과 이와 관련된 요소들에는 어떠한 것이 있는지를 파악할 수 있도록 조직적인 접근이 가능하게 된다. 운영지침서는 계획을 위한 지침이 될 수 있기 때문에 계획이 진행되어

가면서 정보나 결정이 바뀔 수 있으며 때로는 이것이 바람직할 수도 있다. 이러한 변화는 많은 정보가 수집되면서 새로운 아이디어나 개념들이 개발되는 것을 조명할 수 있으며, 아울러 최종적 디자인을 향상시키려는 목적과 더불어 변화되어야 한다. 제안된 정보분야들은 운영지침서에 포함될 수 있으며, 결국 대략적인 양식에서 제시된다. 대략적인 것은 제일 먼저 상업적 음식 서비스시설에 중점을 두기도 하지만, 다른 유형의 운영목적으로 쓰이기도 한다. 운영지침서 안에 포함되는 여러 요소들 간의 상호 유기적 관계를 보여주는 것은 매우 중요할 수 있다.

2. 고객 및 이용자의 특성

운영지침서를 시작하기 위한 가장 좋은 방법은 디자인이 잘 된 음식 서비스설비를 사용하는 잠재고객이나 이용자들을 조사하고 분석하는 일이다. 따라서 다음과 같은 범주의 여러 항목별 특성으로 바람직한 정보의 체계가 인식되고 마련되어야 한다.

1) 직업

이용자나 고객의 직업을 파악하는 것은 사업계획의 결정에 있어 매우 중요할 수 있으며, 또한 운영지침서의 기타 다른 요소들을 위해서도 중요하다. 이렇게 파악된 정보들은 계획진행과정 중 후반부에서 이용되기도 한다. 메뉴개발 · 음식 크기 · 서비스방법 · 가격 · 식사분위기 등의 여러 유형들은 잠재고객과 이용자들의 직업을 적절히 파악하는 데 있다. 주어진 분야에서의 직업 데이터는 인구조사 자료나 지방상공회의소로부터 얻을 수 있다. 대체로 계획단계는 특정 그룹은 물론 여러 분류의 직업을 위해 디자인될 것이다.

2) 소득수준

연간 소득수준 또한 인구조사자료나 상공회의소로부터 얻을 수 있다. 다양한 곳의 자료로부터 얻은 정보들은 가족소득을 나타낼 수 있다. 말할 것도 없이 소득수준이 높을수록 외식의 기회는 많을 것이다. 고소득층의 고객을 표적으로 한다면 음식 서비스 설비들은 질적으로 상당한 주의를 기울여 디자인되어야 한다. 운영지침서를 위한 소득자료는 개인이나 가족단위의 그룹 비율로 나타날 수 있다. 특정 지역에서 개발되어질 음식 서비스 시설들은 소득수준과 상호 관련되어야 한다.

3) 연령

음식 서비스 시설을 이용하는 잠재고객이나 이용자의 연령대를 파악하는 것은 메뉴개발이나 식사하는 곳의 분위기를 파악하는 데 중요한 자료가 될 수 있다. 메뉴에 올려지는 음식종류별 유형이라든지, 음식의 크기·가격 등은 고객을 유인하거나 지속적으로 확보하기 위해 특정 연령대의 고객들에게 맞추어져야 한다. 10대 청소년들이나 중장년층의 젊은이들은 식사할 때 실내 분위기에 민감하므로 이러한 요소는 고객들이 어떤 곳에서 식사할 것인지를 결정하는 데 중요한 요소가 될 수 있다. 인구조사는 특정지역에서의 연령별 데이터를 수집하는 데 이용될 수 있다.

4) 성별

음식 서비스 시설들은 우선적으로 남성 또는 여성이 가지고 있는 특성을 위해 디자인된다. 예를 들어, 여성들을 위해 디자인된 시설들은 유쾌한 실내 분위기, 넓고 안락한 휴게실, 특이한 장식물, 특별 메뉴 등으로 특성이 부각될 수 있다. 음식의 양을 적게 하는 것도 여성들에게 호감을 줄 수 있다. 반면 남자를 위해 디자인된 설비들은 딱딱하게 공식적이지 않으며, 충분한 식사량과 더불어 다양한 메뉴를 제공할 필요가 있다.

5) 교육수준

고객들의 교육적 수준은 외식의 소비습관에 있어 중요한 고려요소로서 인식되어 왔다. 일반적으로 교육수준이 높으면 외식 빈도는 높아지는 것으로 알려져 있다. 또한 교육수준은 고객들이 새로운 또는 다양한 음식을 맛보려는 욕구와 다양한 메뉴항목 선택결정에 영향을 미치는 것으로 보인다.

6) 동기

고객들이 외식하려는 동기를 파악하는 것은 기획자나 사업자에게 성공적인 음식 서비스 시설을 운영하는 데 도움을 줄 수 있다. 이러한 외식동기요소의 이해는 음식 서비스 시설의 전반적인 판매나 홍보를 향상시키는 데 도움이 될 수 있다.

7) 소비습관

식사의 소비습관은 직업 · 연령 · 소득 및 그 밖의 다른 요소들과 관련이 있으며, 정확히 측정하기가 매우 어렵다. 다른 종류의 항목들, 즉 자동차 · 가구 · 생활사치품 등의 물품에 대한 소비를 연구 · 분석하는 것은 사람들이 얼마나 많이 외식소비를 하는가를 나타내줄 수 있다. 일반적으로 외식비지출액은 대부분 연령층에 있어서 공통적으로 증가추세에 있다. 이러한 경향들은 특히 젊은 세대에서 명확히 나타나고 있다.

8) 외식관련 활동

음식 서비스 설비의 전반적인 디자인계획에 있어 또 다른 지침요소는 잠재고객이 포함되는 외식관련 활동을 파악하는 데 있다. 이러한 많은 외식관련 활동은 특정위치나 지역에 제한적으로 반영되고 특정입지가 선정되기 전에는 큰 의미가 없다. 외식과 관련된 활동을 요약하면 다음과 같다.

① 쇼핑
② 여행
③ 회의참석
④ 방문
⑤ 상용회의
⑥ 스포츠 · 극장관람 등의 오락활동
⑦ 사교모임

이러한 외식관련 활동을 분석・평가하는 것은 음식 서비스 시설 운영을 위한 연회장, 칵테일 라운지 및 회의실처럼 특별한 시설들을 디자인하는 데 도움을 줄 수 있다.

9) 도착유형

고객들의 도착유형에 따른 디자인 결정 고려요소에는 식사 테이블의 크기와 좌석의 배열, 서빙시간 등이 있다. 도착유형은 운영시간의 피크타임이라는 견지에서 볼 때 설비 디자인에 영향을 미칠 수 있다. 방문고객수와 고객의 그룹별 형태를 측정하는 것은 바로 이러한 목적을 위해 필요할 수 있다. 단위시간당 고객도착 유형의 관점에서 볼 때 추가적인 정보는 때때로 측정되어질 수 있으며, 계획단계에 많은 도움을 줄 수 있다. 분당 또는 시간당 식사를 제공받는 고객의 수를 파악하는 것은 음식 서비스 설비계획에 필요한 디자인결정에 지침이 될 수 있다.

10) 부가적 요소

고객이나 이용자의 여러 항목별 특성 이외에 부가적인 다른 요소를 파악하는 것은 디자인 목적에 유용할 수 있다. 이러한 부가적 요소들의 중요성과 필요성은 사업자 당사자나 음식 서비스 컨설턴트에 의해 결정되어질 수 있다.

부가적인 요소들은 다음과 같다.

① 인종적 배경
② 음식 기호
③ 먹는 습관
④ 서비스 기호
⑤ 결혼 여부
⑥ 교통수단
⑦ 외식 선호 주기
⑧ 외식하고 싶은 날

고객과 관련된 많은 정보들은 운영지침서의 나머지 부문 개발에 이용될 수 있다. 이러한 정보는 적절한 메뉴개발과 서비스유형 및 분위기 그리고 음식 서비스 설비의 운영특성에 결정적일 수 있다. 운영지침서의 이러한 분야들의 개발은 시장 특성과 밀접한 관련을 맺고 있다.

02 메뉴의 개발

외식업체의 메뉴는 신중하게 개발하여야 한다. 메뉴의 종류에 따라 외식업체의 배치와 그 밖의 설계가 달라지기 때문이다. 메뉴는 여러 가지 음식의 아이템들을 준비하기 위한 정보의 원천이다. 메뉴가 요구하는 조리절차와 진행과정을 고려하여 공간과 장비를 결정하여야 한다. 그리고 메뉴는 판매 창출과 유지를 위한 판매 촉진 계획을 세우는 데 영향을 준다. 소유주나 외식업체 컨설턴트는 메뉴의 외식시설 설계에 미치는 영향을 충분히 고려하여 메뉴를 개발하여야 할 것이다. 메뉴를 개발할 때에는 판매되는 시장의 환경과 생산의 용이성, 그리고 레이아웃이 고려되어야 한다.

메뉴는 형태에 따라 다른 특성을 가지고 있기 때문에 다양한 음식 아이템을 개발할 때에는 그 아이템을 관리하는 감독자나 종업원의 형태, 종업원 트레이닝에 영향을 준다. 표본 메뉴가 제시되지 못하면 운영지침서는 완성된 것이라 볼 수 없다.

1. 메뉴가 변화하는 빈도에 의한 분류

메뉴를 개발할 때 가장 먼저 결정하여야 할 사항은 메뉴를 얼마나 자주 교체할 것인지에 관한 것이다. 메뉴는 전혀 변화하지 않은 고정된 메뉴일 수도 있고, 매일 변화하는 메뉴가 될 수도 있다. 메뉴에 관한 의사결정 시 이러한 변화빈도에 대한 결정이 중요한 이유는 각종 창업계획의 진행절차가 메뉴의 변화빈도에 의해 크게 바뀔 수 있기 때문이다.

고정된 메뉴를 제공하는 외식업체의 시설계획은 매일 변화되는 메뉴를 제공하는 업체에 비해 훨씬 간단할 수밖에 없다. 매일 변화되는 메뉴는 주로 단체급식에서 많이 사용되고 있다. 그러나 일반 외식업체는 그 업체만의 특성을 살린 메뉴로 자유롭게 메뉴를 개발하는 것이 좋다. 예를 들면, 특정식사를 할 때에는 고정메뉴를, 다른 식사에는 변화메뉴를 사용할 수 있다.

일반적으로 아침식사 시에는 주로 고정메뉴를, 점심과 저녁식사 시에는 주로 변화메뉴를 사용한다. 이러한 메뉴 변화빈도에 따른 메뉴의 구분은 다음에 잘 나타나 있다.

1) 완전한 고정메뉴

많은 패스트푸드와 전문적인 업체의 운영에서는 완성된 고정메뉴를 사용한다. 고정메뉴란 고객에게 제공될 메뉴항목을 메뉴판에 인쇄하여 일정기간 동안 같은 항목을 반복하여 제공하는 메뉴를 말한다. 메뉴에 변화를 주고자 할 때는 메뉴의 인기도·수익성·생산용량 등을 고려하여 메뉴항목을 첨가하거나 삭제한다.

2) 계절적 변화에 따른 고정메뉴

계절에 따른 메뉴변화는 계절적인 음식의 아이템에 있어서 시기적절하게 사용된다. 대개 이러한 형태의 변화는 적어도 1년에 2~4회 시도하는 것이 좋다. 이러한 변화는 대개 메뉴 아이템을 완전하게 변화시키는 것은 아니고, 계절에 따라 인기있는 메뉴항목들에 주로 국한된다.

3) 그날의 특별요리만 변화시키는 고정메뉴

고정메뉴가 변형된 하나의 형태로 분류될 수 있다. 그날의 특별요리는 매일 바뀔 수 있고, 그 변화내용은 메뉴판이나 게시판에 명확히 기재되어 있어야 한다. 이러한 메뉴는 단순한 고정메뉴의 형태가 이상적이지만, 반복고객의 식상함을 극복하기 위하여 제공된다.

4) 매일 변화하는 메뉴

이러한 메뉴변화의 형태는 운영에 있어서 완벽한 형태를 띠어야 한다. 이것은 메뉴에서 매우 제한된 음식 아이템을 유지할 수 있어야 하고, 반복 고객이 많을 때 사용된다. 휴양지나 리조트나 캠프장 주변의 고정고객을 위한 메뉴로 적합하다. 또한 제한된 시간이나 기간에만 영업하는 경우에도 적합한 메뉴이다.

5) 주기적으로 반복되면서 매일 변화하는 메뉴

메뉴를 주기적으로 변화시키는 형태는 외식사업의 운영에 있어서 반복적으로 사용되어 왔다. 예를 들어 직원식당·학교급식 및 산업체급식의 사업에서 널리 사용된다. 변화의 주기는 대개 2~6주까지 이루어진다. 계절적인 변화들도 이러한 메뉴 변화에 따라 고려될 수 있다.

6) 표준 아이템에 추가로 주는 변화

이것은 기본적인 표준 아이템에 추가로 변화를 주는 것으로 기본 아이템에 인기 있는 즉석요리의 아이템을 추가하는 것을 말한다. 스테이크와 포크찹과 같은 항목이 대표적인 메뉴 아이템들이다. 메뉴를 개발함에 있어서 다르게 고려할 점은 메뉴의 제공형태를 결정해야 한다는 것이다. 일부 고객은 정식(세트)메뉴를 선호하기도 하지만, 고객들은 대부분 일품요리a la carte를 선택한다. 대부분 개인적으로 일품요리를 선택할 경우에도 정식메뉴를 주문하여 식사할 경우와 동일한 서비스를 기대하게 된다. 그래서 정식요리와 일품요리가 결합된 식사가 일정한 시간에 주어져야 하는 것이다. 또 다른 변화의 가능성으로서 아침식사에는 정식요리를 제공하고, 점심 및 저녁식사에는 일품요리를 제공하는 것이다.

2. 메뉴의 형태

1) 품목변화 정도에 의한 분류

(1) 고정메뉴

고정메뉴the fixed menu는 메뉴품목이 변하지 않고 지속적으로 제공되는 메뉴형태이다.

고정메뉴의 장점은 다음과 같다.

- 노동력이 감소된다.
- 재고가 감소된다.
- 통제나 조절이 용이하다.
- 품목마다 품질을 높일 수 있다.
- 남는 음식이 적다.
- 식자재 비용이 낮아진다.
- 상품에 관한 지식을 가질 수 있다.
- 상대적으로 교육훈련의 필요성이 적다.

또한 고정메뉴의 단점은 다음과 같다.

- 메뉴에 싫증을 느낀다.
- 계절변화 메뉴조정이 잘 안된다.
- 시장이 제한적이다.

(2) 주기메뉴

주기메뉴the cycle menu는 월별 또는 계절별 등과 같이 일정한 주기를 가지고 변화하는 메뉴형태이다.

주기메뉴의 장점은 다음과 같다.

- 고객에게 변화된 느낌을 줄 수 있다.
- 계절적으로 메뉴조정이 가능하다.

또한 주기메뉴의 단점은 다음과 같다.

- 메뉴가 너무 자주 순환되면 메뉴에 싫증을 낸다.
- 식자재 재고가 남을 수 있다.
- 아주 숙련된 조리사가 필요하다.

(3) 변동메뉴

변동메뉴the changing menu는 영업상황 또는 식재료가격의 변동 등을 감안하여 불규칙적으로 품목이 바뀌는 메뉴형태이다.

변동메뉴의 장점은 다음과 같다.

- 메뉴에 대한 싫증이 제거된다.
- 새로운 메뉴 아이디어를 상품화시킬 수 있다.
- 계절별 · 월별 또는 매일 메뉴의 변화가 가능하다.

또한 변동메뉴의 단점은 다음과 같다.

- 재고식재료가 증가된다.
- 숙련된 인력이 필요하다.
- 통제력이 저하된다.
- 노동비가 증가된다.

2) 서비스방법에 의한 분류

(1) 일품메뉴

일품메뉴a la carte menu는 일반적으로 소규모업체나 패스트푸드업체에서 많이 사용하는 메뉴형태로 메뉴 품목마다 개별적으로 가격이 책정된 메뉴이다. 즉 앙트레뿐만 아니라 샐러드 · 수프 · 애피타이저 등을 고객의 마음대로 따로따로 주문할 수 있다.

(2) 정식메뉴

정식메뉴table d'hote menu는 호텔이나 대규모 업체에서 많이 사용하고 있는 메뉴형태로 주메뉴 외에 몇 가지 단일메뉴를 합쳐서 한 가격으로 제공하는 메뉴이다.

3. 메뉴의 제공방법과 정도

메뉴에서 매우 중대한 의사결정은 얼마나 다양한 메뉴를 제공할 것인지를 결정하는가에 달려 있다. 외식시장을 구분하여 볼 때, 거기에는 다양한 형태의 메뉴를 제공하는 외식업체가 있고, 제한된 메뉴를 제공하는 여러 가지 형태가 있다.

한정된 메뉴는 여러 가지 입장에서 볼 때 아주 바람직하다고 할 수 있다. 간단한 계획에는 설비와 간단한 아이템들 몇 가지를 포함하여 수립할 수 있고, 한정된 메뉴는 적은 공간과 최소한의 설비만을 요구할 것이다. 그러나 결점은 운영상의 이익을 달성하기 어렵고, 고객의 입장에서는 충분하게 고객 지향적이지 못하다는 것이다. 많은 종류의 메뉴들은 다양하고도 꼼꼼한 계획을 요구하는데, 이것은 생산자의 입장에서는 더욱 어려운 과제이기도 하다. 그러한 서비스들은 결과에 있어서 서비스의 속도와 설비에서 많은 공간과 비품들을 요구하기도 한다.

그러나 그러한 서비스의 특성은 더 큰 시장으로서의 접근이며, 바람직한 결과이기도 하다. 다행히 많은 곳에서 외식 서비스를 위해 다양한 형태의 메뉴뿐만 아니라 제한된 종류의 메뉴에도 적합한 설비를 유지할 수 있다. 이렇게 다양한 메뉴항목은 영업이 시작되고 고객욕구를 더 잘 파악할 수 있을 때 어느 정도 부분적으로 수정할 수 있다.

비슷한 종류의 음식들이 저녁 외의 다른 형태의 식사를 위해서 개발될 수 있다. 먼저 몇 종류의 메뉴가 식사시간에 제공될 것인가가 문제이고, 그다음 단계는 메뉴에 나타날 음식 아이템을 어떻게 선택하는가 하는 문제이다.

다음은 메뉴항목을 선별함에 있어서 고려해야 할 요소들이다.

1) 대중성을 띤 판매

이것은 성공적인 운영에 있어서 가장 중요한 문제로 발생할 수 있는 요소이므로 판매시장에서 잘 활용하여야 한다. 음식의 아이템은 신중하게 결정하여 판매하여야 하며 너무 배타적인 아이템이어서는 안된다. 여러 가지의 다양한 음식의 형태는 바람직하며, 손님들이 메뉴를 선택할 때 너무 단조롭거나 기대를 저버리는 느낌을 주어서는 안된다.

2) 음식항목의 수익성

각 음식항목별로 식재료 원가와 인건비 및 기타 비용을 공제하고도 가장 큰 이익을 남길 수 있도록 각 아이템의 세밀한 분석을 요구한다. 수익성이 높다고 하여 반드시 인기 있는 메뉴는 아니기 때문에 메뉴를 작성할 때 수익성과 인기도는 균형있게 조화를 이룰 수 있어야 한다. 메뉴는 높은 이익만을 남기는 아이템만으로 구성되어 있지 않으며, 모든 아이템이 전부 인기 있을 수는 없다는 것이다.

3) 조리방법, 용이성 및 생산속도

주방의 효율적 기능이 결과로 바로 나타나 직접적인 영향을 가져온다. 쉽게 가공처리되는 메뉴는 최소한의 시간을 투자하여 생산할 수 있고, 최소한의 노력과 최소한의 장비를 요구한다. 가공처리하기 어려운 메뉴항목들도 조리할 때 사용할 수 있게 잘 다듬고 적합한 크기로 준비될 경우 주방의 속도를 높일 수 있다. 다른 방법으로는 한 가지 도구만을 이용해서 조리할 수 있는 단일품목으로 간단하게 조리·생산해 낼 수 있도록 생산과정을 단순화시키는 것이다.

4) 재료공급과 이의 변화

메뉴의 모든 식재료 아이템에서 식재료항목을 항상 공급할 수 있으면 이상적이지만, 그렇지 못한 것이 현실이다. 만약 식재료 공급처가 계속해서 재료를 공급할 수 없다면 메뉴에 그 항목을 포함시키지 않는 것이 좋다.

각각의 음식 아이템은 공급에 따라 여러 가지에 영향을 주기도 하고, 계획을 진행시킴에 있어서 단순화를 가져올 수도 있으므로 현명한 판단을 할 수 있는 기회를 제공한다.

5) 음식 아이템 생산에 필요한 종업원

예상되는 메뉴항목을 생산하는 데 필요한 조리사의 자질·기술·경험 등이 먼저 평가되어야 한다. 계속해서 높은 품질의 음식항목을 생산할 수 없는 경우라면 메뉴에 배치하는 것은 아무런 의미가 없다.

6) 요구되는 주방장비와 사용법

메뉴에 나타나는 음식 아이템은 조리방법과 자기식당이 소유한 생산설비의 사정을 충분히 고려하여야 한다. 조심스럽게 각 음식항목을 생산하는 데 필요한 설비의 형태를 분석하여야 하고, 또한 각각의 음식 아이템을 준비하는 데 걸리는 설비의 사용시간을 충분히 검토하여야 한다. 이러한 분석은 메뉴의 개발이 끝난 뒤에 주방설비가 잘 활용되고 있는지를 확인하기 위하여 수행된다. 많은 음식 아이템은 주방설비를 보다 잘 활용할 수 있도록 언제나 수정이 가능한 것이다.

7) 1인분의 크기

1인분의 크기가 외형적인 모양새와 가격·비용 및 기타 다양한 아이템에서 충분한 양을 선호하는 고객에게는 많은 양을 제공하고, 적은 양의 메뉴를 선호하는 고객에게는 적은 양을 제공함으로써 모두에게 만족을 줄 수 있을 것이다. 시각적인 모양은 1인분의 크기를 결정할 때 고려해야 할 중요한 사항이다. 1인분의 크기와 몇 인분의 양으로 생산할 것인지에 대한 계획은 주방에서 사용할 도구나 장비의 용량을 결정하기 이전에 이루어져야 한다.

8) 적합성

음식의 색채·질감·향기 및 시각적인 특성은 음식물을 평가함에 있어서 중요한 항목들이다. 정식을 주로 판매하는 외식업체 운영은 서로 잘 어울리는 음식항목을 조심스럽게 선택할 수 있어야 한다.

9) 가격 책정

고객들은 자신들이 지불한 가격에 대해 메뉴의 가치를 감각적으로 느끼고 싶어 한다. 이것은 낮은 가격의 아이템을 메뉴에 첨가함으로써 고객들이 지불하는 메뉴 가격에 대해 적절한 가격을 지불하고 있다는 확신을 심어줄 수 있다. 제안해서 2가지의 메뉴를 결정할 수 있게 할 수도 있고, 또 높은 가격의 메뉴 아이템을 제안함으로써 고객들에게 높은 가격을 제시할 수도 있는 것이다. 가격 결정 시 주의하여야 할 사항은 고객들의 소비패턴이 충분하게 고려되어 가격에 반영되어야 한다는 것이다.

메뉴개발의 중요성은 아무리 강조하여도 지나치지 않다. 특정 외식업체의 메뉴 결정에 따라 외식설비도 큰 영향을 받게 된다. 메뉴개발은 가장 중요하게는 그 업체의 수익성과 직결되며, 그 외에 크기 · 설계 · 레이아웃 · 비품 · 판촉활동 및 업체 운영방침에 영향을 미치는 것이다. 메뉴결정은 장비의 효율적 활용과 균형 잡힌 작업일정을 짜는 데도 중요할 뿐만 아니라, 일단 외식업체가 계획되고 건설되어 영업을 시작한 후에도 계속해서 큰 영향을 미치게 되는 것이다. 실제로 외식업체의 관리는 메뉴에서 시작해서 메뉴로 끝난다고도 할 수 있다. 성공적인 외식업체의 운영을 위하여 메뉴의 역할은 아무리 강조하여도 지나치지 않을 것이다.

미니사례 10•1

소비자가 원하면 트렌드도 변한다!

식품·외식업계의 경쟁이 치열해지면서 기획부터 제품 출시까지 소비자의 입맛과 취향을 그대로 반영한 신제품을 개발하려는 노력이 이어지고 있다. 기존 메뉴를 맛본 소비자들의 평가를 토대로 불만 사항이나 조언을 적극 활용해 트렌드 변화에 발 빠르게 대응하려는 것. 이에 식품·외식업계는 최근 선풍적인 인기를 끌고 있는 칵테일형 저도주나 엣지리스 피자 등 기존 제품의 장점을 강화하고 단점을 배제한 '맞춤형' 신제품으로 새로운 트렌드를 제시하고 있다.

❖피자업계, 푸짐한 토핑을 즐기다! 엣지리스로 새로운 시도

국민 간식으로 대중적인 인기를 받고 있는 피자 메뉴에 새로운 바람이 불고 있다. 피자 엣지를 선호하지 않는 소비자를 위해 도우 끝까지 토핑을 올려 마지막 한 입까지 맛있게 먹을 수 있는 엣지리스 피자가 인기를 모으고 있다. 피자 프랜차이즈 '도미노피자'는 6월 신제품 출시 전 온라인에 게재된 소비자들의 의견을 수렴해 엣지 끝까지 푸짐하게 토핑을 올린 '씨푸드 퐁듀 피자'를 출시했다.

엣지리스 형태의 '씨푸드 퐁듀 피자'는 씨푸드 대표격인 새우, 크레올소스로 양념한 국내산 홍게살, 그리고 쫄깃한 통관자와 퐁듀치즈소스를 가득 담아, 신선한 씨푸드의 맛과 깊은 퐁듀치즈소스의 맛을 동시에 느낄 수 있다.

❖주류업계, 과일향 품은 낮은 도수 소주 열풍

지난 몇 년간 음주 문화가 점차 가벼워지고 여성 음주가 늘어나면서 주류업

계에 저도주 신드롬이 거세게 불고 있다. 최근에는 저도주에 과일향을 가미한 소주가 소비자들 사이에서 폭발적인 인기를 누리며 다양한 과일향 소주 상품이 주류 시장에 활력을 불어넣고 있다.

롯데주류는 저도주를 선호하는 주류 소비 트렌드에 맞춰 낮은 도수에 과일향이 나는 달콤한 소주 '순하리 처음처럼'을 선보였다. '순하리 처음처럼'은 14도의 낮은 도수에 유자향을 첨가해 새콤달콤한 맛과 부드러운 목 넘김으로 소비자들을 사로잡았다.

❖ 편의점업계, "더~크게" 대용량이 대세

기존 제품보다 4배 이상 큰 대용량 요구르트가 출시 이후 성공 행진을 이어가고 있다. 소량(60~65mL)을 이유로 외면했던 남성 소비자를 겨냥해 출시된 대용량 요구르트가 SNS를 타고 급속히 퍼지며 젊은 층 사이에서 인기를 모으게 된 것.

한국야쿠르트가GS25와 손잡고 출시한 '야쿠르트 그랜드(280mL)'는 처음에는 실험적으로 내놓은 제품이었으나 재미있는 디자인과 대용량 트렌드에 힘입어 소비자들에게 빠르게 확산됐다.

편의점 GS25에 따르면 이 제품은 용기의 특이성으로 인해 입소문을 타면서 3월부터 주류를 제외한 모든 마실 거리(유제품, 음료수, 생수 등) 가운데 월 매출 1위를 유지하고 있는 것으로 나타났다.

출처 : Money Week, 2015. 7. 11일자

03 서비스

외식업체의 서비스형태와 기준은 잠재고객들의 특성과 제공될 메뉴에 의해 결정된다. 특정업체의 서비스는 자기업체의 전반적인 이미지나 특색과 모순이 없어야 하며, 다양한 요소와 함께 일관성 있게 제공되어야 한다. 이러한 서비스의 형태는 어느 정도 변형이 가능하지만, 대부분 고객들은 제공되는 메뉴에 따라 기대하는 서비스의 형태에 대해 특정의 연상을 하게 된다. 따라서 제공되는 메뉴에 적합하지 않은 서비스의 형태는 바람직하지 못하다.

1. 형태

일반적으로 외식업을 시작하기 전에 고려하여야 할 두 가지 기본적 서비스방법들이 있다. 이는 서비스부문과 셀프 서비스부문이다. 서비스부문은 직접적으로 음식을 제공할 때 웨이터 또는 웨이트리스나 다른 직원이 서빙한다. 서비스부문의 중요한 유형은 테이블 서비스, 카운터 서비스, 부스 서비스, 트레이 서비스 그리고 룸서비스 등으로 나눌 수 있다.

서비스부문에서 각각의 유형과 관련된 디자인과 운영상의 고려는 각각의 서비스를 결정하기 전 단계에서 정해진다. 웨이터 또는 웨이트리스를 통한 테이블 서비스 운영은 여유 있는 식사를 즐기고, 휴식을 바라는 사람들에게 선호된다. 따라서 일반적 테이블 서비스의 운영은 다른 유형의 서비스부문보다 더 많은 좌석당 공간 점유율을 요구한다.

카운터 서비스는 빠른 식사를 원하는 개인들에게 적당하다. 제한된 메뉴와 고객의 높은 회전율을 바라는 아침과 점심시간의 운영에 이상적이다. 카운터 서비스의 운영은 음식준비와 서비스가 같은 장소에서 행해지므로 최소공간을 필요로 한다.

부스booth 서비스의 운영은 보통 먹는 동안 약간의 프라이버시를 원하는 10대들과 젊은 작업자 및 여행자들이 선호한다. 부스 서비스의 이용은 대규모 시장으로 음식 공급을 희망하는 중간가격대의 시설에 권하여진다. 부스 서비스는 다양한 메뉴는 물론, 제한된 메뉴에도 양쪽 다 이용될 수 있다. 더 많은 다양한 사람들에게 흥미를 끌려는 시도로 테이블·카운터 그리고 부스 서비스부문을 결합시켜 단일 시설로 사용할 수 있다. 각각의 서비스에 제공할 좌석수는 도착하는 고객 패턴에 의존한다. 카운터와 부스 서비스는 많은 인원의 단체고객에게는 이용되지 않는다.

트레이tray 서비스부문은 주로 병원과 기내식과 드라이브 인의 운영에서 이용된다. 특별한 디자인은 이런 종류들의 시설에서 음식의 결합작업·저장·배치에 필요하다. 룸서비스는 호텔·모텔·모터 인·리조트를 위한 전문형태의 서비스부문이다. 이 서비스형태의 시설은 룸서비스 카트를 놓아둘 개별공간을 필요로 한다.

셀프 서비스부문의 주요 유형은 카페테리아 서비스, 뷔페 서비스, 테이크아웃take-out 서비스와 자동판매 부문이다. 셀프 서비스부문은 많은 사람들에게 빠른 서비스가 필요할 때 선택된다. 카페테리아 서비스부문은 바쁜 쇼핑객들·실업가들의 가족들에게 적당하다. 요리에서 주문구역이 제공될지라도 보통 중저가로 준비된 식사가 특징이다. 뷔페 서비스는 다른 종류의 서비스와 겸하거나 단독으로 사용될 수 있다.

몇몇 운영에서는 특별한 식사와 아침 또는 점심 및 다른 식사를 위한 다른 종류의 서비스에 뷔페 서비스 이용을 결정할 수도 있다. 뷔페 서비스는 특별한 날이나 보통 더 많은 사람들이 참석한 행사에 매우 적합하다. 테이크아웃 서비스는 저가와 제한된 메뉴운영에 매우 인기 있게 되었다. 테이크아웃 서비스는 빠른 식사에 대한 요구를 충족시켜 줌으로써 대규모 시장에서 흥미를 끈다. 자동판매부문은 학교·공공단체·공장에서 중간식사 스낵이나 제한된 시간의 식사에 전형적이다. 시설을 위해 서비스형태가 디자인 결정에 큰 영향을 주기 때문이다.

제공될 서비스형태는 서빙장비형태와 필요한 서빙인원을 결정할 것이다. 서비스의 형태를 계획하는 사람은 서빙 또는 식사지역에서 서비스인원의 동선을 평가하여야 한다. 이는 음료 서비스에 대한 조항 또는 운영지침서의 일부로 평가될 것이며, 주류가 많이 팔릴 것을 예상했을 때 중요하다. 이때 확정된 서비스와 관련된 다른 부분은 음식시설에서 요구되는 서비스의 기준을 포함시킨다. 테이블 덮개·식기류·유리제품·접시류의 선택은 메뉴와 서비스방법을 반영해야 한다. 이러한 항목과 관련된 결정들은 단순하고 통일된 디자인을 제공하기 위해서 초기에 이루어져야 한다.

2. 분위기

운영지침서를 준비하는 데 있어 다른 중요한 면은 음식시설에 요구되는 바람직한 식사분위기를 찾아내는 것이다. 계획취지를 위해 고객과 메뉴제공 및 서비스방법과 연관된 환경형태에 관한 간단한 설명이 필요하다. 메뉴 제공과 서비스방식은 어느 정도까지는 그 업체의 분위기를 잘 반영할 수 있어야 한다. 이 두 요인들은 잠재적 고객들의 기대와 일치될 때 계획될 분위기의 형태에 단서를 제공할 것이다. 예를 들어, 주요고객 그룹이 여성 쇼핑고객들로 구성된다면 카페테리아 서비스와 중간가격대의 메뉴제공은 자연스럽다. 조용하고, 화려하고, 매력적으로 장식된 식사장소의 규정은 계획을 완성할 것이다.

많은 요인들이 식사 분위기를 구성한다 해도 계획과정단계에서 분위기를 확정하는 가장 쉬운 방법은 기술적 특징에 의한 것이다. 사용되는 보통조건은 형식적, 비형식적, 조용한, 급한, 시끄러운, 밝은, 즐거운, 편한, 화려한, 유쾌한, 친밀한 모습을 포함한다. 만일 위치, 독특한 건물 모양, 또는 테마와 같은 독특한 특징이 강조된다면 요구되는 환경에 기여할 수 있다. 분위기에 대한 초기 확인은 디자인과 배치에 대한 모든 면에 영향을 미치기 때문에 계획팀과 모든 구성원에게 도움을 준다. 외부 디자인은 고객에게 분위기에 대한 빠른 인상을 전달시키는 데 중요하다. 분위기를 계획하는 것은 각각의 음식 서비스 시설형태에 따라 달라진다. 일반적으로 호텔식당으로 계획된 분위기는 다른 운영형태보다 더 호화롭다.

분위기를 다시 바꾸는 재디자인 횟수는 계획구상에서 중요한 사항이다. 많은 음식 서비스 운영자들은 식사분위기가 고객들의 변화하는 욕구와 일치시키기 위해 정기적으로 변화를 가져야 한다고 믿는다. 매 5년마다 분위기를 바꾸기 위해 재디자인하는 횟수는 음식 서비스 시설의 경쟁적 장점을 유지하기 위해 바람직할 수 있다.

그러므로 분위기의 최초개발은 미래에 재디자인하는 것을 간단하게 할 수 있는 요소들을 포함시켜야 한다. 예를 들어, 분위기에서 주기적 변화를 예상하여 최소한의 고유한 특징들이 사용되어야 한다. 이는 최소경비로 변화를 가능케 하는 것이다.

04 외식 서비스 시설운영상의 특징

제안된 외식 서비스 운영상의 특징들은 많은 정보에 의해 확인되고 있다. 운영상의 특징 대부분은 음식 서비스 상담자에 의해 결정되고, 경험과 성공적 운영방식에 관한 지식에 기초한다.

운영지침서를 작성하는 데 필요한 정보는 다음에 잘 나타나 있다.

① 소유권
② 법적 조직
③ 영업시간과 요인
④ 예상되는 고객수
⑤ 구매, 생산, 서비스, 세척, 폐기물처리, 쓰레기처리, 주문받기, 유지와 청소에 관한 조치
⑥ 비용, 구매, 검수, 저장, 출고, 양portion, 현금, 지불 급료 총액, 안전에 대한 관리 방법
⑦ 직원요건과 정책
⑧ 회계업무
⑨ 훈련 · 감독 · 운영에 대한 특별직무
⑩ 종업원 복지시설과 고객시설

1. 규제조항

규제조항은 시설을 어떻게 고안하고 운영하는지에 직접적인 영향을 주므로 운영지침서의 부분에 포함된다. 사항들이 제안된 계획에 얼마나 영향을 미치는가를 보이기 위해 조사된 항목의 예들을 정리하면 다음과 같다.

1) 용도구획 법령

대부분의 용도구획 법령들은 상업적 음식 서비스 시설이 사회에서 세워지고 운영될 지역을 지시할 것이다. 용도구획 요건변동이 유용할지라도 종종 많은 시간이 소요되고, 계획을 지연시킬 수 있다. 구획법령은 주차요건, 대지요건, 최소건물 규모, 건물높이, 그리고 간판사용의 제한과 같은 항목들을 제한할 수 있다.

2) 건물규약

이 규약들은 구조의 모든 면을 포함하고 허용할 수 있는 디자인 강도와 건축재료를 상술한다. 또한 포함시킨 사항은 건축기술, 통풍과 조명에 관한 요건, 전기와 배관 시스템의 디자인과 가설, 건물 출구수, 화재보호시스템, 그리고 공공건물의 안전과 관련된 수많은 다른 영역들이다. 계획자들은 규약을 이행하는 데 필요한 시설을 계획하는데, 변경으로 인하여 발생하는 추가적인 비용을 피하기 위해 앞서 건물규약 요건들에 대한 지식이 있어야 한다.

3) 위생규약

국가와 지역 위생규약은 주로 음식보호와 청결에 관련되어 있어 음식 서비스 시설의 계획과 운영에 영향을 준다.

위생규약에 포함된 전형적 분야는 다음과 같다.

① 홀의 마감재처리 일정
② 위치, 수, 배관, 설비 유형
③ 손 씻는 시설
④ 온수공급과 관련된 사항
⑤ 쓰레기처리 및 저장장비의 유형과 위치
⑥ 조명형태와 밝기 정도
⑦ 요리, 프라이, 접시 닦기 장비와 연관되어 사용되는 통풍장치
⑧ 음식 서비스 장비의 종류와 크기

⑨ 뜨겁고, 마른, 그리고 차가운 음식 저장
⑩ 시설운영의 종류·범위와 형태

건축 전 위생규약에 따라 승인된 새로운 음식 서비스 시설에 대한 계획들을 실시하도록 요구한다. 그러한 지역에서는 계획에 앞서 지방자치단체와 상의하는 것이 현명하다.

4) 법조항 제약규정 확인

잦은 문제점은 아니더라도 법조항에 자산의 소유와 사용을 제한하고, 또는 개인과 공익회사 및 다른 기관에 편익을 주는 데 있어 제한규정이 없다는 것을 확실시하기 위해 조사되어야 한다.

5) 임차계약 제한

쇼핑센터 또는 사무실 건물과 같은 건물장소의 임차와 운영시간, 그리고 다른 운영절차를 포함하는 외식 서비스 계획은 운영지침서를 만들기 전에 명기하고, 고려되어야 한다.

2. 다른 규제조항

다른 규제조항은 ① 노동법, ② 허가 요건, ③ 보건복지부 산하의 노동안전위생담당기구OSHA, ④ 흡연 법령, ⑤ 오염 조정 법령, ⑥ 장애인을 위한 요건을 포함한다.

이런 몇 가지 규제항목들은 다른 항목들이 운영절차에 주로 적용되는 반면, 전적으로 시설의 디자인과 배치에 영향을 미칠 것이다. 운영지침서 개발은 외식업체 계획과정에 있어서 매우 중요하다.

미니사례 10•2

중앙 집중 조리 시스템으로 품질 · 위생관리 철저

대표적 퓨전종합분식 브랜드인 '김가네'가 프랜차이즈대상 국무총리상의 영예를 안았다. 김가네는 지난 1994년 대학로에서 10평 남짓한 작은 분식점에서 출발해 오늘의 창업신화를 일궈냈다. 특히 쇼윈도 앞에서 주문과 동시에 즉석에서 김밥을 만들어 제공하는 시스템은 김밥전문점의 표본 모델이 됐다. 당시엔 파격적인 8가지 종류의 김밥을 개발해 김밥을 만드는 장면을 쇼윈도에서 보여줌으로써 고객의 발길을 잡았다.

창업주인 김용만 회장은 프랜차이즈대상 국무총리상을 수상한 소감에 대해 "본사·가맹점주·임직원들이 함께 결속해서 얻은 결과"라며 "이번 수상을 계기로 꾸준한 투자와 끊임없는 개선을 통해 가맹점과 상생하고 더 신뢰받는 브랜드가 되도록 노력 하겠다"고 밝혔다.

김가네는 중앙집중식 조리센터에서 김밥에 사용되는 김·우엉·단무지·지단·어묵 뿐 아니라 음식의 맛을 내는 소스와 양념류까지 철저한 품질관리를 통해 직접 생산해서 가맹점에 공급하고 있다. 이는 전 가맹점에서 동일한 맛을 내기 위한 시스템으로 가맹점에서는 쉽게 조리해서 사용할 수 있게 한다. 김가네는 모든 재료의 품질관리를 위해 엄격한 위생관리 기준에 맞게 생산하고 물류 직배송시스템을 통해 공급하고 있다.

중앙집중식 조리센터에는 생산시설을 갖추고 소스 제품 40여 종과 반조리 제품 20여 종을 직접 생산하고 있다. 연구개발센터에서는 메뉴별 품질관리를 통해 고객을 만족시키는 메뉴를 개발하고 있다. 직배송체계는 콜드체인 시스템을 갖춘 배송차량을 통해 가맹점에 언제나 신선하고 위생적인 메뉴를 제공한다.

김가네는 모든 식자재를 당일 직배송 원칙으로 항상 신선하게 가맹점에 공급하고 있다. POS 주문시스템 및 ERP 전산 시스템을 갖춘 물류 시스템으로 주문·반품·수금 등 과정을 효율적으로 운영하기 때문에 본사와 가맹점이 재고 부담 없이 경쟁력 있는 운영을 할 수 있다. 또 고객은 언제나 당일 배송된 식재료로 조리한 신선한 음식을 제공 받을 수 있는 장점이 있다.

가맹점의 교육은 매장 오픈 전과 오픈 후 교육으로 나누어 진행한다. 오픈 전에는 매장 운영에 필요한 세무교육·매장운영 이론교육·마케팅 교육을 통해 외식업에 대한 전반적인 이해를 돕는다. 메뉴교육은 위생교육 및 식자재 관리 교육을 기본으로 메뉴 조리교육을 실시한다. 메뉴교육이 완료되면 매장에서 사용되는 집기 및 식자재에 대한 교육이 진행된다. 매장 오픈 후에도 전 가맹점의 표준화는 물론 가맹점 운영이 원활하게 진행될 수 있도록 전문 인력이 투입되어 가맹점 안정화에 도움을 준다.

김가네는 가맹점 관리에 중점을 두고 있다. 가맹점 관리를 위해 차량 1대당 영업사원·수퍼바이저·교육 강사 등 3명이 한조가 되어 가맹점을 지원한다.

출처 : 중앙일보, 2014. 10. 23일자

미니사례 10•3

손님을 관찰하는 20가지 사례

NO	고객의 표정, 동작	예측되는 가능성	대응행동
1	· 고객이 점포를 향해 걸어오고 있다	· 점포로 들어온다	· 종종걸음으로 달려가 문을 열고 맞는다
2	· 비 올 때, 옷, 가방이 젖었다	· 얼룩, 주름져 있다	· 마른 수건을 건네거나 닦아준다
3	· 우산을 가져왔다		· 우산 집에 넣거나 접어 우산함에 세운다
4	· 비 올 때, 바닥이 미끄럽다	· 넘어진다	· 걸레로 물기를 없애고, 미끄럼에 주의하도록 한다
5	· 자리에 앉은 표정이 어둡다(특히 카운터)	· 다른 자리에 앉고 싶다	· 다른 자리를 선택하도록 한다. 만석이면, 빈자리 나오면 바꿔주겠다고 제안
6	· 신발을 벗어놓고 방에 들어간다	· 신발이 다른 사람의 발길에 채일 수 있다	· 신발을 정돈하고 슬리퍼를 신기 쉽도록 옆에 세팅해 놓는다
7	· 상의(겨울철 코트)를 벗어 놓는다	· 음식을 먹을 때 방해가 될 수 있다	· "괜찮으시면, 행거에 걸까요?" 하며 동의를 구한다
8	· 퍼스트세팅(앞접시, 물수건, 젓가락 등) 할 때	· 넥타이 차림이거나 작업복 차림	· "오늘 하루 수고 많으셨습니다" 하며 활기차게 물수건을 건넨다
		· 가족이나 커플	· "찾아주셔서 감사합니다" 하며 활기차게 물수건을 건넨다
9	· 어린이를 동반한 고객에게 앞접시를 제공할 때	· 어린이용 앞접시가 필요할 수 있다	· 어린이용을 인원수대로 세팅하며 "필요하면 사용하십시오" 한다
10	· 담배연기를 싫어하는 표정을 한다		· 다른 자리를 선택하도록 한다. 만석이면, 빈자리가 나오면 바꿔주겠다고 제안

NO	고객의 표정, 동작	예측되는 가능성	대응행동
11	· 음주류 서빙 후 요리주문을 받을 때	· 먼저 한 잔 마시거나 건배할 것이다	· 건배가 끝날 때까지 기다린다 · 이쪽에서 건배를 제안(유도)한다
12	· 요리결정을 못한다	· 고민한다	· 주방장이나 자신의 추천메뉴를 웃는 얼굴로 설명한다
	· 음식 먹으며 메뉴를 본다	· 추가주문을 생각한다	· "뭘 좀 더 준비해 드릴까요?" 하며 묻는다. 거절당하면 "필요하면 언제든지 불러주세요" 하며 웃는 얼굴로 물러난다
13	· 요리가 안 나왔는데 - 전표에 손을 댄다 - 손목시계 등을 본다 - 주방을 쳐다본다	· 요리가 늦어져 조바심을 내고 있다	· 요리가 늦어짐을 사과하고 몇 분 걸릴지 물어보겠다고 한다 · 주방에 확인 후 고객에게 전달한다 · 서빙할 때 점원이 "오래 기다리셨습니다" 하며 미안함을 전한다
14	· 요리를 받은 고객이 당혹감을 보인다	· 요리가 잘못 나올 수 있다	· 주문 전표를 확인한다
15	· 음주류(특히 술)가 얼마 남지 않았다	· 더 마시고 싶어할 수 있다	· 손님이 부르기 전에 "한 잔 더 하시겠습니까?" 묻는다
16	· 추워하는 것 같다		· "추우십니까" 하고 확인 후 냉방온도조절 또는 작은 모포준비하여 제공
17	· 라이터를 찾고 있다		· 성냥제공 및 괜찮다면 사용하도록 한다
18	· 요리와 음주류를 대부분 들고 전표를 만진다	· 계산을 하고 싶다 · 나오지 않은 요리가 있을 수 있다	· "뭐, 필요한 것 있으십니까?" 하고 묻는다
19	· 요리가 남아 있는데 계산 카운터 앞에 서 있다	· 요리에 불만이 있을 수 있다	· "오늘 요리 어떠셨습니까?"하고 묻는다
20	· 계산 후 돌아간다	· 뭔가 허전할 수 있다	· 문 밖으로 한 걸음 나가 전송한다. 심야시간에는 "편히 쉬십시오"라고 인사

출처 : 월간 외식경영, 2009년 9월호

외식산업의 메뉴관리

상품개발은 메뉴육성정책과 메뉴별 전략을 함께 생각해야 할 문제이나, 위 두 개 부분은 종합적인 전략에서 다루기로 하고 본 장에서는 메뉴개발 측면에서 몇 가지를 설명하고, 새로운 메뉴의 실험판매에 있어서 구매력 평가방법과 수요예측에 대한 내용을 사례중심으로 설명하기로 한다.

01 메뉴활성화의 기본 테마

메뉴개발의 기본단계는 메뉴에 대하여 당해 기업의 기본이념이 어떻게 설정되어 있는가에서 시작된다. 미국의 coffee shop 업체인 데니스나 빅보이와 같은 기업의 기본 개념은 다음과 같다.

① 연중무휴로 영업하는 조건에 맞출 수 있을 것
② 영업시간이 장시간이라도 제공이 가능한 메뉴일 것
③ 좋은 장소location에서 서비스할 수 있을 것
④ 적정한 가격이 되도록 할 것
⑤ 기존 주방기기로 (가능한) 제품화할 수 있는 것

이와 같은 기본 전략에 의해 메뉴전략을 입안한다.

1. 메뉴개발의 기본 전략

상기 전제한 조건을 기준으로 메뉴개발을 할 때 기본 전략으로 하는 내용으로는 다음과 같은 것이 있다.

① 고객이 가치를 인정할 수 있는 범위 내에서 메뉴를 개발한다.
② 체인스토아 시스템에서 적용 가능한 메뉴를 개발한다.
③ 고객으로부터 외면당하지 않는 메뉴를 개발한다.
④ 지역별 전략, 경쟁의 전략측면에서 메뉴를 개발한다.

핵심은 어디까지나 고객의 기호에 맞춘 메뉴와 경쟁사에 이길 수 있는 제품개발이 되어야 한다.

2. 메뉴의 개선을 위한 기본 요령

고객의 욕구를 충족시킬 수 있는 메뉴개발을 위해서는 마케팅 리서치marketing research와 상품개발・판매촉진 등 전략이 종합적으로 진행될 수 있어야 한다. 개발의 구체적 목적・목표를 갖고 실시함으로써만이 개발목적에 맞춘 판매전략으로 시장에서 우위를 확보할 수 있기 때문이다. 고정고객을 만족시킬 수 있기 위해서는 기업의 기본 개념이 흐트러지지 않는 패턴에서 신메뉴가 개발되어야 한다. 또한 기존 점포의 판매증진을 위한 메뉴 개선의 포인트는 다음과 같다.

① 기존 메뉴의 문제점을 체크한다.
② 어떤 요일, 어느 시간대에 고객이 증가하고 감소하는가, 그 이유는 무엇인가를 조사한다. 매 시간대별 고객이 어떤 메뉴를 선호하는가를 분석한다.
③ 언제 어떤 목적으로 자기점포 혹은 타 경쟁점포에 내점하는가를 조사한다. 그리하여 어떤 메뉴를 주로 찾는가를 조사한다.

④ 마케팅 리서치를 기초로 한 메뉴개발과 Test를 행한다. 동시에 메뉴 북menu book 을 수정해 간다.

02 메뉴개발 시스템의 정립

점포 활성화는 계속적으로 이루어져야 하고, 그 방법의 하나로써 메뉴개발이나 개선업무가 필연적으로 따르게 되는데, 이 메뉴개발 업무는 시스템화할 필요가 있다. 메뉴개발을 시스템화하기 위해서는 단계별 플로우차트flow-chart가 필요하다.

예를 들면 [그림 11-1]과 같은 내용이다.

[그림 11-1] 메뉴개발 단계의 시스템화

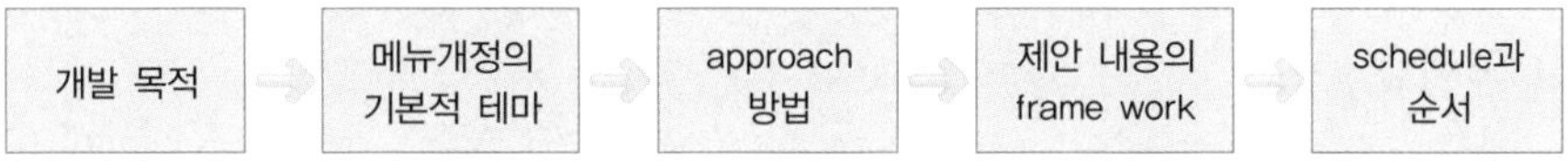

개발 목적
메뉴개정의 기본적 테마
approach 방법
제안 내용의 frame work
schedule과 순서

다음은 market need에 대한 메뉴 플래닝 시스템과 메뉴개발 방향에 대한 Frame Work표이다.

[그림 11-2] 메뉴 Planning의 시스템화와 메뉴개발 방향

Research
개 발
Test marketing
평 가

1. 목적

구체적으로 몇 가지 목표를 설정한다.

① 고객이 희망하는 맛있는 제품을 제공한다.

② 고객이 희망하는 가격대의 상품을 제공한다.

③ 자기 회사의 기업이미지를 연출해 낼 수 있는 메뉴나 메뉴 북을 제공한다. 자기 회사의 concept를 실현할 수 있는 작업효율이 높은 메뉴를 제공한다.

2. 메뉴개선의 기본적 테마

1) 시장성

잘 팔리지 않는 제품을 제거시키고 팔리고 있는 제품, 잘 팔릴 가능성이 있는 신상품의 도입

2) 경쟁

경쟁상대와 경쟁상 없어서는 안될 제품, 즉 강한 맛을 잃지 않고 약한 것, 요리의 종류, 소재, 미(맛), 약한 가격대를 강화

3) 고객층

이후 강화하려는 타깃이 고객층, 예를 들면 여성OL, young, young 미세스, 주부 혹은 어린이 등에게 받아들여질 수 있는 제품

4) 시간대

저녁 시간대에 일정 수준으로 강화시킨 뒤 다음 단계로 런치타임을 강화시키는 스타일

5) 지역성

지역 특성에 맞는 상품 개발

6) 기존 메뉴

현재의 메뉴를 수정해서 종류를 변경

3. 어프로치 방법

다음과 같은 단계로 정보 및 데이터를 수집하여 분석한다.

1) 메뉴기획을 위한 고객 need조사

2) 메뉴 구성요소의 분석

① 자기 회사나 경쟁사의 메뉴의 질 · 양(아이템 수)과 가격대의 강 · 약을 분석
② 상품의 포지셔닝 분석에 의하여 메뉴의 전략적 위치구축, 전략상품이나 중점 상품을 육성, 성장성과 시장점유율에 의한 메뉴의 중요성 분석
③ 아이템별 ABC분석(중요성 조사)

3) 고객의 제품평가, 시장에서 히트하고 있는 상품의 분석

① 모니터제도에 의해서 고객의 품평을 듣는 방법
② 점포에서 직접 고객의 반응을 듣는 방법
③ 시장에서 히트상품을 수집 · 검토

4) 메뉴 제안 내용의 Frame Work

[그림 11-3] Frame Work

[STEP 1] 현재 상황의 파악 ⇩	1. 시장환경의 동향 2. 고객동향 3. 경쟁동향 4. 품목별 동향	1. 주방기기별 품목수 2. 원자재의 수와 조립 3. 경쟁사와의 비교
[STEP 2] 현 상황 파악을 기준한 기본방식의 제정과 품목수 ⇩	1. 메뉴제안의 기본방식 2. 메뉴 Book에 대한 기본방식	1. 품목수의 설정 고객의 need와 주방시스템과 식재료수를 감안한 가장 적합한 품목수의 선정

[STEP 3] 기본 방식과 품목수 제정에 기초한 메뉴 ⇩	메뉴의 위치결정 목표구성비 기준메뉴 ( ) % 변동메뉴 ( ) % 정책메뉴 ( ) %
[STEP 4] 카테고리별 품목수 구성비에 의해 cost 결정 ⇩	카테고리별 품목수 구성비에 기준한 상표 FC의 설정(FC = Food Cost)
[STEP 5] 카테고리별로 본 메뉴의 위치와 방향 ⇩	· 정책적으로 강화하려는 메뉴의 범위 · 정책적으로 판매 중단하려는 메뉴의 종류 · 메뉴 Mix에 의해 객단가를 상승케 하는 메뉴
[STEP 6] STEP 1에서 STEP 5까지 MENU에 대한 정리	고객의 need에 맞춘 MENU의 제안

5) 메뉴 도입 스케줄

하나의 메뉴가 결정되기까지는 체인 레스토랑의 경우 수개월이 소요된다. 어떠한 메뉴가 많은 고객으로부터 지지를 받을 것인가 하는 문제는 간단치가 않다. 사람들의 기호는 다양하고 생활패턴이나 유행은 항상 변하며 이 생활패턴의 변화에 따라 외식의 기호도 변하기 때문이다.

여기에 대응해서 계속적으로 기존메뉴의 품질은 개선하고, 신제품을 개발해야 한다. 유행에 뒤떨어지는 기업은 존립할 수 없기 때문이다.

① 메뉴개발의 정책
② 상품개발
③ 모니터 회의
④ Test Marketing
⑤ 매입선 결정
⑥ 가격의 결정
⑦ 메뉴기준 결정

⑧ 메뉴 북 작성

⑨ 점포교육

⑩ 개선 MENU의 도입

메뉴개발의 수단으로써 PPM분석에 의한 메뉴의 전략적 위치 설정방법이 있다.

미니사례 11•1

꼭 짚고 넘어가야 할 2015년 외식 트렌드 '외식 키워드 M.A.S.K'

한 해를 이끌어 나갈 주요 흐름을 예측하는 결과가 발표됐다. 유행하는 패션은 '놈코어'룩, 트렌드 컬러는 '마르살라'라는 숙성된 깊은 와인 빛깔을 띄는 색상이 선정됐다. 패션 뿐 아니라 외식에도 트렌드가 존재한다. 2015년 한 해를 이끌 외식 트렌드는 무엇일까.

2015년 외식 트렌드는 몰링(Malling), 싱글족(Alone), 특화(Special), 한식(Korean-food), 일명 M.A.S.K로 불리운다. 한 번 외출한김에 다양한 일을 해결하는 몰링족의 증가에 대형 복합몰에 외식업체의 입점 경쟁이 가속화 될 것이다.

점점 늘어나는 싱글족을 겨냥한 소포장 제품과 간편식의 퀄리티 전쟁 또한 치열하다. 팝업스토어, 브랜드 간의 콜라보레이션 등 평범함을 벗어나 특색있는 제품으로 소비자의 눈길을 끌어 불황을 이기려는 시도가 눈에 띈다. 마지막으로 한식 열풍은 작년에 이어 올해도 계속될 전망이다.

✣몰링(Malling)

소비자들이 쇼핑부터 외식, 문화생활을 한 곳에서 해결하는 추세를 따라 대형 복합 쇼핑몰에 다양한 외식업체가 들어서고 있다. 단순 끼니를 해결하는 1차적인 문제를 넘어 분위기와 트렌드를 중시하는 소비자들의 관심을 끌 특정 지역의 맛집들이 대형 쇼핑몰에 속속 들어서고 있다. 전주 지역에서 유명한 베테랑 칼국수는 서울 센트럴시티에 둥지를 틀었다.

시원한 멸치 육수에 넉넉히 풀어진 계란, 일반 칼국수면보다 얇고 동글동글한 쫄깃한 면발과 들깨가루가 조화를 이뤄 진한 맛을 내는 베테랑 칼국수는 센트럴시티에서 쇼핑을 마친 고객들이 쇼핑봉투를 들고 긴 줄을 서서 먹을 정도로 인기다.

❖싱글족(Alone)

최근 결혼에 대한 가치관의 변화, 자취 인구 증가 등으로 싱글족들이 소비시장을 이끌 새로운 주체로 떠오르고 있다. 간편한 식사 해결이 가능한 편의점 즉석 조리 식품의 매출이 2014년 겨울, 전년 동기간 대비 83.1%이 증가했다. 한끼를 먹어도 영양과 건강을 생각하는 대중의 선호도에 따라 간편식 또한 프리미엄 제품을 찾는 소비자들이 늘어나고 있다.

스테이크하우스 빕스의 노하우를 그대로 담은 프레시안 by VIPS, 국내 최초로 100% 한우 도가니를 원료로 사용한 '이마트 도가니탕' 등 프리미엄 간편식이 증가하고 있다. 이 같은 추세는 고급 식재료를 파는 그로서리 숍의 인기로 이어졌다. 특히 신선하고 품질 좋은 치즈를 취급하는 '유로구르메', 세계 각국의 델리미트를 만나볼 수 있는 '존쿡 델리미트' 등의 글로벌한 음식을 만날 수 있는 곳이 인기다. 여행을 다니는 사람들이 늘어나면서 여러 나라의 다양한 음식을 접한 소비자들이 '맛'에 민감해졌기 때문이다.

존쿡 델리미트에서는 프리미엄 육제품은 물론, 함께 곁들이면 풍미가 배가 되는 각국의 치즈도 소분 구매가 가능하고 엄선된 각종 소스와 오일, 베이커리 등 프리미엄 식재료를 함께 구매할 수 있다.

❖특화(Special)

2015년에는 외식업계에서는 팝업스토어, 브랜드 간의 콜라보레이션, 프리미엄 매장 오픈 등으로 차별화시키는 전략을 내세울 전망이다. 샐러드 뷔페 <세븐 스프링스>는 샐러드와 브런치를 즐길 수 있는 매장인 <세븐스프링스 카페>를 오픈했다. 특히 올림픽점은 플라워가드닝과 카페를 결합시킨 이색 매장으로 데이트코스로도 각광받고 있다. 이처럼 기존의 브랜드는 유지하되 독특한 컨셉으로 소비자들에게 다가가는 시도가 많아지고 있다.

❖ 한식(Korean-food)

2014년 외식업계의 한식열풍은 2015년에도 이어진다. 풀입체를 시작으로 신세계 <올반>, CJ <계절밥상>, 이랜드 <자연별곡>의 성공적인 론칭에 이어 롯데에서도 <별미가> 라는 한식 뷔페를 올 상반기 중에 오픈할 예정이라고 밝혔다. 집밥을 그리워하는 현대인들의 감성을 겨냥한 한식뷔페는 팥죽퐁듀, 우리쌀 와플, 흑임자 아이스크림 등 이색 메뉴로 남녀노소 모두의 입맛을 충족시키며 큰 호응을 얻고 있다.

2015년, 빠른 속도로 변화하는 시대에 소비자의 욕구가 다양해지는 만큼 외식업체가 어떠한 전략으로 소비자의 마음을 얻을지 귀추가 주목된다.

출처 : Money Week, 2015. 2. 2일자

03 메뉴의 운영

1. 운영 메뉴설정의 기본방향

현대의 외식고객은 식품의 안정성, 건강지향, 식품피해 등에 대해 지나칠 만큼 과민반응을 보이고 있다. 따라서 이러한 현대인의 식품에 대한 감각이나 의식에 맞추어 메뉴개발이 추진되어야 함은 당연한 것이다.

1) 메뉴설정

메뉴설정은 다음과 같이 세 가지 방향에서 이루어져야 한다.

(1) Drugless(비약품성)제품

외식업의 메뉴는 그 식재료 사용부터 안정성이 있는 것을 선정해야 한다. 즉 메뉴선정 시 사용되는 식재료에 농약이나 중금속이 함유되어 있거나, 그러한 가능성이 있는 물품 또는 자연환경 오염이 심한 중화학공업단지 등에서 재배된 원료는 사용해서는 안된다.

그러므로 자기 점포에서 사용하는 식재료는 청정해역 또는 고랭지에서 재배한 해초나 야채, 버섯이라는 것을 판촉의 일환으로(원산지 표시) 점포 내의 POP로 고지하면 좋을 것이다. 최근 선진국에서 사용하는 유기야채나 청정야채 등은 재배에서 유통과정에 이르기까지 중금속에 오염되지 않는 시스템으로 연구되어 고객에게 큰 호응을 얻고 있다.

어디까지나 유기야채이고 그 유기야채의 적정 중금속함유량 허용치는 어느 정도인가를 규정하는 데는 애매한 부분이 없지 않으나, 식품의 안정성이 가장 예민한 부분인 것만은 틀림없다. 종전과 달리 비브리오균이 발견되었다든가, 어느 지역에서 생산되는 미역이나 김 등에 허용치 이상의 인체 유해물질이 분석되었다는 뉴스만 나와도 산지에 관계없이 그것을 원료로 하는 외식메뉴나 식재료 자체가 슈퍼 등에서 전혀 매매되지 않을 정도로 고객의 반응은 민감하다.

(2) Overless(비비만성)제품

미국의 사회적 문제 중 하나가 국민 대다수의 FAT(체중초과)현상이라고 하는 식품영양학자의 이야기를 들은 적이 있다. 이 FAT현상은 미국 국민을 성인병화시키는 요인이라고 하며, 이를 퇴치하기 위한 각종 다이어트 식품을 개발하고 있으나 별로 효과가 없다고 한다. 따라서 향후 메뉴개발 방향에서 또 하나 중요시할 것은 지나치게 지방질이 많은 식품류, 체중을 증가시키는 탄수화물이 많이 함유된 원자재 사용메뉴는 피하는 것이 좋다고 한다.

우리나라 청소년들은 남녀 구분 없이 체중증가에 대해 공포를 느끼고 있으며 체중감소를 위하여 지나치게 편식을 하거나 식사를 하지 않아 거식증에 걸리는 환자가 증가하고 있다고 한다. 이와 같이 다이어트에 방해가 된다고 생각하는 메뉴선정은 장기적으로 보아 문제가 있을 것으로 본다.

지금 돈육구이 전문점이 IMF 이후 성업 중에 있으나 장기적으로 보아 계속 성장할 것인지는 의문시되며, 필자가 알기로는 10대 고객이 돈육전문점을 찾는 경우는 거의 없다고 생각된다.

FAT에 직접 관련되는 원료를 사용하는 외식메뉴는 젊은 세대가 날씬한 체격유지를 위하여 기피하는 것으로 생각할 수도 있겠지만, 사실은 그보다 이 FAT로 인한 각종 성인병 발생이 더 큰 문제가 된다. 따라서 앞으로의 메뉴개발은 FAT이 잘 안되는 측면에서 연구・분석되어야 할 것이다.

(3) Medical(의약품성)제품

이것은 일종의 건강식 메뉴개발 방향이라고 설명할 수 있다. 이제까지 우리는 체내에서 생성되지 않는 비타민을 영양소의 제일로 취급해 왔다. 그러나 이제는 약품으로써가 아닌 식품 그 자체가 건강유지에 필요한 제품이 되어야 한다.

예를 들면 등푸른 생선 등은 DHA(불포화지방산)를 많이 함유하고 있다. DHA는 성인병 예방에 특효가 있다고 하여 이 요소가 많이 함유된 고등어나 참치 등이 건강식 원자재로 널리 사용되고 있다. 또 암 예방이나 성인병 예방에 효과가 있다고 하여 팽이버섯, 표고버섯, 느타리버섯을 원료로 한 메뉴가 개발되어 고객의 호응을 얻고 있다.

최근의 예이기는 하지만 버섯불고기, 버섯샤브샤브, 팽이버섯, 북어찜 등은 약간 고가의 메뉴지만 전 소비계층에 걸쳐 선호되는 메뉴이다. 즉 이제는 약효(藥效)보다는 식효(食效)가 인체에 좋다는 방향으로 자연스럽게 전개되고 있으므로 외식메뉴는 이러한 경향을 놓쳐서는 안될 것이다.

2) 메뉴운영의 기본 요령

(1) 조리사의 경험이나 기술수준을 과신하지 말 것

메뉴의 맛과 메뉴의 종류는 점포의 얼굴에 해당되기 때문에 당연히 가장 중요한 외식 서비스업의 상품이 된다. 그런데 이 상품은 주방책임자 또는 조리책임자가 바뀌면 일시에 변경되는 사례가 많아 이제껏 고생해서 확보해 둔 고객을 잃어버리게 되는 예를 종종 볼 수 있다. 이것은 점포조리의 기본 콘셉트가 없이 조리사의 개인 능력이나 솜씨에 지나치게 의존했기 때문에 생기는 일이다. 특히 소규모 점포는 이런 양상이 자주 나타난다.

점포 자체에 뚜렷한 메뉴 콘셉트가 설정되어 있으면 고급인재를 채용할 때도 점포 수준과 시장여건을 사전에 설명하여 이들의 축적된 기술을 자기점포의 수준에 알맞게 활용할 수 있으나, 자기주장만 하는 조리사는 오히려 점포에 마이너스 요인으로 작용할 수도 있다.

소규모 점포에서 경영자가 요리를 잘 모를 때에는 조리 책임자가 자기의 권위와 기술전보만을 위하여 주방업무에 일절 타인의 간섭을 배제하는 경우가 많은데, 이것은 이들의 성장과정(외식업 근무과정)이 충실하지 못하였기 때문이며 기술이 부족하고 보잘것없기 때문에 감추려 하고 자기의 좁은 영역을 보존하기에 안간힘을 쓰는 것이라고 생각된다. 따라서 점포의 규모와 시장여건에 맞는 메뉴 콘셉트를 명확히 함으로써 요리사의 개인기술에 좌우되는 무원칙한 점포가 되지 말아야 한다.

(2) 경영주의 개인기호에 의해 메뉴가 설정되거나 변경되어서는 안된다

경영주 중에는 자기의 기호나 자기방식에 따라 점포의 메뉴를 설정하는 경향이 많다. 특히 전문조리인 출신 경영자 중에는 자기의 기술에만 의지해서 자기가 좋아하는 메뉴, 자기가 자신있는 메뉴만을 고집하는 경우가 많다. 이것이 실패의 커다란 원인이 될 수 있다. 경영주가 좋아하는 메뉴는 경영주 한 사람만의 고객이 원인이 될 수 있으나, 많은 다른 고객에게는 그것이 받아들여지지 않으면 그것은 부적당한 메뉴가 되는 것이다.

또, 한 가지 품목을 오랫동안 판매해 온 경영주는 시장여건이 바뀌거나 다음 지역으로 점포를 옮겨도 이제까지 자기가 판매해 오던 메뉴에 고집하는 것을 볼 수 있다.

메뉴는 한 사람의 고객에 불과한 경영주의 기호에 의해 결정될 것이 아니라 점포가 존재하는 지역의 시장여건과 점포규모에 따라 그리고 객단가, 원가율, 조리인의 기술수준 및 주방기기의 성능 등에 의해 적절한 수준에서 설정되는 것이 원칙이다.

(3) 볼륨감과 고객에게 선택의 다양성을 줄 수 있는 메뉴 개발이 중요하다

한 개 메뉴를 식사하면서 자연스럽게 다른 메뉴의 추가 주문을 가능케 하는 메뉴나 그런 메뉴의 식사코스개발이 중요하며 또 고객이 일부 조리작업에 직접 참여하도록 하는 메뉴설정도 연구해 봄직하다.

예를 들면 국수전골을 조리하는 경우 3인의 젊은 고객그룹이 왔을 때 그들의 왕성한 식사량을 생각해서 3인분 국수전골을 식사하게 한 뒤 국수국물에 공기밥 2인분 정도와 약간의 야채를 섞어 야채볶음밥을 서비스한다면 젊은 고객들은 공기밥 두 그릇의 추가주문에 지불하는 대가보다 훨씬 큰 만족감으로 식사의 볼륨감을 느낄 수 있을 것이다. 점포 측에는 고객에게 추가 주문에 따르는 심리적 부담감을 주지 않으면서 매출을 증가시키는 효과가 있음은 두말할 필요가 없다.

또 하나 현대인의 개성적인 생활을 이해한다면 조리사가 조리한 메뉴를 그냥 그대로 식사하는 것보다 고객이 조리과정의 일부 진행에 참가하는 형태의 메뉴연구도 필요하다고 생각된다.

야채샐러드 제공 시 드레싱(사우전드 아일랜드 · 화이트 소스 등)을 미리 토핑Topping하여 제공할 것이 아니라, 고객이 자기가 좋아하는 드레싱과 드레싱의 양을 결정하도록 하는 방법 등을 생각하면 이러한 조리방법의 테마성을 이해할 수 있을 것이다.

김포에 있는 추어탕 전문점에 가보면 테이블 위에 추어탕에 넣어서 식사할 수 있는 조미료로 산초가루, 풋고추 양념장, 그리고 들깨가루 등을 비치해 두고 고객의 기호에 따라 자유롭게 양념을 결정토록 하는 방법으로 서비스하고 있었다. 고객에게 메뉴의 선택은 물론, 맛의 선택까지 일임한다는 발상의 하나일 것이다.

(4) 요리와 기물의 조화를 시도한다

외국에는 '요리디자이너'라는 전문직업이 있다. 아직 우리나라에는 이런 종류의 직종은 볼 수 없으나 요리의 구성이나 그릇담기는 뚜렷한 전문직업이 있을 정도로 중요한 내용을 갖고 있다.

요리를 담는 그릇의 모양과 요리 내용의 조화는 고객에게 크게 어필할 수 있다. 늘 보던 식기나 컵보다는 뭔가 특수하고 점포의 특성을 나타내는 식기나 컵으로 메뉴를 제공했을 때 고객은 신선한 충격을 받게 된다. 개성이 강하고 언제나 새로운 것을 찾아 이동하는 현대의 외식고객은 진부함을 거부한다. 큰 그릇에 보잘것없는 양을 제공하는 메뉴, 적은 그릇에 넘치듯 제공되는 메뉴는 불신과 불안을 함께 제공하는 꼴이 될 수 있다.

식당의 맛이란 무엇인가? 혀끝으로 느끼는 미각도 중요하지만 요리의 디자인, 그릇의 모양, 보조용기나 보조 서빙기구의 색상과 모양(예를 들면 커피스푼, 이쑤시개의 디자인과 모양), 점포분위기, 접객태도 등에서 오는 감각미도 무시하지 못할 것 중 하나이다.

아기자기하고 예쁜 커피잔, 은은하고 고풍스런 한식집의 식기, 정갈한 상차림, 메뉴이름의 참신성, 친밀감 등은 또한 식당의 중요 상품이 될 수 있다.

여기서 한 발짝 더 나아가 한식, 일식, 양식그릇으로 서빙한다든가, 한식에 일식기류 서빙기기(예를 들면 안심, 등심류를 회요리 목기로 제공하는 등)로 서빙하는 발상의 전환도 필요하다. 변화 및 대체성이 강한 외식 경쟁시대에 따라가는 전략이 아닌 앞서가는 전략, 즉 무조건 의외성이 아닌 앞서가는 발상의 전환이 필요하다고 생각된다.

(5) 메뉴의 브랜드화를 기대해 본다

메뉴의 브랜드화는 미국, 일본 등 선진국의 단체급식 식당에서 채택하는 Branding 시스템을 식당에도 원용하는 메뉴개발방법이다. 브랜딩 시스템은 천편일률적인 메인디쉬와 반찬류 제공의 1종류 또는 2종류 배식방법에서 탈피하여 단체급식 식당

내에 유명 브랜드 메뉴코너를 도입하여 이용자에게 선택의 다양성을 제공하는 시스템이다.

식당에서도 자기점포 이름이나 조리기술자의 이름을 붙인 메뉴개발을 시도해 봄직하다. 점포명이 금밭이라면 금밭국수전골, 금밭샤브샤브, 이소선할매곰탕 등과 같이 메뉴를 계속 개발・연구하여 자기점포의 오리지널 메뉴로 브랜드화하는 전략도 필요하다.

고박사냉면, 명동칼국수, 나주곰탕 등은 이미 브랜드화되어 있는 유명 메뉴다. 다만, 춘천막국수, 전주비빔밥, 동래파천, 나주곰탕 등은 상표등록을 할 수 없어 너도나도 이 이름을 사용함으로써 브랜드화는 어렵다고 보나, 이명숙철판구이, 명화당칼국수 등의 브랜드는 상표화할 수 있을 것이다.

(6) 다기능의 메뉴를 개발해 본다

우리의 생활환경도 24시간 연속되는 세계화 속에 놓여 있다. 따라서 아침, 저녁, 심야영업도 계속해서 이루어질 수 있다. 이와 같이 장시간 시간대별로 이용될 수 있는 메뉴를 개발하는 방향도 필요하다.

영업이 장기화되면 여러 가지 메뉴가 필요하므로 메뉴 수가 증가되고 점포규모도 주방기능을 확대해야 하기 때문에 일정규모 이상이 되어야 하는 문제점도 있고 메뉴 자체에 개성이 없어지는 단점도 있으나, 어떤 테마성을 부여한 다기능의 메뉴개발은 필요할 것 같다.

다만, 테마성이 있는 메뉴를 개발하기 위하여 점포의 인테리어 시공시점부터 테마성 있는 점포 만들기가 선행되어야 할 것이다. 이 테마성을 메뉴의 국적, 시대성, 원자재의 사용종류 등에 따라 만들어갈 수 있는 방법을 찾으면 된다.

예를 들면, 고려시대의 궁중요리를 테마로 한 간이식, 정식, 풍류음식은 원자재를 전부 개성지역(고려의 수도)에서 구입한 것만을 사용하는 메뉴를 만든다는 방향설정이다.

멕시칸요리의 20종류, 아침, 점심, 저녁, 심야시간대별로 핵심메뉴로 봉사하며, 이 메뉴의 원자재 대부분은 야채를 제외하고는 전부 멕시코에서 수입하였다는 등의 캐치프레이즈와 함께 멕시코인 조리사 이름까지 내놓는다면 하나의 테마성을 갖게 되는 것이다. 물론 소규모 점포에서 이런 업무는 불가능하겠지만, 어떤 형태든 테마성을 만들어가면 개성 없는 메뉴는 조리되지 않을 것이다.

(7) 한 가지 핵심 원자재로 여러 가지 메뉴를 조립할 수 있는 방법으로 메뉴를 개발하자

전반적으로 메뉴 수를 적게 운영하는 것이 여러 가지 면에서 좋은 결과가 생성될 수 있다. 그러나 고객의 요구는 다양하다.

따라서 중요 핵심원료를 사용하되, 다른 부수재료만 추가하면 바로 여러 가지 메뉴를 만들 수 있는 방법을 찾아야 한다. 이것은 핵심원자재를 많이 사용함으로써 원료조달방법이 간편하고 구입단가를 낮출 수 있는 이점이 있으며, 주방의 조리작업도 간편하게 이루어질 수 있으므로 '적은 종류의 원자재로 많은 종류의 메뉴를 제공'할 수 있는 장점을 갖게 된다.

예를 들면 같은 소스와 국수, 면류 같은 것을 사용하여도 토핑 부자재만 달리하면 유부국수, 막국수, 김치국수, 칼국수 등을 간단히 조리할 수 있다. 만두류도 같은 만두를 이용하여 만둣국, 떡만두, 고기만두, 군만두, 비빔만두 등을 간단히 조리할 수 있는 것이다. 다른 메뉴도 이러한 발상으로 연구하면 소위 '줄줄이 메뉴'가 탄생할 수 있을 것이다.

(8) 고객의 구입단가는 화폐단위를 기준하여 결정하는 경향이 있으므로 메뉴수준을 결정할 때는 이를 참고할 필요가 있다

다른 제품은 다른 제품대로 고객의 구입기준이 있을 것이지만, 매일 3회 이상 먹는 건강유지요소인 식사는 가정내식이 아닌 외식의 경우 고객의 외식메뉴 구매단위는 화폐단위 500원, 1,000원, 5,000원, 10,000원이 기준이다. 10원, 100원 주화가 있으나, 외식 메뉴단가 결정에는 영향을 줄 수 없을 것이다.

초·중·고교 학생 중심의 일부 메뉴는 분명 500원, 1,000원에 근접하는 단가제품이 많다. 그리고 직장인이나 가족단위 메뉴의 가격결정을 보면 5,000원, 10,000원 단위에 가까운 쪽이 많다. 메뉴를 개발할 때에는 이런 고객심리를 파악하여 현재의 경제여건이라면 5,000원 또는 10,000원, 15,000원, 20,000원 선에 근접하는 중저가,

고가, 특별가격으로 개발되어야 할 것이다.

(9) 메뉴는 영업상황에 따라 융통성 있게 운영해야 한다

모든 메뉴가 똑같은 종류로 요일별 · 시간대별 구분 없이 운영되는 것은 시장세분화의 마케팅전략으로 볼 때 현대의 시장상황에 부적절한 내용이다.

점포단위에서 운영하는 메뉴는 고객의 변화 다양성에 맞추어 가변적으로 변경 운영해야 한다. 따라서 소규모 점포에서 일 년 내내 같은 메뉴를 고객에게 제공하는 것은 전혀 발전적인 정책이 될 수 없다. 메뉴는 평상시의 경우 바쁜 현대인의 생활욕구에 맞추어 시간을 절약할 수 있게 빠른 서비스가 가능한 메뉴save time, 주머니 사정에 알맞은 적정한 가격의 메뉴save money, 그리고 쉽게 이용할 수 있는 편리성이 있어야 한다. 이것이 일상식(日常食) 메뉴의 특징이다. 회전형 점포에서 중식 시간대의 고객에 대하여는 위와 같은 메뉴정책을 채택하여야 한다.

그러나 점포의 콘셉트가 객단가형 점포이든가 일상식을 주로 한 메뉴를 운영하는 점포라도 특수한 날의 메뉴, 예컨대 생일축하 메뉴, 단체연회 메뉴, 회갑연의 메뉴 등 고급수요에 맞춘 메뉴도 갖추어야 한다. 동일 점포라도 영업의 상황에 따라 변화를 주는 운영이 현대의 점포 경영에는 필수적인 것이다.

(10) 특수메뉴 운영도 필요하다

일반적으로 현재 우리나라 외식점포는 주로 건강한 사람을 위주로 한 통상적인 메뉴가 주류를 이루고 있다. 이것은 업태 · 업종에 관계없이 유사한 상황에 있다고 생각된다.

그러나 향후의 시장여건을 볼 때 유아용 메뉴, 노인계층의 메뉴개발이 필수적이다. 특히 고혈압, 당뇨병, 신장병 환자에 대한 메뉴는 전혀 고려되지 않고 있다. 이들 특수환자들은 병원급식에 의해 관리되는 이외에는 거의 무방비상태에 놓여 있다. 국민의 건강관리를 책임진 외식점포는 어떤 방식으로든지 이러한 고객을 위한 메뉴대비책이 필요하다.

최근 미국의 외식업계는 맛과 영양을 주테마로 주로 조리사에 의해 운영되어 오던 외식점포의 메뉴를 영양사에 의해 운영되도록 변화를 기도하고 있다. 즉 영양사

에게 조리기술을 습득하도록 하여 요리의 맛과 영양의 밸런스를 갖춘 외식업계의 등장이 거론되고 있다. 이것은 미국이 중요한 국가사회의 문제로 대두된 비만을 질병으로 규정할 만큼 큰 사회문제로 대두됨으로써 외식점포가 국민건강상 중요한 역할을 해야 한다는 필요에서 착안된 것이다. 우리의 경우도 이러한 시대조류에 맞춘 메뉴개발전략을 변화시켜 가는 전략이 필요할 것이다.

2. 간판메뉴의 설정방법

점포의 간판메뉴는 영업이 진행되는 과정에서 판매되는 메뉴의 수량과 점포의 이익공헌도를 분석해 가면서 설정해야 하며 여름, 겨울, 가을 등의 계절에 따라 메뉴 판매수량에 큰 변동이 있으므로 어느 정도의 시간이 경과한 뒤 매출상황을 분석하여 설정하는 것이 원칙이다.

3. ABC분석에 의한 간판메뉴의 설치방법

표 11•1 메뉴의 판매상황

순위	메뉴명	판매수량	단 가	금 액	비율(%)	누계(%)	비 고
1	커 피	2,899	4,000	11,556,000	41.6	41.6	
2	스파게티 및 소스	311	7,000	2,177,000	7.8	49.4	
3	스파게티나포리탄	181	7,000	1,267,000	4.6	54	
4	레몬티	312	4,000	1,248,000	4.5	58.5	
5	스파게티 그라탕	155	7,000	1,085,000	3.9	62.4	
6	프레쉬 오렌지주스	112	7,000	784,000	2.8	65.2	
7	술이그라탕	125	6,000	750,000	2.7	67.9	
8	맥 주	100	7,000	700,000	2.5	70.4	
9	야채그라탕	125	5,000	687,000	2.5	72.9	
10	토스트	98	7,000	686,000	2.5	75.4	
11	카페오레	98	7,000	686,000	2.5	77.9	
12	후르츠 요구르트	108	6,000	648,000	2.3	80.2	

순위	메뉴명	판매수량	단 가	금 액	비율(%)	누계(%)	비 고
13	밀 크	121	4,000	484,000	1.7	81.9	
14	시푸드필랍	111	4,000	444,000	1.6	83.5	
15	오렌지	101	4,000	404,000	1.5	85.0	

〈표 11-1〉은 점포의 상위 1위에서 15위까지 메뉴의 판매상황이다.

① 이 점포 매상고 1~5위까지의 메뉴판매고 총합계는 전체 매출의 62.4%를 차지하고 있다(우수점포의 경우 70~75%까지 이르는 경우도 있다).
② 10위까지의 매상고는 전체의 75%를 차지한다.
③ 10위 이하의 메뉴분포는 다음과 같다.

표 11-2 메뉴의 판매량

순 위	월간 판매 개수	1일 평균 판매 개수	비 고
11	98	3.2	
12	108	3.6	
13	121	4.0	
14	111	3.7	
15	101	3.3	

11위에서 15위까지 메뉴는 1일 평균 3.2~4.0개이나 이는 어디까지나 평균수치일 뿐 일자에 따라서 하루 4개, 4~6개가 판매되기도 하고 매출이 전혀 이루어지지 않을 수도 있어 메뉴로써 가치가 적다고 판단된다.

물론 이 11~15위 메뉴 중 개발해서 신상품으로 제시한 것은 별개의 문제이며 고객에게 제시한 기간이 6개월 이상 되어도 같은 수치를 보인다면 분명 문제가 있는 메뉴이며 개선하거나 신제품을 개발하여 대체해야 한다.

위 메뉴 중 커피는 가장 많이 팔리고 있으나 음료류이기 때문에 식사메뉴 중에서 간판메뉴를 육성해야 할 것으로 본다.

4. 간판메뉴의 선정방법

1) 우선 매상고 1~5위까지의 메뉴를 분석한다

2) 이 중에서 커피를 제외한 품목을 후보로 선정한다

3) 선정요건은 다음과 같다

① 작업성이 편리할 것 : 대량으로 주문이 들어와도 쉽게, 빠르게 조리하여 제공할 수 있어야 한다.

② 원자재 조달이 연간 평균적으로 편리한 메뉴일 것 : 아무리 우수한 메뉴라도 원자재 조달이 계절적으로 한정되어 있으면 간판메뉴로 선정하기는 곤란하다.

③ 가능한 점포의 분위기(이미지)에 어울릴 수 있는 메뉴일 것 : 시너지효과를 얻으면 유리하다.

④ 이왕이면 이익공헌도가 높은 제품일 것 : 이익공헌도가 높다는 것은 이익액 기준으로 기여도가 높은 제품을 말한다. 예를 들면 A제품 판매가 5,000원, 원가율 30%, 판매개수 10개, B제품 판매가 8,000원, 원가율 40%, 판매개수 10개일 때 A, B제품의 이익공헌도를 계산해 보자(작업시간, 서빙방법 등 모든 조건이 동일하다는 전제에서 계산한다).

A제품 이익액 = 5,000원 × 70%(100 - 30%) × 10 = 35,000원

B제품 이익액 = 8,000원 × 60%(100 - 40%) × 10 = 48,000원(이익공헌도가 높다)

이익공헌도는 단일품목의 원가율에 의해서만 결정되는 것은 아니다.

⑤ 맛있는 제품 쪽을 선택한다 : 고객의 설문조사 등을 수회 실시해서 결정한다.

5. 간판메뉴의 육성방법

1) 점포의 모든 판촉방법을 간판메뉴 중심으로 실시

점포에서 실시하는 판촉방법의 하나인 무료시식권 발행도 간판메뉴 중심으로 실시하고 또 포인트 카드 시스템을 도입할 경우에는 간판메뉴를 구입하면 2배수의 가산점을 부여한다든가 또는 일정한 기간 내에 간판메뉴에 대한 집중적인 선전이

나 대대적인 할인판촉도 실시한다.

2) 원가율보다는 맛과 양 중심으로 메뉴를 개선

맛을 개선하거나 서빙량을 증가시킴으로써 원가가 상승하더라도 맛이 좋아지고 볼륨감이 있어 고객이 좋아한다면 그것으로 충분하며, 간판메뉴로 성장하면 판매수량 확대로 원가상승분은 얼마든지 커버할 수 있다.

3) 서빙용기나 숟가락 등도 특별한 것으로 선택하여 타 제품과의 차별화 시도 (서빙용기의 고급화 시도)

4) 상차리기(그릇에 담기) 등도 특별한 배려가 필요

이 메뉴를 제공받은 고객은 최상의 고급감, 볼륨감과 더불어 최고의 만족감을 얻을 수 있도록 해야 한다(귀족이 된 기분, 백만장자가 된 듯한 기분을 느끼게 한다면 더 말할 필요가 없을 것이다).

5) 서빙속도는 무조건 빠르게 실시

주방을 충분히 정비하고 훈련하여 간판메뉴 오더가 들어오면 단시간 내에 즉시 제공되어야 한다. 간판메뉴는 맛, 분위기, 서빙속도 등에서 고객의 감각을 최대한 만족시킬 수 있도록 설정되고 고도의 훈련을 거쳐야 육성될 수 있다.

6) 간판메뉴의 효과

① 객석회전율을 높인다. 간판메뉴의 판매수량이 증가하면 이에 대한 충분한 사전준비를 함으로써 메뉴조리시간이 단축되고 주문과 동시에 제공되는 서빙시스템을 갖추게 되어 객석회전율도 높아져 판매극대화를 기할 수 있다.

② 주방의 조리작업과 원자재 정리작업이 쉽게 이루어져 소수인원으로도 다량의 메뉴가 조리될 수 있다.

③ 원료구입 숫자가 줄어드는 대신 같은 종류를 대량 구매함으로써 대량 구매-

가격 다운 - 원가 절감의 효과로 이어질 수 있다.

④ 소비자에게 안심감을 준다. 맛있다. 서빙이 빠르다. 신뢰할 수 있는 느낌을 고객이 가질 수 있으므로 안심하고 이용할 수 있게 된다.

⑤ 점포의 지명도를 높인다.

⑥ 전문점 시대에 알맞은 메뉴 콘셉트 구성이 가능하다.

⑦ 간판메뉴의 운영이 합리화되고 관리시스템의 전산화가 잘 이루어지면 요일별・시간대별 간판메뉴 설정도 가능하다. 패스트푸드의 경우 시간대별 간판메뉴를 앞세워 더욱 빠른 서빙을 할 수 있으며, 한식의 경우 중식시간대, 저녁시간대 및 평일과 주일의 간판메뉴를 설정함으로써 매출의 극대화를 기대할 수 있다. 물론 이런 경우는 점포의 간판메뉴 관리라기보다는 시간대별 핵심메뉴관리라는 표현이 적절할 것으로 본다.

곁가지 음식도 '간판 메뉴'처럼 … 입소문 쫙~

SG다인힐은 서울 강남의 대형 전통 한식당 삼원가든의 박수남 회장 일가가 소유하고 있는 외식 전문 기업이다. 2007년부터 박 회장의 막내아들인 박영식 부사장이 주도적으로 이끌고 있는 회사다. 현재 이 회사는 블루밍가든(이탈리안 레스토랑), 붓처스컷(스테이크하우스), 투뿔등심(숙성등심 전문점), 패티패티(수제 햄버거 전문점), 핏제리아 꼬또(화덕 피자 전문점) 등 총 9개 외식 브랜드 24개 매장을 운영하고 있다.

출범 이후 줄곧 '다(多)브랜드, 소(少)직영매장' 전략을 취해 온 SG다인힐은 지난해 401억 원의 매출액에 20억 원의 영업이익을 냈다. 갈빗집으로 40년 가까운 역사를 지닌 삼원가든의 작년 매출액이 200억 원이었다는 점을 감안하면 '청출어람'이라 할 수 있다. 최신 유행하는 다양한 콘셉트의 레스토랑을 잇달아 열며 종합 외식업체로 급성장하고 있는 SG다인힐의 성공 요인을 DBR(동아비즈니스리뷰)가 집중 분석했다. DBR 159호(8월 15일자)에 실린 사례 연구 내용을 요약한다.

❖정체성 모호한 브랜드로 불안한 출발

SG다인힐은 2007년 스시·그릴 전문점 '퓨어멜랑쥬'와 와인·사케 전문점 '메자닌' 두 개의 브랜드를 동시에 내놓으며 외식업에 본격적으로 진출했다. 서울 강남구 청담동에 야심 차게 매장을 열었지만 결과는 썩 좋지 않았다. 모호한 브랜드 콘셉트가 가장 큰 문제였다. 예를 들어 퓨어멜랑쥬에선 '정통 일식은 물론이고 고급 양식당에서 먹을 수 있는 그릴 바비큐까지 한곳에서 맛볼 수 있다'는 점을 마케팅 포인트로 내세웠지만 오히려 소비자에겐 '이도 저도 아닌' 콘셉트로 인식됐다. 비용 관리 측면에서도 어려움을 겪었다. 퓨어멜랑쥬에서 제공하는 음식은 일식과 양식의 '퓨전'이 아닌 일식과 양식을 함께 제공하는 '복합' 식당이었던 탓에 인건비가 일반 식당 운영비의 배로 들어갔다. 모호한 브랜드 콘셉트와 과도한 인건비 부담으로 SG다인힐의 출발은 불안해 보였다. 그러나 SG다인힐은 시행착오를 통해 얻은 교훈을 발판으로 후속 브랜드를 잇달아 성공시키며 외식업계의 주목을 받았다.

✤사업 잘 안되는 매장 과감히 접어

SG다인힐은 세 번째 내놓을 외식 분야로 이탈리안 레스토랑(블루밍가든)을 낙점했다. 스시나 그릴에 비해 한국인들이 즐겨 찾는 음식인 데다 비용 관리 측면에서도 장점이 많았기 때문이다. 파스타를 예로 들면, 메뉴 가짓수가 많아도 조리과정은 크게 면을 삶아 볶는 과정이 전부라서 일식 등 타 요리에 비해 단순한 편이었다. 박 부사장은 삼원가든 본점이 위치해 있는 압구정동 인근에 2008년 5월 블루밍가든 1호점을 냈다. 30년 넘게 삼원가든의 명물 대접을 받던 인공폭포 위치까지 앞으로 당기는 공사를 실시해 매장 입구가 대로변과 바로 맞닿을 수 있도록 접근성을 높였다. 결과는 기대 이상이었다. 목 좋은 자리에 고품격 이탈리안 레스토랑이 들어서자 30대 강남 미시족부터 와인모임 같은 친목의 장을 원하는 중년층, 조용한 분위기에서 비즈니스 미팅을 할 장소를 찾는 40, 50대 직장인들까지 몰려들었다.

이후 SG다인힐은 2011년 3월 스테이크 하우스(붓처스컷) 시장에 진출했다. 30년 넘게 축적해 온 삼원가든의 숙성 기술력에 퓨어멜랑쥬를 운영하며 쌓아 온 그릴 노하우를 더했다는 점을 차별화 포인트로 내세웠다. 1호 매장은 일명 '제2의 가로수길'이라 불리는 한남동 꼼데가르송거리에 열었다. 습식 숙성은 물론이고 건식 숙성까지 적용한다는 소문을 듣고 고기 마니아들이 몰려들었다. 이후 SG다인힐은 그해 8월 청담동에 있던 퓨어멜랑쥬 및 메자닌 매장을 폐점시키고 대신 붓처스컷을 열었다. 사업이 잘 안 되는 매장은 과감히 접고 인기 있는 레스토랑으로 재빨리 갈아탄 것이다.

이어 SG다인힐은 2012년 1월 투뿔등심을 선보이며 또 한번 '대박'을 터뜨렸다. 시장에 선보인 지 불과 2년 반밖에 되지 않았지만 현재 매장 수가 총 7개에 달한다. 투뿔등심 7개 매장의 월 평균 매출액은 현재 삼원가든 2개 점(본점 및 대치동 지점)의 월 평균 매출액 수준과 거의 비슷하다. 투뿔등심 전체 매장의 좌석 수가 총 813석으로 삼원가든 2개 매장 좌석 수(총 1700석)의 절반 수준밖에 되지 않는다는 점을 감안할 때 투뿔등심의 인기를 실감할 수 있다.

❖간판메뉴 못잖게 식전 빵 유명해져

SG다인힐은 브랜드마다 메인 외에 사이드 메뉴 개발에도 많은 노력을 기울였다. 예를 들어 이탈리안 레스토랑에선 파스타가 맛있어야 하는 건 기본이고, 최고의 식전 빵을 제공해 차별화한다는 목표를 세웠다. 이를 위해 SG다인힐 본사에 '테스트 키친'(신메뉴를 개발하는 일종의 요리 실험실) 외에 '베이커리 키친'까지 따로 만들고 베이커리 전담 셰프까지 영입해가며 고품질의 빵 개발에 힘썼다.

그 결과 블루밍가든에선 '성게알 로제 파스타' 같은 간판 메뉴 못지않게 식전 빵이 맛있기로 유명하다. 워낙 인기가 좋아 구매를 원하는 고객들이 늘어나면서 아예 큰 바게트 형태로 한정 수량을 만들어 매장에 공급해 포장 판매도 한다. 투뿔등심도 마찬가지다. 맛있는 고기를 제공하는 건 물론이고 그 외 식사로 선택하는 된장찌개나 볶음밥 메뉴 개발에 힘을 기울였다.

SG다인힐은 또한 사소한 것 하나도 놓치지 않고 차별화를 꾀하기 위해 노력했다. 대표적인 예가 투뿔등심에서 소주와 맥주를 별도의 전용 냉장고에 보관하는 사례다. '하이트' '참이슬' 등 어디서나 똑같은 맥주와 소주를 파는 상황에서 투뿔등심이 차별화할 수 있는 부분은 술을 보관하는 '온도'라고 봤기 때문이다. 이에 따라 투뿔등심 매장에선 소주는 마이너스 3도, 맥주는 0도에 각각 온도가 맞춰진 주류 보관 냉장고에 따로따로 보관하고 있다.

❖"고객기호 최적화된 제품-서비스 제공"

SG다인힐이 7년여 만에 종합 외식기업으로 성장할 수 있었던 데에는 민첩하고 유연한 의사 결정이 주효했다. 외식업의 트렌드가 3년 안팎으로 빠르게 바뀌는 상황에서 출범 초기부터 다브랜드 전략을 표방함으로써 시장 변화에 신속하게 대응할 수 있었던 것. 퓨어멜랑쥬와 메자닌 사업을 미련 없이 접고 그 자리에 붓처스컷 매장을 여는 등의 의사결정이 대표적인 예다. 정교한 수평적 세분화(소비자의 다양한 기호와 취향에 따라 시장을 나누는 것) 전략을 추진했던 것 역시 SG다인힐이 급성장할 수 있었던 비결이다.

김상훈 서울대 경영대 교수는 "날로 세분되는 타깃 고객의 요구에 정밀하게 눈금을 맞추는 '캘리브레이션' 전술을 통해 고객의 기호에 최적화된 제품과 서비스를 제공한 게 고객들의 마음을 사로잡은 것 같다"고 설명했다. 이 밖에 '애드온'(기본 제품이나 서비스에 추가되는 주변 기기나 부가 서비스) 전략을 통한 차별화 역시 SG다인힐의 성공 요인이다.

김 교수는 "파스타나 등심 같은 기본 메뉴의 품질에 집중하면서도 식전 빵, 볶음밥 등 곁가지 메뉴의 차별화에 각별한 관심을 기울인 점이 돋보인다"며 "이는 고객의 충성도를 높이고 재방문을 유도하는 효과가 크다"고 설명했다.

출처 : DBR, 2014. 8. 21일자

미니사례 11•3

외식업의 기본 메뉴개발이 경쟁력이다!

아무리 가격이 싸야 한다, 서비스가 좋아야 한다고 해도 여전히 외식업소의 기본은 음식이다. 음식을 얼마나 맛있게 만드는지, 맛있고 새로운 메뉴를 얼마나 개발할 수 있는지가 성공의 열쇠인 것이다.

가을을 맞아 외식 브랜드들이 신메뉴 개발을 위해 또 한 번 분주한 시간을 보내고 있다. 메뉴개발이 가장 활발한 업종인 주점 프랜차이즈, 패밀리레스토랑, 피자업계의 메뉴개발팀을 만나봤다.

❖ 단순한 메뉴개발 넘은 R&D의 시대

고객의 욕구는 시시각각 변하고 있다. 새로움을 추구하는 성향 역시 나날이 빨라지고 있다. 외식업계에서 신메뉴 개발이 중요해진 이유다. 예전에는 브랜드 간 경쟁도 덜했고 소비자들의 선택권 역시 많지 않았기에 새로운 메뉴를 출시하면 반응도 좋았고 신메뉴 출시만을 기다리는 고객들도 많았던 게 사실이다. 하지만 지금은 무한경쟁의 시대다. 새로운 메뉴 역시 곳곳에서 넘쳐나고 있는 것이다.

소비자들의 다양해진 욕구 충족을 위해, 지속적인 수익 유지를 위해 외식업계에서도 메뉴개발에 더욱 많은 투자를 하고 있다. 가장 큰 변화상은 단순히 메뉴개발만을 위한 팀이 아닌 연구조사와 개발을 동시에 진행하는 R&D팀, 즉 연구개발팀으로 승화된 점이다. 불과 10년 전까지만 해도 외식업계에 R&D를 도입한 곳이 거의 없었는데 최근에는 대부분의 업계에서 R&D부서를 운영하고 있다.

한 관계자는 "물론 예전에도 메뉴개발팀에서 연구, 조사, 개발 등을 모두 담당하기는 했지만 이제는 조금 더 전문적이고 깊이 있는 연구와 시장조사가 필요하게 됐고, 나아가 한층 다각화된 시야가 요구되는 게 현실"이라며 "다만 외식업계에 R&D의 개념이 아직까지 명확하게 정립되지 않았고 도입된 지도 얼마 안됐기 때문에 관련 전문가가 매우 부족하다는 점이 안타까운 현실"이라고 전했다.

하나의 메뉴가 새롭게 탄생한다는 것이 눈만 깜빡 하면 뚝딱 이뤄지는 게 아니다. 또 단순히 머리로만 생각한다고 해서 그대로 만들어지는 것도 아니다. 현장에서 새로운 맛을 찾아 직접 발로 뛰고 고객의 소리를 열린 마음으로 들어야 한다. 이를 바탕으로 끊임없이 새로운 아이템을 발굴하고 조합하고 보완하는 끈기가 필요한 것이다. 이렇게 탄생한 메뉴의 구성이야말로 소비자 만족의 핵심이다.

외식 브랜드들은 메뉴개발팀의 단편적인 메뉴개발이 아닌, 전 부서가 함께하는 하나의 작품으로서 신메뉴 개발에 집중하고 있다. R&D팀뿐만 아니라 마케팅, 영업, 구매 등 연관된 부서들이 의견을 교류하고 다양한 분야의 트렌드를 공유하는 등 다각적인 브레인스토밍을 통해 작품을 만들어내는 것이다. 개발과 조리(시연), 마케팅을 아우르는 작품활동이 바로 메뉴개발, R&D라 하겠다.

01. 리치푸드 운영본부 R&D팀
고객에 에너지 전달하는 푸드 테라피

피쉬&그릴, 짚동가리쌩주, 크레이지페퍼, 온더그릴 등 네 가지 브랜드로 전국에 500여 개의 가맹점을 운영하고 있는 리치푸드(주)는 자체 운영 중인 물류센터 평택공장에 R&D센터를 오픈했다. 지난 2008년 12월의 일이다. 별도의 R&D센터를 운영하는 것은 주점업계뿐 아니라 외식업계 전반적으로도 드문 경우였다. 하지만 리치푸드(주)는 약 2년 가까이 R&D센터를 운영하면서 시너지효과를 창출해 왔다.

❖ 20대 여성 겨냥 메뉴 및 주류개발

R&D팀의 주요 업무는 메뉴개발과 주류개발로 나뉜다. 메뉴개발의 경우 대표 브랜드인 피쉬&그릴과 짚쌩의 신메뉴에 주력하고 있는 상태다. 메뉴개발에

는 식자재 발굴 및 개발을 위한 벤치마킹 업무가 포함되고, 원가관리와 본사 및 가맹점의 수익관리 등을 위한 소비자 테스트 등의 업무를 진행한다. 주류의 경우 아직까지 본사에서 개발할 만한 여건이 조성되지 않았기 때문에 기존 양조장 가운데 블라인드 테스트를 거쳐 아웃소싱으로 브랜드 막걸리를 개발하고 있다.

새로운 메뉴의 개발은 삭제 메뉴군 설정으로 시작된다. 현장의 의견을 반영해 삭제 메뉴군을 선정하는데, 메뉴 간소화작업과 병행된다. 현재 치솟는 인건비를 충당하기 위해 리치푸드(주)에서는 메뉴 간소화를 추진 중이다. 조리법이 복잡하거나 손이 많이 가는 메뉴들을 우선 삭제하고 있다. 다음 단계는 타깃 메뉴군 설정이다. 여름에는 튀김, 샐러드 등 맥주와 어울리는 안주류, 겨울에는 탕, 볶음 등 소주와 궁합이 맞는 메뉴군을 설정하는 작업이다.

피쉬&그릴의 경우 초기부터 주 타깃층이 여성층이었던 만큼 첫 메뉴 선택권을 지닌 20대 초반의 여성을 겨냥한 메뉴개발에 중점을 둔다. 메뉴군이 결정되면 운영본부, 슈퍼바이저 등과 협의해 굵직한 타이틀을 결정한다. 타이틀에 따라 신메뉴를 만들고 이를 가맹점에서 테스트한다. 매장을 직접 방문해 고객 테이블에 서비스 메뉴로 제공한 후 반응을 체크하거나, 직원들의 친구 등 지인들을 초청해 메뉴 테스트를 진행한다. 소비자들의 의견을 반영해 신메뉴를 결정한다.

✤ 연 2회 정기 신메뉴 출시

메뉴개발은 연평균 4회를 기본으로 하고 있다. 정기적으로는 상반기와 하반기에 새로운 메뉴를 선보이고, 여름과 겨울 시즌에 프로모션을 위한 메뉴를 개발한다. 하나의 메뉴를 개발하는 데 소요되는 시간은 평균 3개월 정도다. 메뉴 담당자, 팀, 임원 등 내부평가를 단계별로 거치는데다 가맹점주 대상 시식회 등 외부평가도 진행하고 이렇게 선정된 아이템은 직영점을 통해 시범 판매를 한다. 시범 판매가 성공적으로 이뤄진 메뉴에 한해 차기 신메뉴로 최종 선정이 될 수 있다. 벤치마킹도 활발히 진행하고 있다. 담당자별로 연 2회 정도의 해외 답사, 주 1회 이상의 국내 현장답사 등을 꾸준히 진행하면서 새로운 아이템을 발굴한다. 최근에는 안전성 문제가 부각되는 만큼 식재료 안정성 및 위생문제에 특히 촉각을 곤두세우고 있다.

✤막걸리 PB제품으로 차별화

리치푸드(주)에서 최근 주력하고 있는 분야는 자체 막걸리 PB제품 개발이다. 막걸리가 유행으로 반짝하는 게 아니라 대중화되고 있기 때문. 이미 지난 6월 짚쌩에서 자체 브랜드를 내건 막걸리를 출시한 바 있으며, 최근에는 피쉬&그릴의 브랜드를 단 「피쉬&그릴 덕산막걸리」를 선보이고 전국 매장을 통해 판매하고 있다.

주류개발의 초점은 소재 개발에 두고 있다. 아직까지 막걸리를 자체 생산할 수 있는 기반이 없기 때문이다. 가맹점 공급을 원활히 하기 위해 보다 전국적으로 유통이 용이한 충청권에서 이름난 양조장을 발굴하는 데 주력, 충북 덕산에 소재한 덕산막걸리와 MOU를 체결했다. 온도변화 등 다양한 조건에 민감하게 반응하는 막걸리인 만큼 신중하게 골라 브랜드 이미지에 접목하고 있다고.

영양학적 균형 음식으로 테라피까지 리치푸드(주)의 메뉴개발 기준은 '푸드 테라피'다. 음식, 안주메뉴를 통해 영양학적 균형까지 챙긴다는 비전이다. 이의 일환으로 상반기 동안에는 에너지에 초점을 맞춘 메뉴개발이 이뤄졌다. 현재 가을 메뉴로는 피쉬&그릴 해물탕 등 탕을 중심으로, 짚쌩의 경우 메뉴 보강 차원에서 전골류를 준비하고 있다.

다양한 메뉴개발과 함께 리치푸드(주)에서 고민하는 것은 원활한 식자재 수급이다. 원가율이 과거 27~28%에서 현재 30~33%까지 올랐기 때문. 잘 나가면서도 수익성이 좋은 메뉴를 찾기 위해 심혈을 기울이고 있다. 리치푸드(주)에서는 채소의 확보가 미래의 경쟁력일 것으로 보고 있다. 시장에서 구매하는 것보다 본사에서 받는 게 더 편하다는 인식이 잡혀야 성공할 수 있다는 판단이다. 이를 위해 궁극적으로는 99~100% 완제품에 가까운 메뉴를 가맹점에 공급한다는 목표를 두고 있다.

 *INTERVIEW_* R&D팀 **김순태 팀장**

"발이 닳는 한 수없이 보고 듣고 느끼고 와야죠."

리치푸드(주)의 새로운 메뉴는 R&D 담당자들의 오감체험에서 비롯된다고 해도 과언이 아니다. 실제로 팀장을 비롯한 전 팀원들은 맛있는 곳을 찾아 전국 방방곡곡을 샅샅이 훑고 있다. 일주일이 멀다 하고 맛집이 있는 곳이라면, 사람들이 줄지어 기다리고 있는 곳이라면 어디로든 떠난다. 1년에 두어 번은 그 발길을 해외로 돌린다. 자유로워진 해외여행 덕에 젊은 이들은 외국의 음식에도 거부감이 전혀 없기 때문이다.

하지만 새로운 메뉴 개발을 위해 무리한 시도를 할 수는 없는 법. 김순태 팀장은 이 때문에 지난 3월 세계요리연구가 백지원 씨를 메뉴 컨설턴트로 영입했다고 밝혔다. 백지원 메뉴 컨설턴트는 팀원들과 함께 식재를 연구하고 개발된 메뉴에 대해 맛의 조화가 잘 이뤄지는지, 식재료의 조화는 이상이 없는지 등을 살펴보고 있다. 특히 새로운 메뉴들이 퓨전의 정도를 넘어서지 않도록 잡아줌과 동시에 음식의 스타일링을 깔끔하게 마무리하는 일까지 메뉴개발 전반에 걸친 컨설팅업무를 맡고 있다.

02. 와바 식자재유통팀

식자재 개발부터 물류유통까지

(주)인토외식산업은 최근 브랜드 리뉴얼 작업의 일환으로 조직개편을 단행했다. 새롭게 바뀐 체제에서 메뉴개발은 식자재유통팀에서 관할한다. 식자재유통팀은 물류부분을 본사에서 직접적으로 관리함으로써 비용을 절감하고 운영의 효율성을 꾀하기 위해 구성된 팀이다. 신규 식자재 개발, 구매, 메뉴개발, R&D, 물류유통 등 물류배송을 제외하고 메뉴와 연관된 제반업무를 담당하게 된다.

❖ 와바만의 전용 메뉴로 차별화

(주)인토외식산업에서 운영 중인 대표 브랜드 와바는 세계 맥주 전문점이라

는 브랜드 컬러가 명확하다. 때문에 10여 년이 흐른 지금 안주메뉴보다는 주류를 중심으로 한다는 이미지가 보편화돼 있다. 이렇게 굳어버린 브랜드 이미지 제고를 위해 현재 대대적인 브랜드 리뉴얼을 추진하고 있으며, 메뉴개발에 큰 무게중심을 두고 새로운 슬로건 아래 신메뉴 연구개발에 적극적인 행보를 보이고 있다.

올해 도입된 메뉴개발 슬로건은 '와바만의 전용 메뉴를 개발한다'는 것이다. 와바 측에 따르면 지금까지 메뉴개발의 초점은 '맛있는 메뉴라면 오케이'였다. 하지만 이제는 요리안주들이 대세이고 주류보다는 안주메뉴 쪽으로 중심이 옮겨지고 있는 만큼 차별화된 메뉴를 갖추는 데 주력하고 있다. 특히 다른 곳에서는 맛볼 수 없는 와바만의 독창적인 메뉴군을 구비한다는 게 궁극적인 목표다.

무엇보다 와바는 브랜드가 지닌 강점, 즉 '세계 맥주 전문'이라는 점을 앞세워 메뉴전략을 꾀할 방침이다. 세계 맥주와 어울리는 세계의 요리안주를 발굴하고 개발하겠다는 전략이다. 돈가스나베, 이태리홍합탕 등 맥주와도 어울릴 수 있는 국물요리를 접목하는 등 다각적인 접근을 시도할 예정. 세계 맥주에서 세계 음식으로까지 확장, 맥주의 세계화를 넘어 음식의 세계화를 완성한다는 것이다.

❖세계 맥주와 세계 음식의 마리아주

와바의 신메뉴는 일반적으로 상반기와 하반기 등 연 2회 출시된다. 지금은 여름 신메뉴, 겨울 신메뉴로 시즌성이 가미된 상태. 여름에는 시원한 맥주의 이미지와 더불어 안주메뉴에도 시원한 느낌을 주는 음식들을 선정한다. 또 보양식 메뉴도 여름 신메뉴 개발의 테마이기도 하다. 웰빙과 함께 최근 선호도가 급등하고 있는 수작요리를 염두에 두고 메뉴개발에 주력하고 있다.

특히 와바에서 주목하고 있는 부분은 단순히 완성된 메뉴만을 선보이는 데 그치는 것이 아니라 메뉴에 일종의 퍼포먼스를 가미해야 한다는 점이다. 웰빙 식재료를 사용하고 직접 만드는 요리안주여야 하며, 여기에 한 가지를 더해 조리과정을 보여주는 등의 퍼포먼스가 이뤄져야 고객들의 호응을 이끌어낼 수 있다는 판단이다. 이런 기준을 바탕으로 현재 겨울 신메뉴를 준비하고 있다.

와바 메뉴의 또 다른 특징은 주류에 맞춘 안주와의 조합에 있다. 우선 세계 맥주 전문점인 만큼 소주를 철저히 배제하고 있다. 소주와 어울리는 탕 등의 메뉴군이 없는 이유다. 맥주를 중심으로 다양한 메뉴군을 갖추고 다양한 맥주의 브랜드에 따라 각각 어울리는 안주를 설정한다는 것이다. 맥주 맛의 특성과 요리안주의 궁합을 따져 하나의 마리아주처럼 세트화한다는 설정이다.

✥ 세계의 음식을 와바에 맞게 퓨전화

(주)인토외식산업 식자재유통팀의 주 역할은 R&D와 메뉴개발이다. 메뉴개발은 철저한 시장조사로부터 시작된다. 업계를 비롯해 한국의 외식시장, 나아가 세계의 외식시장을 대상으로 트렌드를 조사하고 이슈를 체크하면서 다양한 아이템을 구상하는 것이다. 가능한 한 많은 아이템을 수집한 다음에는 해당 아이템들을 와바의 콘셉트에 맞도록 변형하는 과정을 거친다. 이른바 퓨전화이다.

메뉴 아이템을 결정했으면 이어 원재료를 선정한다. 트렌드에 맞는 사이드 아이템도 따져보고 새로운 메뉴에 적합한 소스도 함께 개발한다. 세계의 맥주와 음식의 접목이라는 전체 콘셉트에 맞춤형 변형과정을 거친 후에는 수십 가지의 후보제품을 개발하고 시연해 본다. 이렇게 만들어진 메뉴는 세 단계로 진행되는 품평회를 거치는데, 가장 먼저 본사 직원들이 대상이 되고 이후 매장의 점장 및 주방실장의 입을 거쳐 고객의 품평을 받게 된다.
3단계의 품평을 바탕으로 상위 평가 메뉴를 선정하게 되고 선정된 메뉴는 신메뉴 발표회를 통해 정식으로 출시된다. 와바 측은 신메뉴 출시 이후 교육이 매우 중요하다고 강조했다. 직영점뿐만 아니라 가맹점의 점주, 실장 또는 매니저들을 대상으로 메뉴에 대한 철저한 교육을 진행해야 한다는 것. 또 슈퍼바이저들도 레시피 등 메뉴에 대한 전반적인 내용을 알고 있어야 하기 때문에 별도의 교육을 진행하고 있다.

✥ 자체 PB제품으로 충성도 높이기

(주)인토외식산업 식자재유통팀에서 그리는 궁극적인 목표는 자체 PB제품을 다양하게 확보함으로써 와바에서만 맛볼 수 있는 메뉴군을 갖추는 것이다.

자체 브랜드를 단 메뉴의 경우 차별성을 보장받을 수 있고 소비자들로부터 확고한 로열티까지 얻을 수 있다는 판단에서다. 현재 와바의 메뉴 중 PB제품은 약 35% 정도. 올해 안에 와바둔켈과 같이 '와바'라는 브랜드를 내건 PB제품을 전체 메뉴의 절반까지 늘릴 계획이다.

와바는 브랜드 리뉴얼과 함께 상반기 동안 기존의 메뉴를 절반 정도 개편했다. 부동의 2~3위 메뉴인 닭가슴살 허니 샐러드를 비롯해 냉채, 샐러드 등 여름 한정 메뉴와 드레싱을 업그레이드한 전통 모둠 소시지 등 일부 겨울 메뉴를 제외한 메뉴 콘셉트를 재정비하고 있는 것이다. 메뉴 전략의 기본은 여성고객을 겨냥해 호텔식 고급 분위기를 주는 메뉴군으로의 업그레이드이다.

*INTERVIEW_* 식자재유통팀 **백인성 팀장**

"자기계발이 없으면 뒤처질 수박에 없습니다."

식자재유통팀을 이끌고 있는 백인성 팀장은 메뉴개발을 위해 언제나 공부하고 자기계발에 힘쓰는 게 중요하다고 강조한다. 외식 트렌드, 메뉴 선호도는 급변하고 있는데 다양한 연구와 열린 시각을 위한 자기계발이 없다면 시대에 뒤떨어질 수박에 없다는 것.

그는 팀원들에게 메뉴 아이템에 대해 끊임없이 연구하고 시장을 보는 안목을 키울 것을 요구하고 있다.

03. 와라와라 R&D사업부

수작요리의 원조, DB에 따른 과학적 메뉴개발

'수작요리'의 원조 와라와라를 운영 중인 (주)에프앤디파트너는 최근 R&D사업부를 새롭게 구성, 상품개발과 구매를 담당하고 있다. 특히 올해에는 회사 자체의 주력사업을 '6차 산업'으로 두고 있는 만큼 친환경 식재 확보에 주안점을 두고 있다. 이의 일환으로 R&D사업부에서는 양질의 해외 식자재 개발업무에도 힘을 싣고 있다.

❖ 연 4회 신메뉴 출시로 선두 브랜드 입지

와라와라의 R&D사업부는 상품개발팀과 상품구매팀으로 구성된다. 사업부의 가장 큰 업무가 메뉴개발로 상품개발팀에서 담당한다. 메뉴개발 후 직영점 및 가족점에 대한 교육까지 진행한다. 상품구매팀은 다양한 물류업체를 발굴하고 거래를 성사시키는 영업, 관리를 주 업무로 하고 있으며, 각종 집기나 소모품 등의 구매업무도 관할하고 있다. 올해에는 특히 해외 식자재 개발업무에 주력할 예정이다.

와라와라의 가장 큰 강점은 주점 프랜차이즈업계에서는 드물게 연 4회의 정기메뉴 개편을 진행한다는 점이다. 브랜드 론칭부터 지금까지 이어오고 있는 것으로, 한층 발 빠르게 소비자들에게 다양한 메뉴를 선보임으로써 앞서나간다는 의지가 담겨 있다. 와라와라 측은 "동종업계에서는 유일하게 연 4회의 신메뉴를 정기적으로 출시하고 있으며 시즌마다 새로운 수작요리를 만날 수 있다는 점이 가장 큰 매력"이라고 전했다.

❖ 제철음식으로 '땡기는' 요리안주 개발

시즌성을 가미한 분기별 신메뉴 출시이다 보니 제철 식재를 적극 활용할 수 있다는 점이 강점으로 꼽힌다. 계절에 따른 제철음식을 안주메뉴로 접목할 수 있다는 것. 특히 제철을 맞아 인간의 몸이 자연스럽게 찾는 음식들을 메뉴판에서 찾을 수 있는 점이 소비자들로부터 호응을 유도할 수 있는 것이다. 때문에 제철 식재 사용을 첫 번째 원칙으로 꼽고 있다.

새로운 메뉴개발을 위해 와라와라의 R&D사업부에서는 다각적인 접근을 시도한다. 매운맛 등 고객들의 새로워진 입맛을 찾고 트렌드를 분석하는 것이 가장 기본적인 절차다. 또 전국의 맛집들을 돌아다니면서 벤치마킹 포인트도 놓치지 않는다. 회사 내 각 부서와의 아이디어 공유 및 회의를 통해 새로운 시각을 반영하기도 한다.

❖ 철저한 DB분석으로 효율성 추구

분기마다 새로운 메뉴를 출시해야 하는 압박감 때문에 R&D사업부는 항상 빡빡한 시간을 보낸다. 다양한 업무로 빠듯한 시간 속에서 연 4회의 메뉴개발이 가능한 것은 초기부터 잡아온 데이터베이스 구축 덕이다. 매출 등 누적된 각종 데이터베이스를 분석하는 것이 메뉴개발의 첫 단계인 이유다. 실제로 와라와라에서는 DB분석을 가장 중시하고 있다.

우선 바로 앞 시즌의 실적을 분석한다. 실적 분석은 메뉴별 판매총액만을 가지고 매출 순위를 가리는 ABC분석과 원가와 수익률 등의 조건을 반영한 교차분석, 전년대비 시즌별 분석 등 다각적인 분석을 진행한다. 이 중 특히 관심을 두는 부분은 원가와 수익률을 반영한 교차분석이다.

이 자료에 따라 기존의 메뉴들은 원가도 낮고 매출도 높은 메뉴, 원가는 낮은데 매출이 저조한 메뉴, 원가는 높지만 매출이 좋은 메뉴, 원가도 높고 매출도 저조한 메뉴 등으로 나뉜다. 이를 통해 삭제 대상 메뉴를 골라내고 개선 메뉴를 분석하는 것이다.

또 전년 동기 대비 분석을 통해 지난해 같은 계절에 출시됐던 메뉴군을 살펴보고 당시 반응이 좋았던 메뉴와 실패했던 메뉴를 알아본다. 실패 메뉴의 경우 수정 및 보완해 다시 한 번 활용할 수 있기 때문. 더불어 인기 메뉴 역시 한 단계 업그레이드해 더욱 큰 호응을 이끌어낼 수 있다.

❖ 분기별 15개 후보메뉴 중 5~6개 신메뉴 선정

통계자료에 입각한 다각적인 분석이 완료되면 전 직원들이 다양한 기획안을 만들어 토론에 들어간다. 기획안은 각종 벤치마킹 자료, 외국자료 등을 참조해 작성한다. 특히 수작요리를 브랜드 콘셉트로 하는 만큼 단품 번성집, 이른바 '대박집'을 찾아다니고 맛집을 돌아다니면서 안주요리로 접목할 수 있는 아이템을 발굴하는 것이다. 여기에 외국의 사례들을 수집하면서 데코레이션 등에 참조한다. 특히 우리나라의 계절별 제철식재 리스트를 확보하고 식재에 따른 조리법을 다양하게 정립한다.

기획안 작성 중 여타 프랜차이즈 브랜드들의 동향 및 메뉴 콘셉트에 대한 분석도 병행한다. 분명한 점은 타 브랜드의 트렌드 분석은 철저히 하되 자사의 메뉴개발 과정에는 그들의 벤치마킹을 배제한다는 것이다. 수작요리주가의 원조로서 시장을 선도하기 위한 나름의 철칙이다. 다양하게 준비된 기획안을 두고 직원들이 브레인스토밍을 전개하고 시연해 보면서 후보 메뉴를 15가지 내외로 좁힌다.

이렇게 산출된 후보 메뉴는 2단계에 걸친 품평회를 통해 걸러진다. 특히 포커스 그룹 품평회를 진행하기 때문에 효율적인 신메뉴 선정이 가능하다. 와라와라의 주 타깃인 오피스 레이디, 그것도 27세 오피스 레이디 10~20명을 대상으로 품평회를 연다. 단골고객을 중심으로 해당 그룹을 편성하며 다양한 계층을 고르게 초청해 객관성 및 대표성을 높이고 있다. 이들이 높은 점수를 준 메뉴를 중심으로 점주 대상 품평회를 진행하고, 여기에서 상위에 오른 5~6가지 메뉴가 해당 시즌의 신메뉴로 결정된다.

*INTERVIEW_* R&D사업부 **윤정현 부장**

"두려워하거나 어려워하지 말자."

조리사 출신인 윤정현 부장은 새로운 업무가 할당될 때 겁을 먹기보다는 자신의 능력을 배양할 수 있는 기회로 여긴다. 긍정적인 마인드와 도전정신을 가지고 두려워하거나 어려워하지 말라는 것이다. 한 분야의 일을 더 하게 되면 그만큼 자신의 능력이 업그레이드되는 것이기 때문에 가능한 한 조금 더 많은 일을 하자는 게 그의 생각이다.

04. 베니건스 메뉴개발팀
브랜드 도약 위한 구심점 '셰프의 음식'으로 핸드메이드 강조

베니건스가 올드한 이미지를 벗어던지기 위해 적극적인 브랜드 리뉴얼을 추진하고 있다. 이의 일환으로 최근 구매개발팀으로 묶여 있던 메뉴개발팀이 별도의 부서로 독립했다. 향후 메뉴개발에 관한 제반 업무는 메뉴개발팀에서 전담하게 된다. 메뉴개발팀의 활성화를 위해 새로운 외식 전문가를 영입해 팀을 이끌도록 했다.

❖ 메뉴개발 부문 강화

베니건스의 메뉴개발팀을 활성화시킬 구성원은 아메리칸, 프렌치 등의 양식을 비롯해 일식, 중식, 한식 등 외식조리에 능한 인재들이다. 이들은 새로운 메뉴의 기획과 개발, 신메뉴 개발 후 관리에 이르기까지 메뉴개발과 관련된 제반업무를 수행한다. 특히 메뉴와 연관된 총체적인 직원교육 부문까지 담당한다. 한층 적극적인 팀 운영을 위해 최근 호텔조리 분야의 전문가이자 교수를 역임한 인재를 팀장으로 영입했다. 이들은 연 2회의 정기메뉴 개편과 시즌별 신메뉴 출시(연 2~4회)까지 1년에 5~6회가량 새로운 메뉴를 선보인다. 기존의 메뉴를 수정하고 보완해 재출시하기도 하고 인기품목과 비인기품목을 분석해 비인기 메뉴를 삭제하고 이를 대체할 새로운 메뉴를 개발하고 보강하는 역할을 한다.

특히 올해에는 베니건스라는 브랜드 자체의 올디한 이미지를 탈피하는 데 초점을 두고 메뉴 개편을 진행했다.

❖ 다각적 리서치 통한 정보수집 및 분석

신메뉴 개발을 위해 제품개발팀에서는 리서치와 서베이에 중점을 두고 있다. 국내외 외식시장의 트렌드를 조사하고 다양한 서베이를 통해 시장성과 마켓을 분석함으로써 신메뉴 개발의 기반으로 활용한다. 현재 국내외 고객들은 무엇을 선호하고 있으며 향후에는 고객들의 선호도가 어떻게 바뀔 것인가를 예측하고, 외식시장의 현황을 파악하고 미래를 전망하면서 이에 따른 메뉴개발을 진행하는 것이다.

미국 본사의 메뉴개발 기획도 참고사항이 된다. 우선 시장 자체가 다르기 때문에 100% 적용할 수 있는 메뉴개발 계획은 아니지만 앞서 있는 외식시장인 만큼 참고하기에는 충분하다는 것. 우리 시장에 적용할 수 있는 부분은 수용하고 변형시킬 것은 우리의 상황에 맞도록 접목하는 등 다각적인 접근이 가능한 것이다. 여기에 더해 메뉴에도 라이프 사이클이 있다는 판단하에 과거의 메뉴 트렌드 등을 꾸준히 연구 분석한다. 예전의 연구자료를 수집하고 이를 분석함으로써 큰 틀 안에서 메뉴의 변화상 및 흐름을 어느 정도 예측할 수 있단다. 패션 분야에서 복고풍이 유행했듯 외식업계에서도 복고 메뉴가 다시 떠오를 수 있다는 것이다.

메뉴를 개발하는 데 있어 중점을 두는 기준은 식자재의 고급화, 조리직원의 스킬 전문성 강화, 트렌디한 메뉴개발 등이다. 남들이 사용하지 않는 식자재를 사용함으로써 차별화를 꾀하고 조리직원 누구나가 전문성을 지니도록 하며, 사전조사를 통해 얻어진 트렌드를 정확히 반영한 메뉴가 신메뉴로 인정된다는 의미다.

❖ 최상의 식재로 풍부한 맛 구현

이를 바탕으로 설정된 올 가을을 겨냥한 신메뉴의 콘셉트는 '수확의 계절'이다. 가을은 곡식을 추수하는 수확의 시즌인 만큼 맛의 정점을 지닌 식재료로 풍부한 맛을 구현한다는 전략이다. 가을을 대표하는 각종 버섯류, 채소류, 대하 등 해산물, 견과류, 허브 등을 사용해 마치 햅쌀과 같은 느낌을 자아내는 메뉴군을 선보일 예정이다. 또 건강을 생각하는 메뉴라는 이미지 상승 역시 동시에 꾀할 방침이다.

더불어 셰프의 음식으로 메뉴의 위상도 한 단계 업그레이드할 계획이다. 일반적으로 패밀리레스토랑이라고 하면 실제로는 그렇지 않음에도 불구하고 인스턴트 식품일 것이라는 이미지가 형성돼 있기 때문에 '셰프의 음식'이라는 타이틀을 붙여 분위기를 격상시킨다는 것. 요리 개념을 강조하고 셰프가 직접 만든 음식이라는 점을 내세우고 있다.

❖ 월 1회 메뉴제안 프레젠테이션

베니건스 메뉴개발팀의 또 다른 경쟁력은 매월 메뉴 제안을 위한 정기적 프레젠테이션을 진행한다는 데 있다. 다양한 부서로 하여금 월 1회씩 새로운 메뉴를 자체 개발해 제안하도록 함으로써 자칫 협소해질 수 있는 시야를 넓히고 다양한 메뉴 아이템에 대한 데이터베이스를 확보할 수 있다.

구매팀을 주축으로 다양한 협력업체로부터 새로운 식자재를 추천받게 되고 이를 활용한 신메뉴를 시연해 메뉴제안이 이뤄진다. 또 셰프들 역시 다양한 메뉴제안의 보고다. 이렇게 제안된 다채로운 메뉴들에 대해서 메뉴개발팀에서 해당 메뉴의 타당성을 검토하고 시장반응을 체크하는 등 정기 메뉴제안 프로그램이 활발히 진행되고 있다.

INTERVIEW_ 메뉴개발팀 **양필승 팀장**

메뉴로 시장을 리딩하는 베니건스

새로이 메뉴개발팀을 이끌게 된 양필승 팀장이 가장 중시하는 것은 자유로운 연구 분위기 조성이다. 외식업계에 어려움이 깊어질수록 과감히 투자를 할 수 있는 곳은 극히 드문데, 베니건스의 경우 R&D분야에 적극적인 투자를 아끼지 않고 있다고.

향후 중점을 둘 분야는 기존 패밀리레스토랑의 메뉴군을 벗어나 헬스, 오가닉, 기능성 메뉴들을 다각적으로 개발하는 것이다. 특히 헬스푸드, 오가닉푸드 등의 이미지 자체가 맛이 상대적으로 떨어진다고 굳어져 있는 상황에서 이들 메뉴도 맛있게 만들 수 있는 방안을 연구하고 있다. 이를 바탕으로 메뉴로 시장을 견인하는 브랜드로 자리매김한다는 방침이다.

메뉴개발팀이 뽑은 Best Menu 5

- 몬테크리스토
- 비프앤치킨콤보화이타
- 쉬림프알프레도페투치니
- 컨츄리치킨샐러드
- 트리플콤보스테이크

05. TGIF R&D팀

전통과 혁신 밸런스가 메뉴개발 화두

패밀리레스토랑을 대표하는 브랜드 TGI프라이데이스(이하 TGIF). 18년간 여러 가지 변수 속에서도 꿋꿋하게 자리를 지켜오고 있는 장수 브랜드다. 잭다니엘 스테이크, 텍사스 립아이 등 TGIF의 전설적인 스타 메뉴의 꾸준한 인기와 더불어 빠네파스타 등 신선하고 도전적인 엣지 있는 메뉴들의 선전이 이와 같은 성장에 밑거름이 됐다. 하반기에는 보다 혁신적이면서도 TGIF만의 로열티가 잠재돼 있는 신메뉴를 선보일 계획이다.

◈ 메뉴개발과 위생관리 동시에, 신뢰도 높은 메뉴 창출

R&D팀의 주요 업무는 메뉴개발 및 품질관리, 식품안전 및 위생관리, 전산 및 CRW 커뮤니케이션 등 크게 3가지로 구성돼 있다. 총 4명으로 구성된 R&D팀은 팀장의 총괄하에 각각 메뉴개발 및 품질관리, 식품안전 및 위생관리, 전산 및 CRW 커뮤니케이션에 관한 업무를 분담하고 있다.

메뉴개발 및 품질관리 담당자는 미국 CRW에서 개발한 메뉴의 도입 여부와 성장 가능성을 검토하고 자체 메뉴개발, 품질관리를 위한 현장교육, 식자재 현황조사 및 분석 등의 업무를 전담마크하고 있다. 식품안전 및 위생관리 담당자는 34개의 매장을 수시로 방문해 메뉴 및 식자재의 안전성 및 위생관리를 점검하며 전산 및 CRW 커뮤니케이션 담당자는 메뉴의 원가관리 및 전산 등록을 통한 DB 구축을 도맡고 있다.

보통 메뉴개발팀과 위생관리팀이 분리되어 있는 경우가 많지만, TGIF는 메뉴개발과 위생관리를 R&D팀에서 함께 실시해 메뉴 품질 관리의 효율성을 극대화하며 경쟁력을 높이고 있다. 특히 'TGIF의 메뉴는 언제나 위생적이며 안전하다'라는 신뢰를 쌓음으로써 확고한 고정고객을 확보하는 효과를 가져오고 있다. 이를 위해 R&D팀은 식재별 정확한 영양성분 분석을 통해 건강하고 우수한 품질의 식재만을 선별하고 있다. 트랜스지방이나 포화지방 등의 여부, 발암물질인 아크릴아마이드, 식용 금지 색소 등 위험성이 있는 식재를 선별하고 조리과정에 있어 유해할 수 있는 것들을 철저히 배제하고 있다.

◈ 빈틈없는 '스마트' 메뉴 만들기가 핵심

TGIF의 메뉴는 미국 본사의 CRW에서 개발한 메뉴와 국내 R&D팀에서 개발한 메뉴가 각각 6 : 4의 비율로 구성돼 있다. 브랜드 대표성을 갖는 메뉴와 소비자, 트렌드에 맞는 메뉴를 적절하게 안배함으로써 정통성과 시장성을 모두 충족시킨 것. 메뉴개발은 MOP분석을 근간으로 이뤄진다. MOP분석이란

'Menu Optimize Program'의 약자로 고객의 메뉴 선호 경향을 분석하고 각 메뉴별 수익성과 판매율을 종합적으로 파악하는 것이다.

이와 더불어 시장 트렌드, 경쟁사, 인기 레스토랑 탐방과 동시에 방문 고객 모니터링, FGI(Focus Group Interview) 등 다각도의 분석을 실시하고 있다. 이 과정을 통해 예비 신메뉴 후보들을 선정, 수차례 조리를 반복하며 메뉴의 완성도를 높인다. 이후 TGIF의 핵심 고객인 '케이준 클럽' 멤버와 호텔 주방장, 사내 여러 부서의 품평회를 통해 메뉴의 맛, 연출력, 특징 등에 대한 정보를 수집해 보완·수정 과정을 거친다.

메뉴 자체에 대한 검증과정과 함께 식재가격 추이, 사용기물의 종류, 조리직원의 수용도, 메뉴 카테고리별 편중도 및 상충 여부 등을 고려하는 것도 R&D팀의 주요 업무 중 하나. 단순히 맛있는 메뉴를 개발하는 것이 아니라 품질, 맛, 수익, 호응도 등 여러 측면 측면에서 똑 소리나게 스마트한 메뉴를 개발·관리하는 것이 R&D팀의 업무라고. 이에 TGIF의 R&D팀은 고객 만족, 조리직원의 업무 효율성, 회사 측면에서의 이익 등을 고루 충족시키는 메뉴개발에 초점을 두고 있다.

❖ 지속적인 업그레이드와 틈새전략으로 메뉴 경쟁력 구축

TGIF의 R&D팀은 해마다 1~2회에 걸쳐 신메뉴를 개발하고 있다. MOP분석 등 메뉴 분석을 바탕으로 기존 메뉴를 업그레이드하기도 하고 전혀 없었던 메뉴를 도입하며 메뉴의 생명력을 높이고 있다. 특히 TGIF는 패밀리레스토랑에서 선보이지 않았던 틈새메뉴를 개발해 확고한 차별화를 꾀했다. 빠네파스타가 대표적인 예. 이탈리안 레스토랑에서는 이미 많이 선보인 메뉴지만 패밀리레스토랑 중에서는 TGIF가 최초로 도입한 메뉴로 공헌이익이 높고 조리 효율성도 좋은 베스트 메뉴로 손꼽히고 있다. 즉, R&D의 핵심인 고객만족, 조리직원의 업무 효율성, 회사 측면에서의 이익 등 3가지 조건을 고루 충족시키는 메뉴다.

메인 메뉴인 스테이크의 경쟁력을 강화하는 데에도 주력했다. 스테이크에 냉장육을 사용하고 데미글라스 소스를 개발해 응용하는 등 두 단계 업그레이드를 통해 고객만족도를 높인 것. 하반기 TGIF가 선보일 메뉴는 기존 찹스테

이크의 품질을 높인 '한우육전'이다. 100% 한우로 찹스테이크를 만들어 품질을 높이는 동시에 사이드로 제공되는 볶음밥은 인삼 등을 넣은 영양밥으로 변화를 줘 건강성을 한층 강화한 점이 특징이다. 파스타 메뉴도 새로운 콘셉트의 파스타를 개발해 다양성을 도모한다는 전략이다.

향후 TGIF는 건강하고 신선한 식감의 메뉴를 보강 '라이트(light) 메뉴군'을 추가로 구성할 방침이다.

*INTERVIEW*_ (주)롯데리아 TGIF사업부 R&D팀 **천의민 팀장**

'현장중심, 창의적인 메뉴 개발 실현'

천의민 팀장은 팀원들에게 칭찬보다는 질책이 많다. 'R&D팀의 아주 작은 실수가 매장에서는 매우 큰 실수로 이어질 수 있다'라는 생각에서다. 이에 4명의 R&D 담당자들은 새로운 메뉴를 개발할 때도, 기존 메뉴의 수정과 보완 시에도 사소한 부분까지 꼼꼼히 챙기는 완벽주의자로 소문이 자자하다. 이 같은 세심함과 긴장감을 바탕으로 현장 중심의 메뉴개발, 객관적이고 현실적인 동시에 창의적인 메뉴개발을 실현하고 있다.

R&D팀이 뽑은 Best Menu 5

- 빠네스파이시 크림 파스타
- 스테이크&쉬림프 듀엣
- 잭다니엘 스테이크 앤 쉬림프
- 케이준엔젤 디너
- 햄버거

06. 미스터피자 연구개발팀

'판'을 뒤집을 수 있는 메뉴전략

해외의 굵직한 브랜드 틈 속에서 차별화를 강조하며 당당하게 Big 3 브랜드로 우뚝 선 미스터피자는 국내 브랜드로서 무엇보다 우리 입맛에 맞는 메뉴를 중심으로 인지도를 키워왔다. 해외에 본사가 있는 브랜드가 아니라는 점을 십분 활용, 신속한 의사결정으로 트렌드에 한층 발 빠르게 대응하면서 이제는 국내를 넘어 해외까지 영역을 넓혀가고 있다.

❖ 신제품 개발의 핵심 연구개발

미스터피자의 메뉴개발은 단순히 메뉴개발팀이나 R&D팀의 단독 활동으로 전개되는 것이 아니다. NPD, 즉 신규 제품 만들기(New Product Development)는 R&D팀과 마케팅팀을 중심으로 기획, 구매 등 다양한 부서가 지원사격을 하는 시스템이 구축되어 있다.

전 부서가 유기적으로 연동돼 하나의 새로운 제품을 개발하는 것은 사실이지만 그 핵심은 역시 R&D, 즉 연구개발팀이다. 연구개발팀에서는 피자뿐 아니라 윙, 텐더 등 사이드디쉬에 이르기까지 미스터피자 내 모든 제품을 관할한다. 가장 중요한 것은 신메뉴의 개발이고, 상용화된 전 메뉴에 대한 퀄리티를 유지 관리하는 업무도 진행한다. 최근에는 해외시장 진출을 진행하면서 해외사업 지원 업무도 하나의 중요한 포션을 차지하고 있다.

❖ 미스터피자만의 메뉴로 차별화

미스터피자는 시즌별로 새로운 메뉴를 선보인다. 정기적인 신메뉴 출시는 연 4회인 셈이다. 그러나 이외에도 창립 25주년 기념 등 이슈가 있을 때마다 기획성으로 한정판 메뉴를 출시하기도 한다. 메뉴 콘셉트는 '남들이 가지고 있지 않은 우리만의 것'으로 차별화 포인트를 주고 있다. 이른바 '판을 뒤집을 수 있는' 메뉴를 개발해 시장을 선점하는 데 중점을 두고 있다. 획기적인 아이템이기는 하지만 새로우면서도 기억하기 쉬운 테마를 잡는다는 게 포인트다.

새로운 아이디어를 찾기 위해 연구개발팀에서는 국내의 모든 자료를 수집하고 분석한다. 경쟁사 및 유사업체뿐만 아니라 도넛이나 주점에 이르기까지 전체 외식시장을 아우르는 시장조사를 전개한다. 음식을 비롯해 패션, 식품 등 타 사업군의 트렌드도 살펴보면서 참고자료로 활용한다. 이를 중심으로 전 부서에서 수집한 자료들을 취합하고 브레인스토밍 과정을 거쳐 해당 시즌의 핵심 키워드를 조합해 메뉴 콘셉트를 결정하게 된다.

✤까다로운 절차로 시제품 테스트

이처럼 다각적인 자료수집 및 분석을 중심으로 이뤄지는 아이디어 회의로부터 신제품 개발이 본격적으로 시작된다. 회의를 통해 아이디어를 도출하고 간략한 전략을 세우며, 소비자 성향을 예측한다. 다음 이에 맞춰 관련 부서와 공동으로 신기술, 신소재 조사 등 기초조사를 진행하고, 최종 메뉴 아이템을 결정하는 것이다. 이 과정에서 타깃층을 명확히 설정하고 상품성에 대한 검토와 벤치마킹 등이 이뤄진다.

아이템이 선정된 후에는 식재 등 해당 메뉴를 구성하는 각종 원료를 결정하고 식재들의 최적의 조합을 찾아낸다. 해당 원료의 수급 가능성과 원활한 수급 여부, 공급업체 등에 대한 사전조사를 진행하고 예상원가 산정, 제조공정 보완 등의 작업이 수반된다. 이후 시제품 제작에 들어가는데 이 과정이 가장 어려운 프로세스이기도 하다. 다양한 시연을 거쳐 문제점을 도출하고 수정 보완해 새로운 메뉴가 완성된다.

메뉴가 완성되면 우선 관련 부서에서 시식 평가를 한다. 맛과 함께 시장성 등을 통합적으로 분석한다. 이 과정에서 아예 새로운 시제품이 출시되기도 한다. 이후 고객, 매장직원 등을 대상으로 시식회를 진행하고 각종 서베이를 통해 개선점을 찾는다. 수차례의 수정 및 보완절차를 거친 시제품은 실무회의를 통해 제품의 방향성 검토, 적합성 판단, 도입여부 결정을 하게 된다.

✤고객이 필요로 하는 제품을 개발

미스터피자의 신메뉴 개발은 이처럼 까다로운 절차를 거쳐 완성된다. 그만큼 차별화된 메뉴 아이템을 발굴하기 위한 노력이다. 메뉴개발 시 연구개발팀에서 또 하나의 기준으로 삼는 것이 바로 '필요한 제품'을 만들어야 한다는 것이다. 소비자들의 성향이나 입맛에 대한 트렌드를 조사하다 보면 그들이 원하는 신제품은 필요로 하는 것과 원하는 것으로 나눌 수 있다.

고객들이 현장에서 "이런 메뉴가 있었으면 좋겠어요"라고 말하는 것은 원하는 메뉴이고 소비자들이 원하는 메뉴를 개발할 경우 성공확률이 낮다는 것이다. 친환경시대에 걸맞게 유기농 식재를 사용하는 등 소비자들에게 꼭 필요한 제품으로 승부한다는 전략이다.

✤ 조리 + 마케팅 + 트렌드 = R&D

연구개발팀이 생각하는 **R&D** 담당자는 맛있는 요리만을 만드는 요리사가 아니다. 전문 요리사는 다양한 식재료를 다채로운 조리법으로 최상의 맛을 이끌어내는 데 초점을 맞추는 반면 **R&D** 담당자는 보다 쉽게, 한층 간편하게 맛을 구현할 수 있어야 한다는 것이다.

또 단순히 요리만 잘해서는 안된다. 특급 셰프가 될 필요는 없지만 어느 정도 기본적인 요리 실력은 필수로 갖추고 있어야 하며, 여기에 더해 트렌드를 읽을 수 있는 시각과 마케팅을 전개할 수 있는 마인드가 함께 겸비돼 있어야 한다. 이런 종합적 사고가 가능해야 무수한 아이디어를 현실화할 수 있다는 것이다.

*INTERVIEW_* 연구개발팀 **윤경열 부장**

'기존 아이템이어도 새롭게 주목하도록 만들어야'

'남들이 가지고 있지 않은 새로움'이라는 기준에 맞게 윤경열 부장은 '퍼플 카우'마케팅을 그의 모토로 하고 있다. 일반적인 상식을 뛰어넘는 새로움으로 소비자들에게 확실한 인지를 심어줄 수 있는 '리마커블(Remarkable)' 마케팅을 전개한다는 것. 하나같이 누런 소의 일련에서 보라색 소가 주는 신선함과 충격은 한정된 식재와 제한된 메뉴 아이템을 어떻게 활용하느냐에 따라 퍼플 카우가 될 수 있다는 것이 그의 생각이다.

07. 도미노피자 제품개발팀
도우 위에서 세계의 모든 요리를 만나는 그날까지

'배달 전문'이라는 브랜드 콘셉트로 인해 여타 브랜드에 비해 한층 역동적이어야 한다는 도미노피자. 그래서 스마트폰 애플리케이션에서도 타 브랜드에 비해 발 빠른 행보를 보이고 있다. 소비자들의 관심을 조금이라도 더 끌기 위해 더욱 다양한 메뉴를 선보여야 하고 이와 어울리는 사이드 메뉴들도 시시각각 변화를 줘야 한다. 새로운 메뉴개발을 위해 하루에도 대여섯 판의 피자를 맛본다는 제품개발팀이 그 중심에 있다.

✤ 작지만 강한 제품개발팀

도미노피자의 제품개발팀은 말 그대로 작지만 강한 팀이다. 팀 구성은 3명이 전부다. 작은 인원으로 수없이 많은 업무를 진행하면서 분주한 나날을 보내고 있다. 연 4회 정기메뉴 개편을 통해 신메뉴를 선보이고, 봄 시즌과 가을 시즌을 중심으로 연 10개 이상의 사이드메뉴도 출시한다. 새로운 식재를 끊임없이 발굴하고, 하루가 멀다 하고 새로운 메뉴를 만들어보고 시식을 해보는 등 몸이 열 개여도 모자라고 하루가 48시간이어도 부족할 만하다.

✤ 대중을 만족시키는 메뉴 아이템 개발

도미노피자의 새로운 메뉴개발은 메뉴 콘셉트 결정, 기획 및 개발, 테스트 등의 과정을 통해 이뤄진다. 전 부서가 공동으로 진행하는 전체회의를 통해 메뉴 콘셉트의 방향성을 결정하고, 메인 식재를 무엇으로 할 것인지 등 세부사항을 조율한다. 이후 다양한 시연을 통해 후보 메뉴를 3~4가지 정도 만들어낸다. 이렇게 만들어진 후보메뉴를 가지고 직원 대상 1차 테스트를 진행하고 일반 소비자들을 대상으로 2차 테스트 과정을 거친다.

이런 과정을 통해 선정되는 최종 후보메뉴는 단 한 가지다. 이 과정에서 선정된 최종 후보메뉴라고 해도 신메뉴로 출시되는 것은 아니다. 메뉴가 결정되면 해당 메뉴에 대한 상품성, 제품의 타당성 등을 따져봐야 하기 때문. 검증과정에서 문제가 발생할 경우 수정 및 보완이 가능하지만, 아예 삭제되고 처음부터 다시 시작하는 경우도 다반사라고.

신메뉴를 기획하고 개발하기 위해서 가장 중요한 것이 바로 메뉴 아이템 선정이다. 다양한 메뉴 아이템 확보를 위해 참고할 수 있는 것은 모두 벤치마킹의 대상이 된다. 피자에 국한되지 않고 외식업계 전체에서 대중이 좋아하고 있는 음식은 무엇인가, 현재 외식업의 트렌드는 무엇인가 등 다채로운 시각에서 시장조사를 진행한다. 한 걸음 물러나서 한층 넓은 시야로 시장조사에 임하고 있다. 외국의 잡지 등에서도 힌트를 얻고는 한다.

대중들이 좋아하는 음식에 주안점을 두는 이유는 도미노피자의 기본 방침이 일부 마니아층을 겨냥하는 것이 아니라 남녀노소 누구나 즐길 수 있는 피자를 지향하고 있기 때문이다. 성별이나 연령에 상관없이 두루두루 좋아할 수 있는 대중성을 갖춰야 한다는 게 기본 원칙. 한국인 전체가 만족할 수 있는 식재를 찾는 게 중요한 이유이기도 하다. 피자라는 메뉴 자체의 특성상 토핑을 중심으로 신메뉴 개발이 이뤄지기 때문에 식재 개발이 관건이라 할 수 있다.

❖ 피자에 오른 세계요리

도미노피자 메뉴의 테마는 '세계요리피자'다. 말 그대로 세계의 요리를 피자 위에 올리겠다는 게 근본적인 메뉴 콘셉트다. 태국의 요리를 담은 타이타레, 이탈리안 갈릭스테이크, 영국풍 로스트비프 등 세계요리를 테마로 한 신메뉴들은 출시할 때마다 선풍적인 인기를 끌고 있다. 새로운 맛에 대한 거부감이 적은 신세대들을 중심으로 호응을 얻고 있는데 새로운 메뉴를 수시로 원하는 소비자들의 욕구에 가장 잘 부합한다는 자체 평가다.

향후에도 메뉴개발의 큰 타이틀은 세계요리에 맞춰질 예정이다. 유럽 등 새로운 지역의 메뉴를 도입해 피자에 접목시키는 연구 개발이 지속적으로 이뤄질 예정. 그러나 마니아층을 제외하고는 수요가 적을 수 있는 지나치게 독특한 메뉴는 고려 대상에서 제외하고 있다.

최근에는 소비자들의 관심이 건강에 맞춰져 있다는 점을 감안해 건강하게 먹을 수 있는 웰빙 메뉴개발에도 무게중심을 두고 있다. 피자이지만 기름기를 줄이고 토핑 재료의 칼로리를 낮추는 등 웰빙 피자 메뉴로 고객들에게 신뢰를 준다는 것.

❖요리와 피자의 원활한 접목 어려워

메뉴개발 업무를 진행하면서 가장 어려운 점은 요리와 피자의 접목이다. 세계의 요리를 발굴하고 맛있는 메뉴를 선정해 시연하는 것까지는 큰 어려움이 없지만, 도미노피자에서는 요리메뉴의 개발 이후에도 이를 피자로 업그레이드해야 한다는 한 단계의 절차가 더 남아있는 것이다. 이 과정에서 요리 자체는 문제가 없는데도 피자로 변형했을 경우 어울리지 않을 수가 있다. 요리를 피자로 접목시켜 새롭게 완성된 맛으로 옮겨오는 작업이 가장 어려운 업무 중 하나다.

또 피자의 경우 새로운 메뉴는 토핑의 변화에 중심이 있는데 피자 토핑으로 활용할 수 있는 식재는 한정적인데 꾸준히 신메뉴가 출시돼야 한다는 점이 난제로 꼽힌다. 제한된 식재료를 이용해 얼마나 다채로운 메뉴를 이끌어내느냐가 중요한 이유다.

*INTERVIEW*_ 제품개발팀 **한상인 팀장**

"고정관념을 버려야 다양한 시도가 가능합니다."

한상인 팀장은 창의성을 가장 중시한다. 크리에이티브한 생각을 갖는 게 중요하다는 것. "이 재료는 이렇게 요리할 수 없어, 그 재료로 어떻게 그렇게 만든다는 거지?" 등의 고정관념을 버려야 한다는 게 한 팀장의 지론이다. 식재에 대한 조리법이 이미 정해져 있다 하더라도 일단은 그에 대한 선입견을 버리고 무조건 시도를 해봐야 한다고 강조한다.

고객의 건강과 행복을 중시하고 고객을 식구처럼 생각하고 가족의 마음으로 새로운 메뉴를 개발해야 그 마음을 소비자들에게 고스란히 전달된다고 믿는 한상인 팀장. 그는 일단 시도를 해보고 나서 안된다고 말해도 늦지 않으니 모든 가능성을 열어두라고 말한다.

출처 : 월간경영, 2010년 10월호

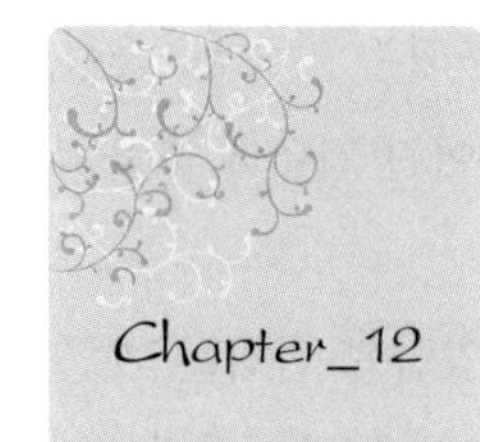

외식산업의 식재료관리

01 식재료관리의 의의

식재료관리란 영업활동에 필요한 식재료를 효율적으로 관리하기 위한 과학적인 관리기술이라 할 수 있으며, 식재료관리는 영업활동에 필요한 품목을 명확히 파악하는 때부터 시작된다.

식재료관리의 과정은 구매관리 · 검수관리 · 저장관리 · 재고관리 · 출고관리의 순서로 행하여진다. 부적절한 구매 및 잘못된 재고관리의 관행은 구매비용을 상승시키며, 상품의 가치하락 및 재료의 높은 부패율을 초래하여 식재료원가는 올라가고 이윤의 폭은 떨어지는 결과로 이어지기 때문에 식재료관리가 중요하다.

그러므로 외식업 운영에 있어서 식재료를 언제, 어디서, 누가, 어떻게 구입하느냐의 문제가 영업에 미치는 영향은 매우 크다. 양질의 식재료를 구입하기 위한 노력은 곧바로 업소의 이익과 직결된다. 일반적으로 외식업체들의 식재료구매는 대형 유통업체에 일임하거나 전문업체와 직접 거래하기도 하며, 도매시장이나 식재료 마트에서 구입하는 형태이다.

1. 식재료의 개념 및 관리의 목적

외식산업의 영업활동에 수반되는 물자는 원자재, 부자재, 소모품, 비품, 저장품,

제공품, 매입상품, 기계 · 장치 · 설비와 이의 보수 · 유지에 사용되는 부속품, 금형, 소모성 공구 및 각종 영선자재 등이 총망라되어 완벽하게 갖추어진 가운데 효율적으로 운영되어야 한다.

그러나 어떠한 외식업체라도 이 같은 내용을 모두 갖추고 영업을 한다는 것은 대단히 어려운 실정이다. 일반적으로 외식업체에서는 식재료의 범위를 원재료로 한정한다. 원재료란 음식을 만들기 위하여 직접적으로 투입되어 소모되는 소재들을 의미하는데, 원가가 보통 30~40% 정도 차지하는 만큼 식재료관리는 중요하고, 필요한 식재료를 알맞게 구매하여 최선의 상태를 유지함으로써 이윤창출에 공헌하며, 소비되는 자재를 줄여서 식재료의 질을 높이고, 최상의 상품을 유지하는 것이 식재료관리의 목적이다.

2. 식재료의 특성 및 문제점

1) 식재료의 특성

(1) 유통기한 존재

식재료는 공산품과 달리 일정기간 내에 사용해야 하는 기간이 정해져 있다. 일정한 기간 내에 사용하지 않으면 식재료로 부적합하기 때문에 재고가 남아 있지 않도록 공급이 소량이면서도 지속적으로 이루어져야 한다. 이러한 식재료의 특성으로 인하여 재고가 지속적으로 남아 있지 않도록 하나하나에 대한 관리가 이루어져야 한다.

(2) 가격의 불안정

농수산물의 대부분은 날씨의 영향을 크게 받고 생산 공급이 불안정하기 때문에 가격 및 공급량의 변동 폭이 크다. 이러한 현상은 식재료의 가격이 일정하지 못한 특성을 가지고 있다.

(3) 규격화의 곤란

농수산물은 동일한 품종이라도 생산량과 품질이 균일하지 않기 때문에 표준화가 곤란하고, 자동화가 어려워서 인력을 많이 필요로 하는 특성이 있다.

(4) 조리기술상의 과다

대부분의 농수산물은 가격에 비하여 무게와 부피가 상대적으로 크기 때문에 운송에 많은 시간과 비용이 소요되어서 산지가격에 물류비를 계산하면 생산원가에 비해서 가격이 비싸다.

2) 식재료의 문제점

공산품처럼 규격화나 저장성이 약하기 때문에 가격 및 공급량의 변동 폭이 크고, 식재료가 다양하므로 균일화·규격화시키기가 어려운 것도 하나의 문제점이지만, 외식업체 경영자 측면에서 보면 품질의 문제, 유통의 문제, 가격문제, 조작성의 문제가 외식업을 운영하는 경영자에게 주된 문제점이 된다.

(1) 품질문제

외식산업은 여러 식재료를 이용하여 요리한 메뉴를 고객에게 제공하는 업이다. 최종요리를 마치는 단계에서 높은 품질의 요리가 만들어지는 것이다. 외식산업에 있어서 이용하는 식재료의 선택은 이 점을 기준으로 선택하여, 식재료 가공처리기술도 이러한 관점에서 평가되는 것이다.

(2) 유통문제

국내 식재료시장은 유통구조가 체계적이지 못하고 복잡하기 때문에 가격형성이 일정하지 않다. 또한 실제 식재료의 산지나 유통기간·품질등급 등을 속여서 폭리를 취하는 유통업체도 있으며, 고객에 따라서 가격대가 틀리게 형성되는 것이 관행이므로 외식업체 입장에서는 거래하는 업체를 신뢰하지 못하여 효율적인 구매가 이루어지기 힘든 실정이다.

(3) 가격문제

가격문제에서는 싼 값으로 식재료를 구할 수 있느냐 하는 것과 매입가격을 장기간 고정화시킬 수 있느냐 하는 문제이다. 매입가격을 장기간 고정화시킬 수 있으면 안정된 영업을 할 수 있으나, 매입가격이 시종 변동하면 경영 자체가 안정되지 않는다는 어려움이 있다.

(4) 조작성의 문제

외식산업을 요리의 관점에서 보면, 식재료를 독특한 조리기술로 가공하여 음식을 제공하는 것을 기본으로 하는 경우와 다른 한편으로는 조리부분이 가능한 기계장치로 대체하여 요리과정을 시스템화시켜 생산하는 경우로 나눌 수 있다. 이 같은 작업 시스템의 상황에서 식재료를 취급하기 위해서는 자체의 조작성 우열에 크게 지배받게 된다.

3. 식재료의 분류

외식업체에서 소비하는 식재료는 매우 다양하기 때문에 효율적인 관리를 위해서는 유사한 성격 및 특성이 존재하는 식재료를 분류하여 관리하는 것이 최상의 방법일 것이다. 식재료의 분류는 일반적으로 음료와 식료로 분류하고, 다시 국산과 수입산으로 구분한다. 이것을 다시 육류・가금류・육가공품류・생선류・어패류・유제품・향신료・야채류・과일류・잡품류 등으로 대분류하고, 필요에 따라서 중분류・소분류한다(나정기, 1997 : 46-50).

음료의 경우에는 위스키, 진, 보드카, 럼, 브랜디, 리큐르, 와인, 아페리티프, 샴페인, 맥주, 주스류 및 소프트 드링크, 기타 등으로 분류한다. 위스키의 경우에는 특히 산지에 따라서 스카치 위스키, 아일리쉬 위스키, 아메리칸 위스키, 캐나디안 위스키로 분류하고, 다시 스카치 위스키를 스카치 위스키 프리미엄, 스카치 위스키 스탠다드로 분류하기도 한다. 또한 와인은 레드와 화이트로 구분하여 저장하고, 산지별로 구분하여 저장한다.

식음료재료는 저장하는 장소에 따라 분류하고, 때에 따라서는 구매와 검수의 절차를 걸쳐서 들어온 식재료가 저장창고에 저장하느냐, 혹은 주방으로 직접 가느냐에 따라서 식재료를 분류할 수도 있다.

1) 저장장소에 따른 분류

식재료를 저장할 장소는 냉동창고와 냉장창고 및 일반 저장창고로 나누어지는데, 식재료의 종류와 상태에 따라서 장기간 보관할 수 있는 식재료가 있는가 하면, 식재료의 특성상 단기간 보관할 수밖에 없는 품목들도 있다.

(1) 냉동창고 보관 식재료

주로 냉동된 육류·생선류·야채류 등으로 냉동창고에서 냉동상태로 보관한다. 냉동식재료지만 함께 보관하는 것이 아니고, 식재료의 특성을 고려하여 각각 분류하여 냉동창고에 보관한다.

(2) 냉장창고 보관 식재료

비교적 너무 장시간 사용하지 않는 식재료를 신선하게 사용하기 위해서 보관하는 장소로 주로 야채·생선류·육류·난류·가공식품·유제품·생선류·어패류 및 신선한 가금류 등을 품목별로 분류하여 보관하는 것이 이상적이다.

(3) 일반저장창고 보관 식재료

일반창고에 보관하는 식재료의 경우에는 상온에서 보관이 가능하며, 비교적 보관기간이 긴 식재료로는 곡물류·소스류 및 각종 향신료 등이 여기에 속한다.

(4) 음료저장창고

최상의 상태에서 음료를 분류할 수 있게 만든 창고이며, 음료의 특성에 따라 상온에서 보관하는 것과 시원한 상태로 보관하는 음료가 있다. 또한 음료의 보관을 위해서는 와인 셀러wine cellar를 갖추어야 한다.

2) 검수 후 식재료 보관에 따른 분류

(1) 저장구매

저장구매store purchase는 식재료가 구매되어 검수를 거친 후 일단 저장고로 입고(入庫)되는 품목을 말한다. 주로 보관기간이 장기간인 냉동된 식재료·곡물류·가공식품 · 캔종류 등이 여기에 포함된다.

(2) 직접구매

직접구매direct purchase는 식재료를 구매하여 저장하지 않고 바로 영업장이나 주방으로 보내어 생산 및 판매가 이루어지도록 하는 식재료를 말한다.

3) 일반적인 식재료 분류

조리를 위해 일반적으로 축산물 · 농산물 · 수산물 · 유지 · 가공식품 · 음료 · 비식품류 등이 식재료로 사용되고 있으며, 이를 상세히 분류하면 〈표 12-1〉과 같다.

표 12-1 일반적인 식재료 분류

식재료 구분		내 용
축산물	육 류	쇠고기, 돼지고기, 가금류(닭, 오리, 칠면조 등), 기타(양고기 등)
	유제품류	우유, 치즈, 버터, 요구르트
	육가공류	베이컨, 햄, 소시지
농산물	곡 류	쌀, 보리, 밀 등
	야채류	잎채소류(셀러리, 시금치 등), 뿌리채소류(당근, 감자, 우엉 등)
	과일류	사과, 배, 포도, 오렌지 등
수산물	어 류	광어, 조기, 참치 등
	갑각류	게, 가재, 새우, 바닷가재 등
	패 류	조개, 석화(굴)
	연체류	오징어, 문어
	해조류	김, 미역
유 지	각종 동·식물성 기름	참기름, 들기름, 올리브유, 라드유
가공식품	일반가공품	옥수수캔, 냉동만두, 건포도, 잼, 각종 소스, 토마토케첩
	조미료류	소금, 후추, 다시다, 설탕 등
음 료	주 류	소주, 맥주, 와인, 양주
	음료수류	커피, 주스류, 콜라, 사이다
기 타	비식품류	종이냅킨, 세제, 요지 등

4. 재고관리

1) 재고관리의 의의

재고관리란 생산판매에 필요한 자재를 획득하기 위해 자금을 자재로 변화시키는 과정에서 어떤 품목을 얼마나 보유할 것인가를 결정하고, 효과적인 자본효율을 달성할 수 있도록 재고를 적정수준으로 운영하며, 구매한 자재를 적기 · 적소 · 적품으로 공급이 가능하도록 저장 · 분배하는 과학적인 관리기술이다.

식음료재고는 식재료의 제조과정에 있는 것과 판매 이전에 있는 보관 중인 것으로서 식재료는 필요 이상으로 과다하게 보관될 경우 자금이 묶여 유리한 투자기회를 상실하게 되고, 식재료의 손실을 초래하며, 과다한 자본이 재고에 묶이게 되어 필요 이상의 유지관리비가 요구된다. 반대로 재고량이 너무 적으면 식음료상품 구성이 지연되거나 판매기회를 상실하는 손실을 입게 된다.

2) 재고관리의 목적

식재료는 장기간 보존이 불가능하고, 고객의 주문생산에 의존하는 특성을 갖고 있기 때문에 식음료상품의 특성에 맞는 재고관리가 적절히 이루어지지 않으면 안 된다. 재고관리란 한마디로 상품구성과 판매에 지장을 초래하지 않는 범위 내에서 재고수준을 결정하고, 재고상의 비용이 최소가 되도록 계획하고 통제하는 경영기능을 의미한다. 이와 같은 관점에서 볼 때 재고관리는 언제 주문할 것인가와 1회 주문량을 얼마로 할 것인가를 결정하는 문제, 즉 주문시기와 주문량의 결정문제이다.

재고관리의 목적은 다음과 같다.

① 유동자산가치의 파악
② 재고품 양태의 파악
③ 식재료 원가비용과 비실현비용의 파악
④ 재고회전율의 파악
⑤ 신규주문 대비

이 밖에 재고관리는 고객을 위한 서비스가 재고비용과 균형이 이루어지도록 적정한 재고를 유지하는 것이 주요목적이라 할 수 있다. 즉 재고비용을 최소화하면서 고객의 수요에 대응하고, 고객 서비스를 만족시키며, 생산과정에 필요한 원료의 재고부족이 발생하지 않도록 사전통제를 하는 것이다.

3) 전산재고 관리방법

(1) POS

POSPoint Of Sale 관리방법은 백화점이나 할인마트 등에서 사용하는 일체형 관리 시스템이며, 메뉴가 판매되면 자동적으로 각각의 식재료로 분류되어 원가가 계산되는 시스템이다. 판매된 데이터가 정확히 출력되며, 시간대별 · 가격대별 판매량 등 일련의 자료가 출력된다. 여기에 메뉴에 투입되는 각각의 식재료를 입력하여 자동으로 재고를 환산하여 주는 별도의 프로그램이 있다.

(2) 재고 프로그램

일반적으로 식재료 관리의 필요성이 적은 소규모 외식업체에서 많이 사용하는 프로그램이며, 메인 전산과는 연결되지 않지만 유연성이 많아 소규모 사업장에서 사용하기에 알맞다.

이 개별 프로그램으로 재고관리를 할 경우 식재료 자동전산화의 어려운 점은 다음과 같다.

① 메뉴에 투입되는 식재료의 규격과 질이 일정하지 못하고, 수급 또한 불안정하다.
② 메뉴생산은 사람의 손으로 하기 때문에 정확하지 못하다.
③ 생산된 메뉴가 저장되지 아니한다.
④ 입고된 식재료가 곧바로 사용되는 것이 아니고 중간단계의 가공품으로 변환되므로 관리가 까다롭다.
⑤ 기타 적용할 변수가 많이 발생된다. (컴플레인으로 인한 반품, 직원식당, Comp. 폐기 등)

식재료는 하나의 메뉴에 투입되는 각각의 식재료가 여러 가지이고, 또한 매우 소량으로 사용되므로 만일 정확하게 계산되어 원가관리를 하게 된다면 많은 문제점을 야기할 수 있기 때문에 현장에 적용시키기에는 어려움이 많다.

일반적으로 조리할 때 표준량standard recipe이 있어 여기에 맞추어 조리하게 되어 있지만, 이는 조리의 특성상 양까지는 맞추기 어려워 10인분씩으로 레시피recipe를 작성한다. 예를 들어 야채 10kg이 입고되었다면 10kg을 바로 조리하여 사용하는 것이 아니라, 뿌리부분과 줄기부분을 어느 정도 제거해야 하므로 실제 사용되는 양은 5kg쯤 될 것이다. 그러나 4kg이 입고된 것을 2kg으로 환산하여 원가를 설정할 수도 없는 일이다.

(3) 수작업관리

수작업은 먼저 장부에 모든 것을 표기하는 것을 기본으로 하여 규모가 큰 외식업체에서는 다른 표현으로 검수장부와 구매 리스트 및 원가보고서 등으로 분류하고 있지만, 하루를 기준으로 했을 때 모든 거래내역 및 불출내역을 기록하는 것이 가장 쉽고도 안전한 방법이다. 외식업체의 식재료 입고량, 불출내용, 유효기간이 가까운 식재료 등을 적는 작업이며, 기록한 장부를 1주일 단위나 한 달의 단위로 정리하는 방법이 수작업의 기초가 된다. 여기에 분류규칙이 정해지게 되고, 최종 관리방법에 대한 조정만 하면 된다.

이러한 수작업의 장점은 모든 자료가 정확하게 기록되는 것이고, 누구나 손쉽게 할 수 있다는 것과 장부를 잃어버리지만 않으면 영구보관된다는 것이다.

먼저 전산화하기 전에 이러한 수작업을 계속해서 운영·관리해 나가면 전산화의 구도방법이 나타날 것이며, 따라서 전산 프로그램을 구입할 경우, 자신에게 맞는 어떤 프로그램을 선택할 것인가를 알 수 있게 된다.

4) 적정재고량

재고관리에서 가장 중요한 것은 부족하지도 않고 넘치지도 않는 적정량으로 재고관리를 해주는 것이다. 그러나 실제적으로 적정재고량을 유지한다는 것은 매우 어렵고, 복잡한 작업이기도 하다.

① 최대 · 최소 관리방법 : 일정한 양을 정해두고, 재고량이 감소하면 구매를 하여 항상 일정한 최대재고와 최저재고 내에서 재고량을 상비하도록 관리하는 방법이다.
② 비율법 : 최대 · 최소의 재고 대신 평균사용량의 비율을 기준으로 하여 관리하는 방법이다.
③ 확률적 통계방법 : 여기에는 확률모델과 통계모델을 구분하며, 통계모델은 수요량 · 납입기간 등 알려진 결정요소가 확정되었을 때 주문량이나 그 시기를 결정하는 것이다.

5) 재고관리의 비용

재고관리에는 항상 비용이 발생하는데, 비용은 크게 세 종류로 다음과 같다.

① 주문비용 : 식재료를 보충 · 구매하는 데 소요되며, 청구비 · 수송비 · 검사비 등이 포함된다. 이 비용은 고정비의 성격을 띠고 있기 때문에 주문량과는 무관하다.
② 재고유지비용 : 이는 재고보유과정에서 발생하는 비용으로 보관비 · 세금 · 보험료 등이 포함된다. 이는 변동비의 성격을 띠고 있다.
③ 재고부족비용 : 충분한 식재료를 보유하지 못함으로써 발생하는 비용을 말한다. 식재료 부족으로 인한 생산기회나 판매상실 및 생산중단 등으로 업소에서 입게 되는 비용이다.

02 구매관리

구매관리란 경영주체가 그 업소의 판매기능을 수행하기 위하여 필요한 원자재와 여타 주변자재들을 필요한 시기에 최소한의 비용으로 다른 경영주체로부터 획득하기 위한 관리활동을 말한다. 구매활동에서 필수적으로 고려되어야 할 것은 품질,

수량, 시기, 가격, 공급원, 장소 등으로 이 모든 것이 조화를 이루어 기업의 원가절감과 상품관리 및 능동적인 고객대응이 이루어질 수 있게 하는 것이다.

또한 식재료를 구매할 때는 다음과 같은 점을 고려해야 한다.

① 어떤 음식을 만들고자 하는가?
② 얼마 정도의 음식을 만들고자 하는가?
③ 필요한 식자재의 질과 양은 어느 정도인가?
④ 어떤 방법으로 구매할 것인가?
⑤ 구매에 대한 결정권과 책임자는 누구인가?
⑥ 필요한 서류는 무엇인가?

구매관리는 납품업체와의 계약방법이나 식재료에 관한 효율적인 사전조사를 통해 최상의 식재료를 최저의 가격으로 적기에 구매하는 하나의 관리기술이므로 이러한 다단계의 구매과정을 효과적으로 수행하기 위해서는 유능한 구매자, 훌륭한 표준구매 규격명세서 그리고 효과적인 구매방법 및 과정이 설정되어 있어야 한다.

구매관리를 종합하여 정의해 보면 다음과 같다.

① 생산활동과정에서 생산계획을 달성할 수 있도록
② 생산에 필요한 식재료를
③ 양호한 거래처로부터
④ 적절한 품질을 확보하여
⑤ 적당한 시기에
⑥ 필요한 수량만을
⑦ 최소의 비용으로 구입하기 위한 관리활동이다.

1. 구매절차

구매업무는 식당의 규모나 물품의 내용에 따라 다소의 차이는 있으나 대체로

〈표 12-2〉와 같이 다섯 단계로 구매절차를 살펴볼 수 있다.

표 12-2 식재료의 구매절차

절 차	내 용
구매의 필요성 인식 ⇩	· 구매업무의 출발단계 · 구매청구서 작성 → 특정품목이나 소요량 파악 · 총괄적 물품소요량에 대한 서류작성
물품요건의 기술 ⇩	· 구매대상품목에 대한 정확한 기술 : 개인적 지식, 과거의 기록자료, 상품안내책자 활용 · 오류발생 방지 → 비용발생 억제 → 영업기회 상실방지
거래처 설정 ⇩	· 시장조사 → 가격과 공급시장의 여건 · 견적서 접수
구매가격 설정 ⇩	· 최소비용, 최고품질 · 생산성과 수익성 고려
발주 및 주문에 대한 사후점검 ⇩	· 주문은 서류작성이 원칙 · 주문서 사본작성 → 검수부, 회계부, 물품사용부서, 재고관리부서 · 주문서 도착확인 → 적시공급
송장의 점검 ⇩	· 주문내용과 송장내용 비교 → 물품내역, 가격 · 송장의 내용과 검수부의 수령내용을 비교
검수작업 ⇩	· 구매주문서에 의한 현물 확인 · 대조 · 주문내용에 대해 발생된 차질의 처리 및 반품 · 검수일지 작성(수령일보) · 입고 확인
기록 및 기장관리	· 구매내용의 정리 · 보관 · 주문서 사본, 구매청구서, 물품인수장부 검사 또는 반품에 대한 보고기록

(1) 제1단계

필요한 상품을 생산하는 데 적합한 품질과 기타 요소들을 고려하여 필요한 자재를 결정한다.

(2) 제2단계

필요한 품목을 적합한 가격과 최상의 상품으로 시장 내에서 지속적으로 공급받을 수 있는지를 찾아내는 단계이다.

(3) 제3단계

시장조사로 얻어진 자료를 토대로 품목조사 및 구입결정 여부를 정하는 단계이다.

(4) 제4단계

구매품목이 결정되면 구매자와 판매자 사이에 구매시기 · 구매량 · 구매가격 · 배달방법 · 결제방법 등과 같은 상세한 내용을 협상하게 된다.

(5) 제5단계

제5단계는 품목사용에 따른 효율성과 경제성을 평가하는 마지막 단계이다. 효율성과 경제성이 제대로 평가되지 않으면 구매활동이 제대로 이루어졌는지 그 여부를 알 수 없다. 경제성과 효율성은 가치분석을 통하여 알 수 있는데, 가치분석은 구매가 완료되었을 때 최적의 구매가 이루어졌는지를 평가하는 것으로, 상품의 질을 성능과 만족도 및 납품업체의 서비스로 측정하는 것이다.

2. 구매활동의 목표

1) 적절한 수준의 공급유지

적절한 재고수준은 식재료 공급부족으로 인하여 판매되지 못하는 불상사를 방지할 수 있으며, 과다한 재고를 보유하면 현금의 유동성을 떨어뜨리고 재고유지비용을 증가시킨다. 또한 장기보관으로 인하여 유효기간이 지나서 식재료를 못 쓰게 되는 경우를 방지할 수 있다.

2) 식재료의 품질유지

좋은 음식을 만들려면 식재료가 좋아야 하는 것은 당연한 것이며, 고객들에게 일정한 음식을 제공하기 위해서는 식재료를 연중 많은 변화없이 구매할 수 있어야 한다.

3) 최저수준의 EPC

동일한 크기와 가격으로 구매한 식재료라도 잘못 구매하면 가식부율EPC : Edible Portion Cost이 낮아지고, 원가가 그만큼 높아지게 된다. 구매자는 가식부율이 높은 식재료를 구매할 수 있는 안목을 키워야 한다.

4) 비교우위 유지

구매담당자는 납품업자들에게 좋은 식재료를 싼가격으로 구매할 수 있도록 노력해야 한다. 여기에는 대량구매 · 계약구매 · 경쟁입찰 등 다양한 방법이 있다.

3. 구매활동과 기능

식재료의 구매는 외식업뿐만 아니라 호텔의 경우에도 전체구입액 중 약 60%로 가장 많은 비중을 점유하고 있고, 식재료가 차지하는 비중을 다시 세분하면 육류 및 수산물이 약 55%, 채소류가 12%, 청과류가 7%이며, 곡물류 및 기타 잡류가 25%를 차지하고 있다(월간식당, 2000. 10 : 162). 외식업체의 구매는 직감적인 구매에서 탈피하여 조직적이고 과학적인 구매활동이 이루어져야 하는데, 구매부서의 주요 의무사항은 다음과 같다.

① 구매시기의 결정determine when to order
② 재고량 점검control inventory levels
③ 품질기준 설정establish quality standards
④ 구매명세서 작성determine specifications
⑤ 경쟁적 입찰자 획득obtain competitive bids
⑥ 납품업자 사전조사investigate vendors
⑦ 배달조건과 시기 결정oversee delivery
⑧ 배달감독oversee delivery
⑨ 반품에 대한 조건결정negotiate refunds
⑩ 과잉구매 혹은 과소구매상황의 조절handle adjustments

⑪ 신상품의 허가approve new products

⑫ 대금결제invoice payment

1) 최적량의 재고유지와 관리

최적량의 재고관리는 외식업체 운영에 있어서 매우 중요한 의미가 있는데, 식재료 재고량이 과소하면 잦은 식재료 부족으로 인한 영업의 손실 및 서비스질의 저하로 고객에게 불신감을 줄 수 있기 때문이다. 또한 과잉재고는 많은 비용 및 저장시설이 필요하고, 운전자금도 많이 든다. 적정량을 보관하기 위하여 업소의 지배인과 구매담당자가 함께 정기적으로 재고를 파악하고 있어야 하며, 이를 위해서는 재고량을 일정한 재고양식에 기입·서명한 서류를 효과적으로 관리해야 한다. 이를 통하여 창고의 재고품이 너무 오래 보관되면 외식업체 상품의 질이 저하된다.

2) 구매량 결정

식재료의 구매량을 결정하는 데에는 여러 가지 변수를 고려하여야 한다. 식재료의 경우 일반자재와는 달리 저장상의 문제, 예측의 어려움, 계절성을 지닌 구매시장의 조건 등과 같은 변수가 구매하여야 할 적정량의 결정에 영향을 미치기 때문에 현실적으로 납득할 수 있는 수치적인 구매량의 결정이 어려운 것은 사실이다.

경제적 주문량EOQ : Economic Order Quantity 결정공식은 다음과 같다.

$$\text{경제주문량} = \sqrt{\frac{2FS}{CP}}$$

F : 1회 주문에 소요되는 고정비용

S : 연간 매출액, 또는 사용량

C : 관리비용(보험, 이자, 저장)

P : 단위당 구매원가

예를 들어, 특정 레스토랑에서 특정 아이템의 연간 사용량이 1,000kg이고 관리비용이 재고가치의 15%, 단위당 구매원가 12원, 그리고 주문에 소요되는 고정비용이

8원일 때 경제주문량은 다음과 같다.

$$EOQ = \sqrt{\frac{2 \times 8 \times 1,000}{15\% \times 12}} = \sqrt{\frac{16,000}{2.0}} = 89.4kg$$

$$EOQ - 1,000 \div 89.4kg = 10.6회$$

즉, 1년간 경제적 주문횟수 = 365 ÷ 10.6 = 34일마다 주문하면 된다.

위의 계산에서 보여주듯이 1년간 몇 회를 주문하여야 하는지를 알고 싶다면 연간 사용량을 경제적인 주문량으로 나누면 된다.

적정량의 재고를 유지한다는 것은 계산적으로 되는 것이 아니다. 수요와 소비에 대한 꾸준한 분석이 있어야만 적정량에 가까운 재고를 유지할 수 있다.

4. 식재료구매

1) 식재료구매 기본과정

효율적인 식재료구매를 위해서는 식음자재의 질・서비스・가격 등 원가에 미치는 제반요인을 고려해야만 합리적인 구매가 이루어진다. 이를 위해서는 대략 다음과 같은 8가지의 기본적인 과정이 충분히 검토 및 수행되어야 한다.

(1) 정확한 구매시기 결정

적절한 발주가 적시에 이루어지게 하기 위해서는 창고사정, 평균사용량, 납품소요시간을 고려해야 한다. 평균사용량은 계획된 수량과 과거사용량에 의하여 결정되며, 납품소요기간은 구매요청서의 작성과 승인에 따르는 기간, 납품업체에 견적을 요청하여 평가하고 발주하는 데 소요되는 기간, 제품생산기간을 포함한다.

(2) 상세한 구매요청서의 기록

일반적으로 구매활동이 시작되는 근거로는 1일식재료 구매요청서 재발주 목록이 있다. 구매요청서는 1일식재료 구매품목 이외에 모든 자재의 구매요청에 사용되며, 구매주문서로 쓰이기도 한다. 1일 식재료 구매요청서는 신선도와 보관문제로 매일 구매해야 하는 식재료에 대해서는 자재관리직원이 재고량을 기재하여 주방장에 전달하면 익일 소요량을 고려해서 신청량을 정한 다음 구매부로 전달하여 요청된다. 재발주 목록은 창고에 저장 가능한 품목들에 대해 납품소요시간과 지리적 특성, 정부의 수입규제 여부, 환율, 창고사정 등을 고려해서 작성한다.

(3) 납품업체의 선정

공급처의 선정을 위해서는 업체의 과거실적평가나 카탈로그 및 전문지 · 전시회 등을 통한 신규업체 개발이 필요하며, 안정된 공급과 유리한 구매를 위하여 품목별로 3개업체 이상의 공급처를 선정하는 것이 바람직하다. 지리적 위치, 인적 관리, 공급가격 및 품질을 고려해서 납품업체를 선정해야 한다. 이를 통해서 특히 운송시간, 기상적 요인, 사고위험으로부터 탈피하여 원만한 납품공급이 이루어져야 한다.

(4) 납품조건의 평가

견적요청은 같은 가격과 서비스에 대한 것이어야 하며, 견적서 제출은 같은 시기에 공정성을 잃지 않아야 한다.

(5) 협상

구매계획을 수행하고, 공급자와 구매자 간 상호 만족을 꾀하는 것이다. 가장 낮은 가격으로 구매상품 및 납품업체가 결정되겠지만, 최저가격 견적업체에는 질이나 납품에 위험부담확률도 높다고 할 수 있다. 공정한 가격으로 최적의 질을 구매하는 것이 협상이며, 그 목적은 신속하게 질 · 양 · 납품 · 서비스가 수행되도록 하고, 납품업체 원가분석을 통해 적정한 구매가격을 결정하며, 장기적으로 납품업체와의 유대관계를 향상시키는 데 있다. 협상의 순서는 시장조사, 구매관의 평가방법 개발, 목적 및 목표 제시 · 설정, 협상, 협상에 대한 상호협약으로 이루어진다.

(6) 발주

구매주문서는 구매요청에 의해 결정된 사항을 상세히 기록해 경리부 · 재고관리과 · 구매과 · 검수과로 보내진다.

(7) 납품관리

여러 가지 여건에 의하여 납품이 정상적으로 이루어지지 않는 경우가 많으므로 이런 문제를 체계적으로 방지하기 위해서는 납품업체를 독려하고 경고할 수 있는 관리를 해야 한다.

(8) 검품과 업체관리

구매주문서에 약정된 대로 납품이 이루어지는지에 대하여 점검해야 한다. 결정된 질의 품목이 정확한 양으로 기술된 가격에 납품되어 사용할 수 있는지를 확인하는 과정이다.

2) 구매방법

외식업체의 영업규모나 저장시설의 유무에 따라서 구입방법이 결정되는데, 구매방법으로는 경쟁입찰방식과 수의계약방식이 있다. 경쟁입찰방식은 다시 일반경쟁입찰과 지명경쟁입찰로 구별된다.

(1) 경쟁입찰방식

구매자가 다수의 공급업자들로부터 일시에 특정식재료에 대하여 견적을 받아서 일정기준에 의하여 공급자를 선정하는 방법이다. 경쟁입찰방식은 구매시간이 많이 걸리고, 절차가 복잡하지만, 가장 경쟁적인 가격에 양질의 물품을 구매할 수 있다.

표 12-3 계약의 방법

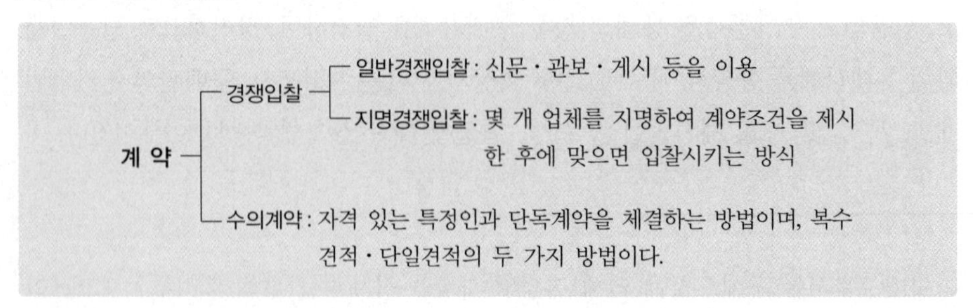

① 전화구매방식

전화구매방식call sheet은 구매명세서를 보고 전화를 통하여 요구되는 양만큼 신청하는 방법이며, 전화를 통하여 납품업자의 서비스와 기타 여러 가지 요소들을 평가하고 가격표를 작성하여 조건이 좋은 납품업자들로부터 구매를 결정한다.

② 입찰

입찰bid은 공개적인 방법으로 3개 업체 이상을 접촉하여 여러 정보를 평가하여 가장 적합한 한 개 업체를 선택하는 방법이다. 여러 가지 정보는 양과 질, 포장, 배달, 일반적인 상태, 계산서, 견본품 등이 해당된다.

(2) 수의계약방식

수의계약방식은 계약내용을 이행할 수 있는 자격을 가진 특정인과 계약을 체결하는 방법이다. 특정품목에 대하여 구매자와 공급자 쌍방 간의 계약에 의하여 구매 납품하는 방식으로 절차가 간단하고, 구매시간이 적게 걸린다. 그러나 수수료 지불의 가능성으로 인하여 물품비용이 많이 들 가능성도 있다.

① 일반수의계약

납품업자의 신뢰성을 바탕으로 가능한 가장 좋은 가격으로 구매자에게 공급을 해주는 계약방법이다.

② 인상구매

납품업자와의 합의로 구매품목들의 비용에 일정액을 추가하여 원하는 물품들을 제공받기도 한다.

(3) 기타 구매방법

① 상용구매

계속적으로 사용되는 물품의 구입 시 필요한 수량만큼 그때의 상황에 맞춰서 구매하거나 재고량이 최저수준에 이르면 구매한다.

② 일괄구매

구매하고자 하는 물품이 소량이면서 다양한 경우에는 특정업체에게 구입원가를 명백히 책정하여 일괄 위탁하여 구매하는 방식이다.

③ 투기구매

식재료의 가격수준이 가장 낮을 때 많은 수량을 구매하고, 가격이 상승함에 따라서 소용량 이외의 자재는 재판매함으로써 가격변동에 다른 투기이익을 얻고자 하는 방법이다.

5. 구매명세서

1) 구매명세서의 정의

구매명세서는 특정한 음식의 조리에 필요한 식재료의 품질 · 크기 · 중량 · 개수 등 그 특성에 대하여 간단하게 기록하는 양식이며, 구매품목에 대한 설계도라고 할 수 있다. 구매명세서에 기록되는 각 사항은 상품을 발송 또는 수령하는 데 있어서 구매자나 납품업자 그리고 검수인을 위한 적절한 지침 혹은 점검표가 되므로 가능한 상세히 기록해야 한다.

구매명세서의 예시 및 표시되어야 할 내용은 다음과 같다.

① 식품품목의 이름
② 수량 및 구매단위
③ 품목의 등급수준, 브랜드, 기타 품질에 대한 정보
④ 포장방법, 포장크기 등
⑤ 가격산출 근거 : 파운드, 케이스, 조각, 다스 등
⑥ 생산지역, 품목검사 통과 여부 등

표 12-4 구매명세서의 예

구매부서		주문일자 및 시간				납품업체	
신 청 자		납품일자 및 시간				납품확인자	
관리번호	품 목	규 격	단 위	수 량	계	물품상태	비 고

2) 구매명세서의 효율성

구매명세서를 이용함으로써 얻을 수 있는 효용은 불명확한 의사소통으로 인한 실수를 줄임으로써 불필요한 비용의 지출을 방지해 계획대로 원가관리를 할 수 있으며, 오해로 인하여 발생하는 불화의 여지를 제거할 수 있어서 돈독한 인간관계 형성에 도움이 된다.

구매명세서의 다음과 같은 효율성을 제고시키기 위해서는 구매명세서가 우선적으로 개발되어야 한다.

① 구매명세서는 품질관리기준의 역할을 한다.
② 구매자, 납품업자, 식재료의 사용자(주방장, 조리사), 경리담당자 간의 오해를 제거하여 명료한 의사소통기구의 역할을 한다.
③ 구매자가 부재 중일 때 다른 직원이 그의 직무를 대신할 수 있다.
④ 회사 내 총지배인과 지배인 또는 보조적인 구매담당자들의 교육자료로 사용이 가능하다.
⑤ 납품업자의 선정 시 매우 중요한 정보를 제공해 주고, 공급자는 이것을 바탕으로 가격과 거래조건 및 서비스 등에 대한 견적을 제시한다.

미니사례 12•1

英 왕실 소스부터 새벽직송 제주 은갈치까지 … 국내 최대 '식재료 백화점' 등장

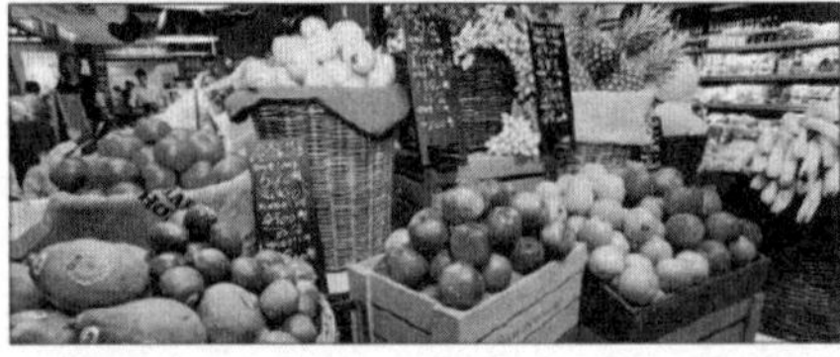

서울 양천구의 신세계백화점 식품전문관 'SSG 푸드마켓 목동점'에서 소비자들이 식재료 등을 사고 있다. 신세계백화점 제공

서울 양천구 '목동 센트럴 푸르지오' 아파트 지하 1층의 신세계백화점 식품전문관 SSG 푸드마켓 목동점은 8일 오전 10시부터 문전성시를 이뤘다. 신세계백화점이 정식 개장에 앞서 초대한 주부 소비자들이 이른 시간에도 100명가량 몰렸다. 목동에 사는 주부 김영희 씨(37)는 "찾기 힘든 다양한 식재료를 한곳에서 살 수 있고 가격도 생각보다 저렴해 자주 오게 될 것 같다"고 말했다. 9일 공식 개점하는 SSG 푸드마켓 목동점은 신세계백화점의 세 번째 식품전문관이다. 부산 마린시티점과 서울 청담점이 2012년 6월과 7월 잇따라 문을 연 지 3년여 만이다.

이곳에서는 프랑스 홍차의 전설로 불리는 '마리아주 프레르 홍차', 영국 왕실의 공식 슈퍼마켓 브랜드 웨이트로즈의 올리브 오일 및 토마토·바질 파스타 소스, 100년 이상의 전통을 가진 '윌킨&선스 레몬잼', 이탈리아 쌀 스낵 브랜드 '피오렌티니 라이스칩', 유기농 통곡물로 만든 '어스베스트 이유식', 그리스산 '크리 크리 그리스 요구르트' 등 세계 각지의 식품과 식재료를 한자리에서 쇼핑할 수 있다. 새벽 직송한 제주 은갈치, 울산 앞바다 자연산 돌미역, 이천 성지농장의 방목돼지, 강원도 친환경 유정란 등 다양한 국내 식재료도 구매할 수 있다.

목동점은 직매입 상품 비중이 65%로 전체의 절반을 넘는 게 특징이다. 종전 점포(40%)보다 25%포인트 가량 높다. 상품을 직매입하면 소비자에게 10~20% 싸게 내놓을 수 있는 장점이 있다고 신세계백화점 측은 설명했다. 조창현 신세계백화점 식품생활본부장(부사장)은 "마린시티점과 청담점은 국내에서 판매하는 곳을 찾기 어려운 이국적인 식재료를 한자리에서 쇼핑하는 '프리미엄 푸드마켓'을 추구하고 있다"며 "목동점은 이런 프리미엄 상품을 보다 합리적인 가격에 제공하는 데 초점을 뒀다"고 말했다.

상품 진열 방식도 타사 식품관과 차별화했다. 상품을 2~3개 묶음으로 파는 '패킹 진열' 대신 소비자가 필요한 상품 수량을 직접 선택할 수 있는 '벌크 진열'을 적용했다. 전체 매장 면적의 75%를 식품관으로 구성하고 유기농, 친환경, 로컬푸드, 자체브랜드(PB) 상품 비중을 기존 점포 대비 55% 늘렸다. 가공식품도 국내 식품관 최대 규모인 1만4000여개 품목을 취급한다. 즉석에서 양곡을 도정하고 견과류를 로스팅하는 서비스를 제공한다.

신세계백화점이 SSG 푸드마켓을 추가로 연 것은 프리미엄 식품 수요가 늘어나고 있어서다. 청담점은 2014년 23.3%, 올해 상반기 15.3% 등 전년 동기 대비 두 자릿수의 매출 증가율을 보였다. 세 번째 점포를 목동에 낸 것은 주변에 프리미엄 식품 수요가 높다는 판단에서다.

출처 : 한국경제, 2015. 7. 8일자

03 검수관리

1. 검수의 의의

사전에 정한 구매절차를 거쳐 구매되어 납품되는 모든 식재료는 일반적으로 검수과정을 거치게 되는데, 확인과정이 주업무이다. 확인하기 위해서는 확인할 내용에 대하여 지식이 있어야 함은 물론이거니와, 다음 단계의 통제를 위한 정보수집과 정리가 이루어지기 때문에 그 중요성을 아무리 강조하여도 지나치지 않다. 그럼에도 불구하고 대부분의 외식업에는 검수단계를 수령한 물품에 대한 확인 정도의 기능으로 과소평가하고 있는 듯하나, 구매에 대한 효율성도 높일 수 있는 단계임을 인식할 필요가 있다.

2. 검수의 목표와 필수요건

1) 검수의 목표

검수의 주요목표는 구매된 식재료가 정확한 품질과 정량으로서 구매기준에 맞는가 점검하고, 수령된 자재를 통제하는 일이다.

2) 검수의 필수요소

(1) 유능한 검수원

검수원이 갖추어야 할 기본자질로는 두뇌, 정직성, 직업에 대한 흥미와 의욕, 식재료에 대한 지식 등이 있다. 검수원은 다양한 상품의 질에 대해 평가할 수 있는 능력을 갖추어야 하고, 필요한 서류작업과 컴퓨터를 이용한 기록관리 등을 적절히 수행할 수 있는 사무능력도 겸비해야 한다.

(2) 적절한 검수장비

식재료의 무게를 달고 길이를 잴 저울과 자 등은 가장 기본적인 검수도구이다. 그 외에 레이저 건이나 핸드트럭 및 지게차 등도 외식사업체 검수과에서 보유하고 있으면 매우 편리하다.

(3) 적절할 검수시설

전체 검수지역은 검수원과 배달원 모두 작업하기에 편리하도록 지역이 확보되어야 하고, 작업자들의 안전을 확보하고 식재료를 관찰할 수 있도록 충분한 조도가 유지되어야 한다.

(4) 적절한 검수시간

검수시간은 사전에 계획되어야 한다. 가능하다면 배달시간을 시차제로 하여 일시에 검수작업이 몰리는 것을 피하여 검수지역이 혼잡해지는 일이 없도록 해야 한다.

(5) 정확한 구매명세서

검수원이 항시 참조할 수 있는 각 품목의 분명한 기준이 명시된 구매명세서가 검수지역 내에 비치되어야 한다. 예를 들면 주문한 회사의 특정물품이 없어 납품업자가 동일하다고 판단된 대체물을 배달했을 때 이를 수령할 것인지 재주문할 것인지에 대한 판단근거로서 구매명세서가 매우 유효하게 이용될 수 있기 때문이다.

(6) 구매주문서 사본

검수원은 배달될 자재에 대해 사전에 잘 알고 있어야 검수할 준비를 용이하게 할 수 있다. 이와 같은 준비작업에 있어 구매주문서 사본은 매우 유용하게 쓰인다.

3. 검수절차와 주의사항

1) 검수에 필요한 장비

① 2륜 손수레

② 저울

③ 책상과 파일

④ 작은 사다리

⑤ 고무장화와 동계용 외투 등

2) 검수절차

① 검수원은 주문서를 배달자로부터 넘겨 받는다.

② 배달자의 입회하에 각 품목의 수량을 확인한다. 상자인 경우 상자의 표시와 양을 확인하고, 납품업자보관용 영수증과 구매자보관용 복사본에 서명한 후, 구매자보관용은 주문서에 첨부시켜 경리부로 보낸다.

③ 신선한 야채, 과일류 및 냉동식품류와 같이 쉽게 상하는 식품인 경우에는 구매명세와 동일한지 더욱 깊게 심사한다. 이때 검사하면서 수용불가능한 상품은 거절하여 돌려 보내고, 배달영수증과 주문서 양쪽에 그 내용을 표시한다.

④ 검수에서 불합격한 품목이 있으면 검수원은 동일한 납품업자에게 더 좋은 품질의 물품을 다시 가져오게 할 것인가, 아니면 구매자가 다른 납품업자에게 주문을 다시 할 것인가를 결정한다.

⑤ 무게에 따라 가격이 책정되는 모든 식재료는 검수원이 직접 무게를 달아보아야 한다.

⑥ 육류의 검수에는 상품이나 상자에 라벨표시가 있더라도 검수원이 다시 무게를 달아야 한다.

⑦ 검수부에서 주문서를 갖고 있지 않는데, 물품이 도착했다면 구매담당자나 업장지배인과 연락을 취해 필요한 지시를 받는다. 만약 확인할 근거가 없으면 되돌려 보내는 것이 바람직하다.

⑧ 주문서에 있는 품목이 배달날짜에 도착하지 않으면 지시받은 검수원은 구매자나 경영자에게 즉시 통보해야 한다.

3) 검수 시 주의사항

① 포장으로 인한 과대중량인 경우

② 최상의 상품을 상자 위쪽에 보기 좋게 놓은 경우

③ 구매명세서와 다른 내역의 상품배달

④ 배달자가 물품을 절취하는 경우
⑤ 주문량만큼 선적하지 않은 경우
⑥ 하역된 상품을 빼돌리는 경우
⑦ 구매명세서 물품에 대한 상세한 내역이 없는 경우
⑧ 타 부서로부터의 지원부재인 경우
⑨ 납품업자의 자의에 의한 초과공급량의 배달
⑩ 납품업자로부터의 선물 또는 뇌물

검수는 외식업체의 운영에 있어 가장 중요한 관리활동 중 하나인 만큼 검수원들에게 우수한 질의 식재료를 인지할 수 있도록 하는 훈련을 시켜야 한다.

4. 검수법의 종류 및 검수비용절감법

1) 검수법의 종류

(1) 송장검수법

송장은 외식업체에서 필요한 물품을 구매명세서에 근거하여 보내면 구매명세서대로 이와 유사한 것으로 납품점에서 보내는 서류인데, 송장은 개개품목의 수량, 가격과 기타 사항들을 기록하고 있는 문서로 배달된 품목들의 수량, 품질, 특성, 가격 등을 대조한다. 구매관리자는 구매명세서와 송장을 보면서 검수사항을 대조한다. 송장검수법invoice receiving은 검수법에서 가장 널리 사용되는 방법이다.

송장검수법의 절차는 다음과 같다.

① 납품업체로부터 배달원이 도착하면 우선 검수창고를 열고 송장과 비교하여 조사한다.
② 배달된 식재료의 품질을 검사한다.
③ 각 품목의 단가와 품목별 총액을 납품업자의 견적서와 송장을 비교하여 조사한다.
④ 수량, 품질, 가격 등이 주문과 다를 경우 즉시 구매담당자를 소환하여 이와

같은 사항을 처리하도록 한다. 가격의 차이는 가급적이면 빨리 전화로 알린다.

⑤ 품목마다 검수날짜를 기입하여 식재료의 변질 및 낭비를 줄일 수 있게 한다.

⑥ 점표식법을 사용하여 구매된 모든 식재료에 날짜와 가격을 표시한다. 날짜별로 다른 색깔의 점으로 된 스티커를 물품마다 붙여둔다.

⑦ 육류의 경우에는 2장으로 된 육류꼬리표를 사용한다. 한 장은 관리목적으로 구매부나 경리부로 보내고, 다른 한 장은 주방에서 꼬리표가 붙은 육류를 사용할 때 꼬리표를 떼어 다시 경리부로 보내면, 경리부에서는 보관하고 있던 다른 한 장의 꼬리표와 이를 대조하여 재고목록에서 이 품목을 삭제한다.

(2) 표준순위검수법

표준순위검수법standing order receiving은 송장 대신 배달 티켓이 물품과 함께 검사원에게 보내지는 방법이며, 정기적으로 동일한 물품을 납품받을 때 사용하는 방법이다.

(3) 무표식 검수표

무표식 검수표blind receiving에는 송장에 물품이름만 적혀 있으며, 물품이름과 가격, 수량·품질·특징 등의 상세한 내용을 담은 송장은 하루 전에 구매부나 경리부로 전달된다.

(4) 우편배달

주문한 물품이 우편배달mailed delivery이나 항공화물로 배달될 경우에는 화물표가 송장의 역할을 대신한다.

(5) 대금상환

대금상환code delivery은 검수원이 배달원에게 물품을 받음과 동시에 물품대금을 지불하는 것이며, 검수원은 배달원과 함께 품목을 조사하여 일치하는지를 확인해야 한다.

(6) 검수방법

① 전수검수법

외식업체에 납품되는 모든 아이템을 일일이 검수하는 방법이며, 식재료가 소량이면서 고가인 경우나 희귀한 아이템의 경우가 여기에 해당된다.

② 발췌검수법

납품된 아이템 중에서 몇 개의 샘플만을 뽑아 사전에 설정된 아이템의 표준기준과 비교하는 방법이며, 주로 원가 면에서 하나하나의 중요도가 낮은 아이템이나 대량으로 납품되는 아이템 등을 일일이 검수하는 것은 시간과 비용의 낭비일 때 사용한다.

2) 검수비용절감법

검수관리를 소홀히 하지 않고서도 검수비용을 절감할 수 있는 일반적인 방법들로 다음과 같은 방법이 있다.

(1) 전문검사자의 활용

전문적인 검수관field inspector을 활용하여 검수하기 때문에 사내 검수원이 가격과 품질·수량 등을 세세히 검사할 필요가 없으므로 사내 검수원의 업무가 매우 감소되지만, 비경제적이다.

(2) 검수의 전산화

UPCUniversal Product Code를 이용하여 검수시간을 단축시키고, 가공식품이나 농산물 검수에 매우 효과적이다.

(3) 심야 또는 새벽 배달의 활용

외식업체에서 교통체증으로 유발되는 추가비용을 제거하기 위해서 차량의 통행량이 적은 심야나 새벽에 식재료를 배달토록 하는 것으로, 배달원이 심야에 검수지역에 들어갈 수 있는 열쇠를 가지고 배달된 식재료를 내려놓고 검수창고를 잠근

후에 떠나기 때문에 납품업자와 배달원 그리고 구매자 사이에 깊은 신뢰가 형성되어 있어야 가능한 것이다.

5. 불합리한 납품관행

외식업체와 납품업자 간에는 신뢰할 수 있는 관계가 정립되어야 하지만, 간혹 부정한 행위가 발생함으로써 불합리한 납품관행이 이루어질 수 있으며, 이는 식재료의 관리 면에서 대단히 장애가 된다.

① 신용전표 없이 불완전한 선적으로 발송하는 것
② 지불된 등급보다 낮은 질의 육류를 선적하는 것
③ 수산물과 같은 상품에 얼음이나 물을 과도하게 더하여 중량을 늘리는 것
④ 무게를 증가시키기 위해 과대 포장재료를 이용하는 것
⑤ 가장 싼 고기는 중량이 초과되고, 가장 비싼 것은 중량 미달인 것을 알고서도 고의로 수령원으로 하여금 모든 육류의 중량을 한꺼번에 점검하게 하는 행위
⑥ 무게를 재거나 점검하지 않고 주방이나 저장실로 곧장 운반하는 것
⑦ 좋은 질의 식품을 용기 상부에, 나쁜 질의 식품을 바닥에 두는 것
⑧ 검수과정이 끝나고 검수 도크로부터 식재료를 옮겨 자신의 트럭에 다시 싣는 행위
⑨ 비어 있는 체하며 식품이 담긴 상자나 콘테이너를 트럭 뒤쪽에 다시 두는 행위
⑩ 주문한 양을 초과 배달하여 공급자가 판매를 고의로 증가시키는 행위
⑪ 점검하지 않을 것을 기대하여 바깥쪽에 실내용보다 무게나 개수가 많이 표시된 상자에 식품을 포장하는 것

6. 품목별 검수요령

검수할 품목은 매우 다양하고, 검수요령도 복잡하지만, 외식업체에서 많이 사용하는 식재료를 중심으로 살펴보기로 한다.

1) 육류

육류는 거의 냉동상태이기 때문에 고깃덩어리를 골절기로 절단한 다음 마블링marbling을 검사해야 한다. 마블링이란 지방조직이 근육 속에 펼쳐진 정도를 말하는데, 그물 같은 하얀색 지방이 촘촘하게 많이 나타날수록 좋은 고기이다. 육류도 유통기한이 있는데, 패킹packing 날짜로부터 2년이기 때문에 반드시 패킹날짜를 확인해야 하고, 해동 후 재냉동의 여부와 색깔 등을 세밀히 관찰해야 한다.

2) 해산물

해산물은 냉동상태가 대부분인데, 특히 자세히 검수해야 할 것이 물 코팅water coating이다. 물 코팅은 해산물의 건조를 막는 데 필수이고, 실제 중량은 박스에 표기되어 있으나 낱개로 입고할 경우에는 실중량net weight을 파악해야 한다. 물까지 입고될 수 있기 때문이다. 물 코팅은 너무 얇아도 안되고, 너무 두꺼워도 안되며, 총중량의 15%를 넘지 않아야 한다. 해산물은 고가이고, kg당의 단가가 높기 때문이다.

3) 공산품

식재료에서의 공산품은 1차 식재료가 2차 가공되어 제품화된 식재료를 의미하는 것이며, 외식업체에서 가장 중요하게 생각하는 것은 위생이다. 식품의 위생은 외식업체의 이미지와 직결되므로 상당히 중요한 부분을 차지한다. 때때로 불시에 실시되는 위생검열에 적발될 경우, 외식업체의 이미지는 물론이고, 영업에도 지장을 초래하게 한다.

이러한 위생검열에는 자주 검사되는 것이 공산품이기 때문에 입고에서부터 유통기한이 짧거나 정식 통관을 하지 않는 공산품, 유통기한이 표시되지 않는 수제품 등은 미리 차단되어야 한다. 관리규정상 1차 농산물은 유통기한이 없고, 1차 농수산식품을 조제・가공・분쇄한 것은 어떠한 경우라도 유통기한을 표시하게 되어 있다. 특히 햄종류는 많이 사용하면서 유통기한이 20일을 넘지 않기 때문에 별도로 관리를 해야 한다. 2차 식재료이면서 유통기한이 없는 품목이 있는데, 증류수, 빙초산, 소금, 설탕 등이 해당된다.

공산물을 검수할 때의 주의사항은 다음과 같다.

① 유통기한이 지나지 않아야 한다.
② 유통기한이 지나지 않았다 해도 유효기한이 많이 남아 있어야 한다.
③ 수입품 중 관세필증이 없으면 밀수품이므로 반품시켜야 한다.
④ 유통기한의 훼손 여부를 확인하여야 한다.
⑤ 포장상태가 불량인 것은 유통기한이 지나지 않았어도 반품시켜야 한다.
⑥ 맥주는 국산 병맥주는 유통기한이 없는데, 외국산 병맥주는 유통기한이 있으니 이 점을 유념해야 한다.
⑦ 공산품창고는 유통기한을 표시한 리스트를 작성해서bin card면 더 좋다 관리해야 하고, 선입선출FIFO : First In First Out을 가급적 준수해야 한다.

4) 야채검수

야채는 식재료구매 중 가장 어려운 부분으로서 거의 모두 반품의 대상이 된다. 왜냐하면 검수의 기준은 마련되어 있지만, 시장의 상황이 계속 변하여 일정한 입고가 힘들기 때문이다.

야채검수의 유의사항으로는 다음 같은 것이 있다.

① 무조건 잘라보아야 한다. 거의 만져보면 단단한 것이 좋은 상품이다.
② 가지런하게 정리되어 있고, 물기가 없어야 한다.
③ 상처가 있으면 안된다.
④ 습기보존을 위해서는 비닐봉투의 포장은 안되고, 모두 종이박스로 포장되어야 한다.
⑤ 배송 시 눌려 있으면 안된다.
⑥ 여름에는 반드시 냉장탑차로 배송해야 한다.
⑦ 모든 야채는 너무 성장한 것보다는 적당히 어린 것이 좋다.

04 저장관리

1. 저장관리의 의의

저장관리란 검수과정을 거쳐 입고된 식재료를 최상의 상태를 유지하여 부패와 손실없이 보관하여 출고가 원활히 이루어지도록 관리하는 데 의의가 있다. 생산에 지장이 없도록 적정재고관리가 유지되기 위해서는 도난이나 부패의 방지와 능률적인 재고·출고관리가 이루어지도록 특정인에게 책임을 위임하여 관리할 수 있는 제도장치가 마련되어야 한다.

1) 식재료 저장관리 시 고려사항

① 물자의 저장위치를 명확히 하기 위하여 재고위치제도를 적용하여 물품별 카트에 의거하여 물자의 소재를 언제든지 손쉽게 찾아 쓸 수 있도록 한다.
② 재료의 명칭·규격·용도 및 기능별로 그 종류를 분류하여 저장해야 한다.
③ 품질보존의 차원에서 재료를 저장함에 있어 사용가능한 상태로 보존할 수 있어야 한다.
④ 재료의 저장기간이 짧으면 짧을수록 재고자산의 회전율이 높고, 자본의 투자가 효율적으로 이루어질 수 있다.
⑤ 저장시설에 있어서 가장 중요한 것은 보온 및 충분한 저장공간이다. 저장공간은 저장 물자의 양과 부피에 따라 결정되며, 물자 자체가 점유하는 점유공간 외에도 물자 운반장비의 가동공간이 고려되어야 한다.

2) 저장관리의 목적

① 폐기에 의한 식음료의 손실을 최소화하여 식음료 원재료의 적정재고를 유지하려는 데 있다.
② 식료의 출고가 올바르게 이루어지도록 하려는 데 있다.
③ 출고된 식음료에 대해서는 매일매일 그 총계를 내어 관리하도록 한다.

④ 물품청구서에 의한 식음재료의 출고는 특별한 사유가 없는 한 그것이 사용되는 시점에서 이루어지도록 하는 데 있다.

2. 저장 중 손실요인

1) 도난으로 인한 손실

식재료 창고와 저장실에서 식재료를 도난당하는 행위로, 열쇠관리를 철저히 하고, 접근자의 수를 제한하여 방지하며, 감시카메라를 통해서도 도난방지를 할 수 있다.

2) 사내 직원의 절도에 기인하는 손실

직원들이 지배인이나 경영자의 정식 허가절차 없이 음식을 소모하는 것으로, 미국식당협회는 전체 외식업체 총매상의 4%가 직원들의 비리로 유출된다고 발표했다. 이를 위해서는 객장이나 조리과정에 대한 관리·감독 및 식재료 창고와 보관지역의 관리·감독을 철저히 해야 한다.

3) 식재료 변질과 부패로 인한 손실

부적당한 저장조건 및 관리는 부패와 변질의 원인이 되고, 그 결과는 원가상승으로 이어진다. 저장 시에는 저장온도·기간·환기·위생·재고회전 등에 유의해야 한다. 이러한 손실을 방지하기 위해서는 정기적인 냉장고 청소는 물론 부패가 쉬운 물품은 자주 체크하고, 슬로 아이템은 조리부에 수시로 알려서 소비를 해야 한다. 저장은 일반적 원칙인 선입선출법을 잘 지켜야 한다.

3. 저장관리 목표달성의 필수요소

저장관리목표의 효율적인 달성을 위해서는 다음과 같은 요소들이 필수적으로 지켜져야 한다.

저장관리는 재고조사와 아주 밀접한 관계가 있으므로 이 부문도 미리 계획·운영되어야 한다. 초기의 기물과 식자재의 계획이 완성되지 않아 초기의 관리 시스템 구축을 소홀히 하다가 나중에 수정·보완하는 데 상당한 시간과 작업이 필요하게 된다. 재고의 부족은 식자재의 저장관리에 어려움을 주고, 식음매출의 손실과 직결된다.

먼저 저장관리에서 기본적인 관리는 빈 카드bin card 관리이다. 빈 카드란 식재료의 불출과 입고현황을 일자별로 작성·기록하여 관리하는 양식이며, 정확한 재고현황과 상세한 입·출고내역을 기록하므로 식재료의 이동상황을 한눈에 파악할 수 있는 장점이 있다. 하지만 식재료의 종류가 많을 때에는 이 빈 카드만 관리하는 것도 힘들기 때문에 가장 중요하고 고가인 식재료만을 빈 카드에 작성하여 관리하는 것이 원칙이다.

다음은 저장할 식재료의 배열순서가 미리 정해져야 한다. 이것은 자동발주와 관계가 있고, 레이아웃lay out을 정해놓지 않으면 재고파악과 유통기한관리 등을 어렵게 할 수도 있다. 창고의 레이아웃을 결정할 때 고려해야 할 상황으로는 식재료 소모의 주기를 파악해야 하고, 만약 식재료 소모가 빠른 것이면 입구 쪽에 위치를 정해야 입·출고가 용이하다. 개별 박스단위에 의하여 레이아웃이 달라지는데, 무거우면 입구 쪽에 위치해 있어야 한다. 특히 육류 1박스가 30kg 이상으로서 상당히 무거운 편이다. 다품종·소량의 식재료는 선반이나 기타의 비품이 필요하고, 사용빈도가 낮은 품목이 많으므로 가장 안쪽에 위치시켜야 한다. 저장공간에 따라서도 레이아웃을 고려해야 한다. 보통 시장과의 거리를 생각하고, 냉동의 크기를 고려하여 식재료의 저장량을 결정해야 한다.

1) 적절한 공간과 시설

외식업체의 일반적인 저장용 창고의 기준은 객장의 테이블 1개당 0.45㎡이며, 일반적인 시설요건을 보면 다음과 같다.

① 방화와 침수방지설비 및 방부장치인 냉동·냉장 창고를 설치한다.
② 창고의 진입로는 운반과 통행이 편리해야 하고, 하역·적하·정리가 가능한 공지를 확보한다.
③ 창고의 출입구는 2개 이상 설치한다.
④ 도난방지시설을 설치한다.

⑤ 환기 · 채광시설을 만든다.

⑥ 위험한 품목의 보관을 위한 특수시설을 만든다.

⑦ 사용면적이 경제적으로 고려되어야 한다(적당한 넓이와 높이).

2) 적당한 온도와 습도 유지

외식업체의 식재료 저장시설 유지의 가장 큰 문제점 중 하나가 다양한 물품의 적당한 온도와 습도의 유지이다.

일반냉장고, 냉동고, 보관용 대형 워크-인 냉장고 등의 청결상태 · 소독 · 방역과 건자재의 보관 및 저장실의 적절한 온도는 위생점검의 필수사항이다.

(1) 냉장식품의 보관지침

① 포장에서 꺼낸 식품은 청결하고 위생적인 용기에 뚜껑을 덮어 보관하고, 보관용기에는 반드시 품목명을 붙여둔다.

② 냉장고의 온도를 정기적으로 점검한다. 농산물의 냉장온도는 7℃ 또는 그 이하, 육류와 낙농유제품은 4℃ 또는 그 이하, 해산물은 -10℃ 또는 그 이하로 유지한다.

③ 식품을 창고바닥이나 지하실바닥 위에 그대로 보관해 두지 않는다.

④ 정기적으로 냉장고와 보관장비 및 창고를 청소한다.

⑤ 수령한 모든 식재료는 날짜를 표시하고, 사용 시 선입선출에 의한다.

⑥ 과일과 야채류는 섞이지 않도록 매일 점검한다.

⑦ 유제품은 강한 냄새를 갖고 있는 식재료와 별도로 분리하여 보관한다. 특히 생선은 다른 식재료와 함께 보관하지 않는다.

⑧ 저장장비나 시설의 안전유지를 위한 프로그램을 활용한다.

(2) 냉동식품의 보관지침

① 냉동식품은 수령 즉시 -18℃ 또는 그 이하의 온도에서 보관한다.

② 냉동고의 온도를 수시로 점검한다.

③ 모든 음식물은 뚜껑을 덮어서 보관한다.

④ 가능한 성에를 자주 제거해야 하는데, 가급적이면 냉동실에 최소한의 저장물이 있을 때 하도록 한다.
⑤ 냉동고의 문 여는 사람을 정하고, 필요한 물품을 한꺼번에 꺼내도록 하여 냉동고의 문을 가급적이면 자주 열지 않는다.
⑥ 모든 물품에 입고날짜를 기입하고, 선입선출의 원칙에 따라 재고를 회전시킨다.
⑦ 선반과 바닥은 항시 깨끗하고 청결하게 유지한다.
⑧ 설비와 장비의 안전한 사용관리지침을 수립한다.

(3) 건류저장물의 보관지침

① 물품을 바닥으로부터 떨어진 깨끗한 곳에 보관하여 바닥청소를 할 수 있는 여유를 두고, 음식물의 변질을 막는다.
② 노출된 하수도 위나 근처 및 물이 스미는 벽면 근처에 물품을 두지 않는다.
③ 독성을 품고 있는 화학제품이나 세제 및 방충살균제 등은 건류저장물과 함께 보관하지 않는다.
④ 일단 개폐된 용기의 식재료는 뚜껑이 있는 다른 용기로 옮겨 담아 표식을 해둔다.
⑤ 선반과 보관대 주변을 항시 깨끗이 한다.
⑥ 건조장소를 정기적으로 청소한다.
⑦ 수령 즉시 모든 물품에 날짜를 기입하고, 재고회전은 선입선출에 의한다.
⑧ 빈번하게 사용되는 물품은 입구로부터 낮은 선반에 보관한다.
⑨ 무거운 물품은 낮은 선반에 보관한다.

표 12-5 미국식당협회(NRC)의 지침에 따른 적정습도의 수준

① 육류와 가금류 : 0~2.2℃에서 75~85% 습도
② 생선류 : -1~1℃에서 75~85% 습도
③ 유제품 : 3.3~4.4℃에서 75~85% 습도
④ 과일 · 채소류 : 4.4~7.2℃에서 85~95% 습도
⑤ 비냉장 · 건저장물 : 10℃(이상적 온도), 15.6~21℃(적정온도)에서 50~60% 습도

3) 편리한 위치

저장시설과 보관창고는 검수 도트와 조리부서에 근접해 있어야 하므로 모두 동일층에 위치하는 것이 바람직한데, 이는 곧 작업시간을 절약하고, 음식의 수요가 집중되는 시간대에도 능률적으로 작업할 수 있는 동선을 배려한 설계이다.

4) 적절한 유지관리

저장실에 보관되어 있는 식재료들의 관리소홀로 인하여 못쓰게 되면 기업에 많은 불이익을 초래하게 되는데, 이것을 방지하기 위하여 시설물관리를 잘 해야 한다.

5) 유능한 직원

보통의 외식업체에서 직무분담이 명확히 이루어지지 않고 한 명의 직원이 식재료를 검수·저장하고 조리까지 담당하는 예는 허다하다. 그러나 대규모 업소에서는 검수와 저장관리를 위해 유능한 직원이 반드시 필요하며, 훌륭한 검수와 저장관리 체계만으로도 외식업체 전체 판매액의 2%를 절약할 수 있다고 전문가들은 전언한다.

표 12-6 식품별 저장조건과 기간

식품 종류		온도(℃)	습도(%)	저장기간	저장설비	비 고
상온식품	쌀	상온		20일~1개월	쌀통	1주일
	밀가루	상온		1개월	식품고	
	통조림류	상온		12개월	식품고	
냉장식품	빵	0~1		3~5일	냉장고	당일소비
	설 탕	7				
	주 류	4.5~7				
	포도주	10	85	6개월		
	벌 꿀	-0.5~10			냉장고	
	잼	1	75	6개월	냉장고	
	시 럽	7		6주	식품고	
	버 터	4~8	60~70	2주	보냉고	박스보관
	마가린	4~8		2주	보냉고	박스보관
	샐러드유	13		6개월	식품고	
	우 유	4~8		3일	보냉고	
	치 즈	1	60~70	3개월	보냉고	용기째
	아이스크림	-20~-25		3개월	냉동고	박스보관

	식품 종류	온도(℃)	습도(%)	저장기간	저장설비	비 고
냉장식품	계 란	-1~0	85~90	9개월	냉장고	용기째
	계 란	5	85~90	3개월	냉장고	15℃~30일
	쇠고기	0~1	88~93	1~6일	냉장고	24℃~10일
	돼지고기	0~1	85~90	3~7주	냉장고	간편포장
	닭고기	0		1주	냉장고	간편포장
	간 류	0~1		2일	냉장고	간편포장
	베이컨	2~10	85	2~3개월	냉장고	간편포장
	햄	3~5	85~90	25일	냉장고	간편포장
	소시지	3~5	85~90	20일	냉장고	포장상태
	비엔나	3~5	85~90	5일	냉장고	포장상태
	신선한 생선	1~4	90~95	5~15일	냉장고	날것
	신선한 생선	1~4	90~95	2~5개월	냉장고	토막생선
	훈제류	4.4~10	50~60	6~8개월	냉장고	
	염장류	4.4~10	90~95	6~8개월	냉장고	
	연제품	0~2	80~85	1~2주	냉장고	
	새우, 조개류	0~1	90~95	3~7일	냉장고	
	양배추	0~2	90~95	3~4주	냉장고	
	당 근	0~2	90~95	4~5개월	냉장고	
	무	0~2	90~95	10~14일	냉장고	
	무	0~2	90~95	2~3개월	냉장고	봄 파종
	무 청	0~2	90~95	4~5개월	냉장고	가을 파종
	브로콜리	0~2	90~95	7~10일	냉장고	
	시금치	0~2	90~95	10~14일	냉장고	
	양배추	0~2	90~95	3~4주	냉장고	
	셀러리	0~2	90~95	2~3개월	냉장고	
	아스파라거스	-0.6 / 0	85~90	2~3주	냉장고	
	가 지	0	85~90	10일	보냉고	
	오 이	7.2~10	85~95	2~3주	보냉고	
	호 박	7.2~10	70~75	2~6개월	보냉고	
	양 파	10~12.8	70~75	6~8개월	냉장고	
	풋강낭콩	0~2	85~90	8~10일	보냉고	
	피 망	7.2	85~90	1~2주	보냉고	
	버 섯	0~1.7	85~90	3~5일	냉장고	
	그린피스 (Green Peas)	0~2	85~90	1~2주	냉장고	
	토마토	4.5~10	85~90	7~10일	보냉고	
	감 자	3.5~10	85~90	2개월	식품고	
	고구마	13~15.5	90~95	4~5개월	식품고	
	사 과	-1 / 0	85~90	4개월	냉장고	
	바나나	13.5~22	85~95	수입	식품고	
	앵 두	-0.6 / 0	85~90	10~14일	냉장고	
	레 몬	12.5~14.5	85~90	1~4개월	보냉고	

05 출고관리

1. 출고의 의의

1) 출고의 정의

출고란 저장창고로부터 물품인출에 대한 관리를 의미하나, 광의에서는 직접구매 direct purchase에 의한 물품의 취급까지도 물품저장고에서의 출고와 함께 출고관리영역에 포함된다고 할 수 있다. 구매를 거쳐 업소에 입수된 물품을 조리부서나 실용자에게 공급하는 일련의 과정으로 식재료에 대한 통제와 관리를 수반하며, 원가관리에 필요한 정보를 제공하는 수단이 된다.

2) 출고재의 종류

(1) 직접출고재

식재료의 성격에 따라서 필요시점 직전에 식재료를 구입해야 할 경우가 있는데, 이것은 보관기간이 짧고 식재료의 질이 짧은 시간 내에 하락하기 쉽기 때문에 구입 당일날 소모되도록 하여야 한다. 예를 들면 신선한 과일・야채・유제품 및 무방부제의 제과류 등이 직접출고재에 해당한다.

(2) 저장출고재

즉각적으로 소모되지 않아도 어느 한도 내에서는 그 품질의 현격한 저하가 염려되지 않는 식재료이다. 적당한 상태에서 보관만 된다면 하루 이상 수개월간 재고로 보관될 수 있으며, 수용예측에 의거하여 구매되어 즉시 사용하지 않고 필요가 발생되는 시점에서 사용된다. 필요가 발생하면 보관된 상태 그대로 조리부서나 실제 사용부서로 출고된다. 이때 출고된 양의 식재료는 사용 당일의 비용으로 계산된다.

3) 식재료 출고 시 유의사항

치밀한 구매계획에 의해 입고된 식재료는 다음과 같은 사항에 유의하여 출고하여야 한다.

① 식재료청구서에 대한 신속한 처리를 하기 위해서, 그리고 자재관리부의 인원관리의 효율화를 위해 서류의 접수와 처리시간을 오후로 나누어 시간의 한계를 설정하는 것이 좋다.
② 창고출납담당자는 식재료의 규격 및 무게를 정확히 기재하고 기록을 남긴다.
③ 식재료청구서는 창고관리장부에 보관하도록 한다.
④ 출고된 품목은 매일 업무종료와 함께 집계하여 정리한다

따라서 저장관리는 물론, 출고 또한 통제가 있지 않으면 안된다. 출고 시 주의점은 다음과 같다.

① 재고현품의 관리 또는 책임의 소재를 분명히 하여야 한다.
② 출고현품의 원가를 개별로 산출하고, 그 원가가 어느 부문에서 저장되어야 하는가를 명확히 한다.
③ 출고원가 일계표를 작성하여야 한다.

2. 출고요청서와 원가계산

1) 출고요청서의 작성과 관리

출고요청서는 주방직원이 필요한 식재료의 품목과 수량을 창고로부터 공급받기 위하여 신청하는 양식이다. 모든 출고요청서는 주방장이 사전점검을 하여 필요한 자재가 정확한 양만큼 요청되는지 살펴본 후, 적절하다고 판단되면 주방장이 최종적으로 승인해서 창고관리 담당직원에게 양식을 보낸다.

① 출고요청서에는 이를 신청하는 부서명・직원명을 날짜와 함께 기입하다. 한 장 이상의 사본이 부착되어 요청서를 내는 부서와 더불어 원가관리자와 재고관리담당자에게도 각각 사본을 보내준다.

② 실제로 음식이 판매되기 전에 사전준비를 위한 해당 식재료의 출고요청서가 발급되는 경우 종종 문제가 발생할 수 있다. 2부의 출고요청서를 작성하여 한 부에는 실제로 출고된 날짜를 기입하고, 다른 한 부에는 실제 사용날짜를 기입함으로써 문제를 처리한다.

③ 만일 출고요청서에 의해 주문된 품목의 재고가 보유되어 있지 않다면 출고요청서에 '무(無)' 또는 'Out'이라고 표시한다.

④ 출고요청서에 의해 주문된 품목들의 단위가격과 총액의 기입은 대개 창고관리 담당직원이 맡게 된다.

⑤ 출고요청서는 사전에 일련번호를 매겨 두어 누락되거나 위조된 용지를 즉각 추적해 낼 수 있도록 한다.

⑥ 주방에서도 창고담당직원이 충분한 시간을 갖고 식자재를 출고할 수 있도록 사전에 요청서를 발송하는 것이 좋다.

⑦ 육류꼬리표 시스템을 사용하면 출고와 동시에 원가계산도 할 수 있다. 육류는 검수 당시 책정된 무게가 기록된 꼬리표상의 무게로 출고되기 때문에 출고 시 무게를 다시 재는 번거로움을 제거시킨다.

2) 출고물품의 원가계산

저장출고재가 출고된 후 창고관리담당자는 요청서에 출고된 각 품목들의 가격을 기입하고, 출고된 식재료의 총비용을 결정한다. 이러한 수치는 업소운영에 있어 1일 식재료 원가를 계산해 내는 근거가 된다.

품목별 단위원가를 구하는 방법은 다음과 같다.

① 모든 식재료를 수령하여 저장할 때 포장용기나 상자에 단위별로 구매원가를 기입해 두어 저장관리담당자가 항상 편리하게 이용할 수 있게 한다.

② 모든 식재료의 구매단가를 적어둔 파일이나 장부를 이용한다.

③ 가장 최근의 가격을 상시재고관리 카드에 기입해 둔다.

④ 저장관리담당자가 각 품목의 구매가격을 기억해 둔다.

3) 출고원가의 결정방법

(1) 실제구매원가법

실제구매원가법actual purchase method은 구매 시의 단가 그대로 자산의 출고단가로 하는 방법이며, 대개 일정기간 가격변동이 적은 공산품의 경우 이 방법을 택한다.

(2) 선입선출법

선입선출법first-in, first-out은 먼저 입고된 물품부터 차례로 출고하는 방법이다. 입고할 때마다 구입원가가 다른 식재료를 임의로 출고하여 사용하는 경우, 실제로 어떤 식재료를 사용하였는가에 상관하지 않고 빠른 구입일자의 것부터 사용한 것으로 간주하여 사용식재료의 가격을 산정하는 방법이다.

(3) 후입선출법

후입선출법last-in, first-out은 선입선출법의 반대개념으로 나중에 입고된 물품이 먼저 출고되는 방법이다. 실제 구입원가와 상관없이 가장 최근 구입분의 단가를 사용식재료의 가격으로 하는 방법이다.

(4) 총평균법

총평균법weighted average method은 자재를 출고할 때는 수량만을 기록하고, 일정기간 말에 이월액과 매입액을 이월매입량과 매입수량의 합계수량으로 나누어 평균단가를 산출하며, 이것을 그 기간 중에 출고단가로 하는 방법이다.

(5) 이동평균법

자재를 구입할 때 그 수량과 금액을 각각 그 앞의 잔액에 합산하여 새로운 평균단가를 산출하는 방법이다.

(6) 최종매입원가법

최후 자재매입분의 단가로 재고상품을 모두 평가하는 방법이다.

(7) 매매법

자재별로 정가를 붙이고 있는 소매점이나 백화점에서는 모든 상품에 대해 일일이 원가를 확인하려면 복잡하므로 기말에 재고자산을 매매가에 의해 실하거나 이를 원가로 환원하기 위하여 여기에 원가율, 즉 원가·매매가를 합하여 얻은 금액을 말기 재고액으로 하는 방법이다.

3. 재고조사

식재료 관리에 있어 재고조사는 업소가 보유하고 있는 물자를 품목별로 수량, 상태, 위치를 정확히 파악하고, 그 결과를 장부상의 기록과 대조하여 차이가 발생된 경우에 그 원인을 규명하고 기록된 장부를 조정함으로써 언제나 장부상의 계정과 현물의 수량·상태가 실제 내용과 일치하도록 관리하는 업무이다.

재고조사의 목적은 정확한 재고자산을 파악하고 관리의 제도적인 개선의 기본요소를 제공하여 물자관리의 모든 문제점을 도출하려는 데 목적이 있다. 식재료의 재고조사방법은 다음과 같이 두 가지 방법에 의한다.

1) 실제재고조사법

실제재고조사법physical inventory은 주요 재고품들을 낱낱이 세는 방법이며, 재고량을 계산하는 데 있어 기초재고량과 기말재고량을 수치로 파악하여야 한다. 보통 2명이 1조가 되어 재고조사를 하는 것이 효율적이며, 일정 회기간의 식자재비용을 계산하는 공식은 다음과 같다.

기초재고량 + 당기구매량 = 총재고량(금번 회기 중 사용가능한 재고량) - 기말재고량
= 회기 중 실제 사용된 총 식재료의 양

2) 계속기록법

계속기록법perpetual inventory은 모든 구매내역과 출고요청서의 내역을 기록하여 항시 정확한 재고파악이 가능하도록 기록해 두는 방법을 말한다. 이렇게 하여 입수된

상시재고내역은 실질적으로 조사된 실제재고내용과 대조하여 그 정확도를 높인다. 즉 저장실 내 모든 품목의 식재료에 대한 구매와 출고의 기록을 지속적으로 유지하는 방법을 말한다. 그러므로 항시 입고와 출고의 비교내역이 수중에 있는 것이다. 이 방법을 시행하고 유지하는 데 막대한 시간과 인력이 소요되므로 수개월치의 식재료를 한꺼번에 구매하는 초대형의 업소에서 주로 사용가능하다.

계속기록법의 장점은 다음과 같다.

① 언제 재주문할 것인가를 알려준다.
② 과잉 또는 과소구매를 예방한다.
③ 지속적으로 재고상황을 제공한다.
④ 재고품목에 따른 차이를 알 수 있게 한다.
⑤ 월별로 평균보다 높은 변동을 보이는 품목을 정확히 집어내며, 각 품목마다 적정 재고기간을 알려준다.
⑥ 묵은 자재를 제거하는 데 도움이 된다. 재고목록표만 보아도 즉시 어떤 품목이 사용되지 않는지를 보여주므로 이들에 대한 관리를 용이하게 한다.

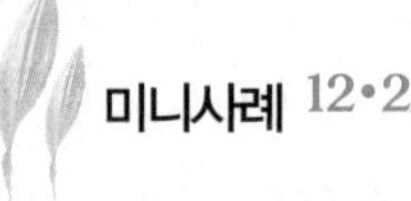

미니사례 12•2

경영자는 요리사다

이강태 CIO포럼
명예회장(명지대 교수)

TV를 틀면 여기저기 온통 맛집과 요리에 관한 프로그램들이다. 하긴 사람 사는 데 먹는 것만큼 중요한 문제가 또 있겠는가? 이제는 배고플 일이 없다 보니 좀 더 맛있게 먹는 방법을 찾는다. 그래서 단순한 끼니 때우기에서 출발한 식사가 이제는 보기에도 좋고 맛도 있는 요리로 발전해 가고 있다.

이른바 인기 예능 프로그램이 거의 전부 먹는 것과 관련이 있다. 오락, 여행, 건강, 힐링 프로그램도 마지막에는 먹는 것으로 끝맺는다. 예전에는 맛집을 찾아다니고 유명한 요리사를 소개하는 프로그램이 많더니 이제는 스스로 해먹는 삼시세끼 유형의 요리 프로그램이 대세다. 덕분에 요리사라고 하기보다는 셰프라고 부르는 것이 더 멋있어 보인다. 이제 요리사에 대한 사회적 인식이 많이 좋아진 느낌이다.

요리 프로그램을 보면서 재미있는 점을 발견했다. 어떤 요리든 하나의 재료로만 만들지는 못한다. 하나의 재료로 맛있게 먹을 수도 있겠지만 요리라고 부를 수는 없을 것이다. 요리란 여러 재료를 섞어서 각 재료가 가진 고유의 맛을 서로 조화롭게 결합시켜서 새로운 맛을 내도록 해야 한다. 그런 의미에서 요리란 식재료의 융합이라고 생각한다. 새로운 요리는 서로 안 어울릴 것 같은, 일반 사람이 생각치도 못했던 식재료의 결합으로 새롭게 탄생한다. 이미 알려진 레시피도 자기만의 비밀 소스가 있다든지, 재료 배합비율을 비밀로 하는 때도 많다.

요리 프로그램을 보다 보면 요리와 경영이 참 닮았다는 생각이 든다. 경영도 여러 부류의 사람을 결합시켜 새로운 기업문화를 만들어 낸다. 그런 의미에서 경영자는 요리사다. 같은 식재료를 써도, 같은 레시피를 써도, 요리사에 따라 맛이 달라진다. 왜 그럴까? 요리는 물리적 결합이라기보다는 화학적 결합이다. 맛은 어떤 객관적 기준을 잡기가 어렵고 각 개인이 느끼는 것이기 때문이다.

기업에서도 비전, 경영목표, 전략을 만들어서 써 붙이고 난리 쳐도 결국에는 직원들 개개인이 회사를 어떻게 느끼는지에 따라 회사 성패가 갈린다. 회사의 객관적인 목표는 만들 수 있어도 직원 개개인 속마음까지는 정의하고 강요하기 어렵다. 스스로 느끼고 동의하고 따라 줘야 한다. 각 직원이 물리적으로는 섞여 있어도 화학적으로 결합되는지 못되는지는 경영자에게 달려 있다. 물리적인 결합에서 화학적 결합으로의 변환에는 경영자의 열정과 정성이 필수다. 마치 어머니 요리가 어느 요리책 레시피보다 더 맛있는 것도 어머니의 가족에 대한 사랑과 정성이 들어가기 때문이다.

어머니 요리를 보면 어려운 시기에 넉넉지 못한 식재료를 가지고 가족을 배부르게 먹이려고 한 정말 창의적인 요리가 많다. 경영을 하다 보면 항상 뭔가 부족하다. 시간, 기술, 자본, 수요, 경기, 정부지원 등 뭔가 부족하고 모자란다. 충분하고 완벽한 경영환경이란 없다고 봐야 한다. 그래서 경영 요체는 부족한 경영요소를 뭔가로 대신하고 보충해서 최선의 경영으로 가는 여정이라고 볼 수 있다. 저녁거리 없으면 텃밭에 나가 이것저것 뜯어 저녁 찬거리를 만들어 내는 어머니의 심정이나, 부족한 경영요소들을 이것저것 섞어서 제대로 된 경영실적을 만들어 내는 경영자나 심정은 같을 것이다.

한국인의 밥상이라는 프로그램을 보면 지역마다 다양한 요리 방법이 있었다는 것을 알게 된다. 대부분 요리는 잔칫날 1년에 한두 번 먹는 요리라기보다는 평소에 어머니가 가족을 위해 그 계절에 나는, 그 지역 식재료로 정성껏 만들었던 요리들이다. 이 요리에는 어머니의 손맛과 사랑이 듬뿍 담겨 있다. 이것저것 준비해서 서로 품앗이해서 푸짐한 양에 건강한 먹거리를 만들어서 가족, 동네 사람들과 같이 나눠 먹는 공통점이 있다. 요리를 나눠 먹는 것은 일종의 공동체 의식이다. 이웃과 서로 품앗이하고 나눠먹는 것은 회사에서 매우 중요한 기업문화다.

한 회사 내에서 각 부서가 서로 품앗이를 하고 업적을 나눌 수 있다면 그

회사는 분명히 성공하는 기업이고 오래가는 기업일 것이다. 요리를 맛있게 하는 것도 중요하지만 누구랑 같이 나눠 먹는지도 매우 중요하다. 경영도 마찬가지다.

우리 요리는 경험을 바탕으로 적당량을 넣도록 돼 있다. 저울에다 달아서 정확한 비율을 지키는 서양 요리가 아니라 어머니 감에 따라 대충대충 넣어도 간도 맞고 맛도 좋은 그런 요리가 나온다. 이른바 손맛이라는 거다. 경영에도 손맛이 매우 중요하다. 경영자가 직접 직원들을 챙기고, 현장 곳곳을 누비고 다니고, 고객을 일일이 만나는 그런 기업은 경영자 손맛이 느껴진다.

요즈음 젊은 사람들은 요리를 하라고 하면 먼저 인터넷에서 레시피부터 찾는다. 그러나 레시피대로 한다고 해서 꼭 맛있다는 보장이 없다. 요리는 스스로 해보면서 스스로 터득해야 한다. 경영에서도 외국의 경영이론을 베끼거나 컨설턴트에게 물어보는 때도 많다. 그러나 그들이 경영결과를 책임져 주지 않는다. 경영에는 경영자의 정성과 열정이 알려진 경영이론보다 더 중요하다. 직접 해보지 않고는 배울 수 없다.

경영자가 요리에서 배워야 할 몇 가지가 있다. 그것은 경영은 직원들을 하나의 경영목표에 매진하도록 화학적으로 결합시키고, 부족한 경영요소를 창의적으로 적절하게 배합해, 주위에서 경영자의 손맛을 느낄 수 있도록 열정과 정성으로 경영하고, 스스로 실패와 성공을 바탕으로 경험을 쌓으면서 경영실적을 창출하고, 경영 과실을 직원, 주주, 사회와 함께 나눌 줄 알아야 한다.

출처 : 전자신문, 2015. 7. 12일자

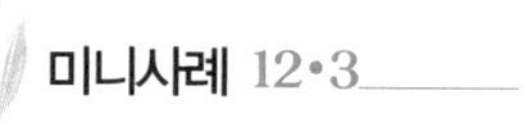

미니사례 12·3

프랜차이즈 식재유통 '어느 회사가 좋을까'

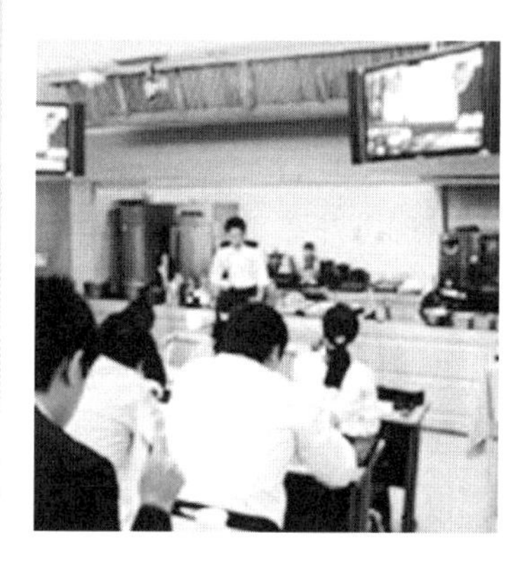

프랜차이즈 본부는 식재료 유통 시스템을 기준으로 두 가지 형태로 구분할 수 있다.

첫째는 직접물류, 즉 자체 물류시스템을 구축하고 있는 본사이고 두 번째는 식재료 유통전문회사와 제휴를 맺고 위탁하는 경우다. 직접물류는 가맹점에 대한 밀착관리가 가능하고 일정 가맹점수가 보장된다면 본사의 수익성을 높일 수 있다는 측면에서 강점이 있지만 모든 본사에서 직접 물류유통을 실시할 수는 없는 노릇이다. 그렇다면 본사의 성향과 잘 맞는 식재료 유통회사와 제휴하는 것이 경쟁력을 높일 수 있는 방안이다.

❖ 외식FC 본부 수익구조 '개설 : 물류 = 20 : 80' 추세

흔히 프랜차이즈 사업은 유통사업과 같은 맥락으로 이야기되곤 한다. 프랜차이즈는 공동구매로 바잉파워를 높이고 공동 메뉴제공과 공동 마케팅으로 원가를 절감해 이익을 극대화하는 것을 기본 영업방침으로 하고 있기 때문이다.

따라서 프랜차이즈 본부 입장에서는 식재료 유통 시스템에 대한 노하우가 사업의 핵심이라고 해도 과언이 아닐 만큼 물류 유통의 중요성은 부각돼 왔다.

점차 신규 가맹점 개설 속도가 둔화되고 있는 외식 프랜차이즈업계에서는 기존 가맹점의 매출 활성화방안 마련에 주력하고 있는데 이는 가맹점 매출 향상이라는 숙제도 있지만 식재료 유통에서 얻어지는 수익이 신규 가맹점 개설에서 창출되는 오픈 마진보다 장기적인 관점에서 봤을 때 안정적이기 때문이다. 프랜차이즈업계에 따르면 최근의 본사들은 본사의 수익구조를 개설수익과 물류마진으로 구분, 비율을 각각 20:80으로 배분하고 있다고 한다. 몇 년 전까지만 해도 개설 수익에 80%, 물류 수익 20%로 비중을 뒀던 것에서 점차 물류마진에 대한 비중을 높게 잡고 있는 것인데 이는 가맹점 매출이 활성화될수록 본사 매출 역시 동반 상승할 수 있는 수익구조를 갖추고 있는 것으로 해석할 수 있다.

❖ 직접물류, 오히려 본사의 존폐까지 위협할 수도

자체 물류시스템을 구축하고 있는 본사는 (주)놀부NBG, 원앤원(주), (주)제너시스BBQ, 투다리와 칸을 운영하고 있는 (주)이원, 태창가족, 리치푸드 등으로 이들 업체들은 최소 300여 개 이상의 가맹점을 확보하고 있는 곳들이다. 이외 나머지 회사들은 전문 식재료 유통회사와 제휴를 맺고 가맹점에 물류유통을 실시하고 있다.

대부분의 프랜차이즈 본사들이 직접물류를 실시하는 대신 전문 물류회사와 제휴를 맺고 있는 이유는 여러 가지가 있다. 우선 자체 물류시스템을 구축하기 위해서는 초기에 적잖은 비용이 투자된다. 중앙 물류기지와 CK, 배송차량, 냉동&냉장 시스템 등의 하드웨어에 대규모 비용이 소요된다. 여기에 발주프로그램 및 배송인원, 콜센터 등 제대로 된 물류시스템을 구축하기 위해서는 수십억 원에서 많게는 수백 억 원에 이르는 비용이 투자되어야 하기 때문에 비용적인 측면에서 자체 물류시스템을 구축한다는 것은 엄두도 내지 못하고 있는 본사들이 많다.

두 번째는 자체 물류시스템을 구축한다 하더라도 직접물류가 본사의 수익성을 보장하지 못한다는 것이다. 본사의 구매 노하우 및 R&D 경쟁력이 뒷받침되지 않을 경우 직접물류를 실시한다 치더라도 본사 수익과는 전혀 연관성이 없을 수 있기 때문에 대다수의 본사에서는 직접물류 대신 전문 물류유통회사와 제휴를 맺고 위탁하는 것을 선호하는 추세다. 특히 직접물류를 실시할 경우 본사와 가맹점이 채무관계로 연결되는데 가맹점의 채권회수가 원활치 않으면 본사는 현금흐름에 적잖은 타격을 입을 수 있다. 일부 업체들은 자체 물류시스템을 구축하는 과정에서 본사의 존폐까지 위협받기도 했다. 대표적인 곳으로 '포유프랜차이즈', '해리코리아' 등을 들 수 있다. 자체 물류유통을 시도했던 이자카야 브랜드 '쇼부' 등 일부 본사들은 현재는 전문 유통사와 제휴를 맺는 것으로 방향을 선회하기도 했다. 퓨전주점 '수리야'를 운영하고 있는 퍼스트에이엔티는 '한우동', '콤마치킨'을 운영해 온 한동식품을 인수하면서 한동식품의 물류인프라를 활용해 직접물류를 실시했었으나 지난해 11월 아모제와 제휴를 맺고 위탁물류 체제로 전략을 수정했다.

❖ 대기업 진출 두드러지는 프랜차이즈 물류유통

관련업계에 따르면 국내 외식 식재료 시장의 규모는 약 18조 원 정도로 추산하고 있다. 이는 2008년 현재 외식산업 규모를 60조 원이라고 가정하고 통상 외식업소의 식재료비가 차지하는 비율을 30%라 감안해서 유추한 것으로 정확한 통계라고 보기엔 다소 한계가 있는 수치이다. 이 중 체인 브랜드의 식재료 시장은 3조 8,000억 원, 외국계 직영 브랜드를 제외한 가맹사업을 실시하고 있는 순수한 개념의 프랜차이즈 본사와 가맹점만을 따져봤을 때 국내 외식 프랜차이즈의 식재료 시장 규모는 연간 1조 원대에 달하는 것으로 관련업계는 추정하고 있다. 대기업의 외식 프랜차이즈 식재료 매출액을 감안할 때 외식 프랜차이즈 물류유통은 중소 물류유통사와 개인단위의 소규모 사업장이 약 90% 이상을 장악하고 있는 것으로 파악하고 있으며 대기업의 시장점유율은 10% 내외로 미미한 편이다. 따라서 아직까지 미개척 분야이자 식재료 유통의 사각지대로 불리는 외식 프랜차이즈 시장의 점유율을 확보하기 위한 대기업들의 행보는 점점 빨라지고 있다.

대기업들이 강점으로 내세우고 있는 부문은 자체 인프라의 활용이다. 대표적인 것이 전국 단위의 물류배송이 가능하다는 점과 가맹점의 니즈 파악을 전제로 한 세분화된 제품 개발, 고객 밀착 서비스 등이며 이러한 장치들은 본사가 가맹점에 대한 밀착관리를 실시할 수 있는 여건 마련에도 긍정적이라는 것을 어필하고 있다.

외식 프랜차이즈 식재료 물류유통은 CJ프레시웨이, 아워홈, 한화푸디스트, 삼성에버랜드, 푸드머스 등 단체급식을 통해 식재료 유통을 해온 기업들이 눈

독을 들여온 블루오션으로 1999년 식재료 유통사업을 시작, 2002년부터 프랜차이즈 시장에 본격 진출한 CJ프레시웨이가 사실상으로는 그간 독주를 해왔다고 할 수 있다. 그러나 지난해 6월 아모제산업이 식재유통사업으로의 진출을 전격 알렸으며 푸드머스 역시 세계 맥주전문점 '와바', 주점 브랜드 '플젠' 등과 새롭게 파트너십을 체결하며 FC 식재유통사업에 본격 참여함으로써 FC 식재료 물류유통시장을 두고 대기업 간의 제2막은 스타트를 끊었다고 볼 수 있다. 역으로 외식 프랜차이즈업계로서는 물류유통 제휴에 있어 한층 선택의 폭이 커졌다고 할 수 있다.

❖ 프랜차이즈 본부 '전용상품 개발, 채권관리, 빠른 A/S'가 선택의 기준

프랜차이즈 본사들의 식재료 유통회사 선택 기준은 무엇일까. 얼마 전까지만 해도 외식FC 본사들은 본사에 지급되는 일정 수수료율, 전국 물류 가능여부 등 본사 편의적 관점에서 유통 파트너를 선택해 왔던 것이 사실이다. 그러나 점차 메뉴(식재료) 경쟁력이 브랜드의 경쟁력으로 연결된다는 것을 인식하는 성숙한 분위기가 확산되고 가맹점에서의 식재료 물류유통 만족도가 브랜드 수명에 적잖은 영향을 미친다는 의식이 커짐에 따라 제휴사 선택 시 가맹점 지향적 입장을 취하는 본부가 증가하는 추세다.

따라서 최근 본부들이 중점적으로 고려하는 부문은 가격대비 품질경쟁력이다. 또 부적합 제품이나 불량품에 대한 A/S 등 사후 서비스를 얼마나 신속히 처리하느냐도 주요 포인트로 삼고 있다. 본사와 물류유통사 간의 물류제휴는 엄밀히 따졌을 때 프랜차이즈본부, 가맹점, 유통 전문회사 등 3개사가 파트너십으로 연결됐지만 가맹점 입장에서는 식재료 유통에 대한 컴플레인은 본사에 대한 컴플레인으로 연결될 공산이 크기 때문이다. 또 자체 R&D 인력을 확보하기 어렵거나 R&D에 대한 OEM 의존도가 높은 중소업체들일수록 자사만의 PB상품 개발을 지원해 주는 곳을 선호하는 추세이며 물류유통에 대한 가맹점의 채권회수와 가맹점별 매출현황 파악, 가맹점 서비스 교육에 대한 지원 등도 주 고려요인으로 부각되고 있다. 서울, 수도권은 물론 지방 출점을 가속화하고 있는 본사에서는 전국 물류 가능여부도 주요 기준이 되고 있다. 지방 가맹점

역시 서울지역과 동일한 품질의 식재료 배송이 가능해야 하기 때문에 제휴한 물류회사가 전국 배송망을 갖췄는지도 확인하는 것은 필수다.

❖심화된 경쟁구도로 고객사 서비스 한층 강화될 전망

프랜차이즈 본사의 물류유통에 대한 니즈가 까다로워짐에 따라 대기업들 역시 보다 차별화된 고객사 서비스 개발에 주력하고 있다. 프랜차이즈업체 관계자들은 "식재료 유통에 있어 가맹점 컴플레인의 50% 이상은 농산물, 수산물 등 1차 상품에서 발생하고 있다"며 "전문 물류회사들 대부분이 1차 상품 컴플레인에 대해서는 '어쩔 수 없다'라는 입장을 보이고 있는데 유통회사와 제휴를 맺는 것은 가맹점에서 영업에만 전념할 수 있도록 하기 위해서인 만큼 보다 세심함이 필요한 것 같다"고 전하고 있다. 또 한편에서는 "대기업 유통사와 제휴를 맺는 것은 대기업이 갖고 있는 구매파워로 고정 가격대로 일정한 품질의 제품을 공급받을 수 있다는 메리트가 있기 때문인데 지난해에는 곡물가 상승과 환율폭등을 이유로 품질이 저하되거나 수급 자체가 중단된 제품도 있었고 이는 본사 1, 2차 고객의 불만으로 연결됐다"고 밝혀 제품력뿐만 아니라 FC본부 측에 얼마만큼의 차별화된 서비스를 제공할 수 있느냐가 선택의 기준이 될 것임을 시사했다.

한편 프랜차이즈업계에서는 "본사, 가맹점, 물류제휴사 3자가 연결되는 물류제휴는 서로 간 윈윈했을 때 제 기능을 발휘할 수 있으며 이를 위해서는 가격, 품질 경쟁력은 기본이고 서비스적 마인드도 강화돼야 할 것"이라고 요구하고 있다. 외식 프랜차이즈 물류유통시장이 식재료시장의 블루오션으로 주목받는 가운데 대기업의 경쟁구도 양상이 외식 프랜차이즈업계 발전에 어떠한 영향을 미칠지 주목된다.

외식 FC 공략 전략!

❖CJ프레시웨이

1999년 식자재 유통사업에 진출해 2002년부터 외식 프랜차이즈 시장 공략을 본격화한 「CJ프레시웨이」는 해리코리아를 비롯해 착한고기, 와라와라 등 총 40여 개 본사와 파트너십을 맺고 있다. CJ프레시웨이는 국내에서 최초로 식자재 유통사업을 시작한 만큼 대량구매, 전략구매, 상품개발 노하우와 이를 통한 구매파워 및 제주도까지 배송망을 갖추고 있는 전국 물류망을 강점으로 내세우고 있다.

최근에는 제주농협, 영월군, 충청남도, 경상남도 한우 브랜드 '한우지예', 고흥군 등 지역 자치단체 및 지역 업체 등과 식자재유통 제휴를 맺어 품질이 우수한 국내 농수축산물을 보다 저렴한 가격에 공급하는 데 주력하고 있다. 외식시장이 세계화에 발맞춰 변화하는 만큼 글로벌 소싱(Sourcing)의 대상지역과 품목도 점차 확대해 나가고 있다. 고객서비스부문에서는 2개 FC 본사마다 1명의 담당자를 전담시켜 고객사에 대한 밀착관리를 지원하는 것과 서비스 아카데미, 조리교육센터, 메뉴연구팀 등의 자체 인프라를 갖추고 있는 만큼 고객사가 요청할 경우 이에 대한 지원을 실시하는 등 부가적인 서비스를 차별화 전략으로 내세우고 있다. 이외 식자재, 디자인, 주방설비 등 엔지니어링 사업까지 사업군을 확장함으로써 토털 솔루션을 제공할 수 있다는 것이 CJ프레시웨이가 내세우는 차별화 전략이다.

❖ 푸드머스

지난해부터 프랜차이즈 식재유통 사업을 강화하기 시작한 「푸드머스」는 2006년 설립한 식재안전센터를 통해 식재료 공급업체의 엄격한 선정, 생산공정 관리 등을 실시하고 있다는 것과 원격 온도관리 시스템에 의한 배송차량의 실시간 온도관리로 유통과정에서의 철저한 온도관리가 가능한 점 등 유통과정에서의 위생적 관리를 실시하고 있다는 것을 부각하고 있다. 푸드머스는 고객사의 확장보다는 밀착 CRM으로 각 가맹점별 수익성 증대에 주력하겠다는 계획이다. 푸드머스 김성용 팀장은 "각 가맹점의 매출을 증가시키기 위한 고객 피드백을 강화하고 가맹점 매출을 향상시키기 위한 배송직원 인센티브제를 도입하는 등 FC본사의 수익성을 향상시킬 수 있는 다각도의 방안을 접목하고 있다"며 "24시간 콜센터 운영 및 2월부터는 CTI프로그램 도입으로 클레임 및 의사소통 단계를 대폭 축소해 피드백을 강화하고 고객 밀착 관리에 초점을 맞출 것"이라고 했다.

❖ 아모제산업

올 5월 충북 음성에 물류센터 및 CK공장을 완공할 예정인 「아모제산업(주)」은 올해 외식 프랜차이즈 식재료 유통부문의 매출목표를 250억 원으로 세우고 있을 정도로 공격적인 영업을 펼칠 계획이다.

아모제산업은 자체 CK공장이 완공되면 본사만의 전용상품 개발 지원이 가능하다는 것과 구매, 물류, 생산 등에 있어 인재 인프라를 풍부하게 확보하고 있다는 것을 차별화 포인트로 내세우고 있다. 특히 식재유통의 후발주자인 만큼 토털 맞춤형 서비스가 가능한데 각 프랜차이즈 본부의 경영진단을 해주고 물류 시뮬레이션을 제시, 고객사가 피부로 느낄 수 있는 메리트를 제시하겠다는 방침이다. 메뉴개발 지원도 아모제산업이 부각하는 부문이다. 마르쉐, 오므토 토마토, 카페아모제 등 자체 외식브랜드를 운영하고 있는 노하우를 접목해 체인본사만의 PB상품 개발을 지원하는 한편 신메뉴 제안으로 고객사의 부가가치 창출이 가능하다는 것을 어필하고 있다.

*INTERVIEW_* 아모제산업(주) **송대식 이사**

본사 부가가치 창출에 중점 둘 것

2007년 식재유통사업을 출범시킨 아모제산업(주)이 지난해 11월 수리야, 한우동, 콤마치킨 등을 운영하고 있는 퍼스트에이엔티를 시작으로 샤브샤브 전문점 어바웃샤브와도 계약을 체결하며 외식 프랜차이즈 물류유통사업으로의 신고식을 치렀다. 아모제산업(주) 송대식 이사로부터 사업배경과 향후 계획에 대해 들어봤다.

프랜차이즈 본부 입장에서 아모제산업과의 식재 유통 제휴의 차별점은 무엇인지

아모제는 외식, 인천공항 내 컨세션 등 전국 100여 개의 매장을 운영 중이며 취급하고 있는 외식상품만 2,500여 가지다. 업계 최초로 유기농 식재료를 도입한 바 있으며 오라클 ERP를 도입해 상용하는 등 외식전문기업이

자 식재료 구매 노하우가 풍부하다는 것도 차별화 포인트로 꼽을 수 있다.

후발주자로서 주력하고자 하는 부문은

현재 외식 브랜드를 운영하고 있는 만큼 R&D 및 구매 노하우를 확보하고 있다. 이러한 인프라를 활용해 외식 프랜차이즈 본부에서 원하는 PB상품 개발 지원이 무엇보다 메리트가 될 것이다. 시스템적인 면에서도 본사에서 각 가맹점의 품목별, 날짜별 매출조회와 채권회수 현황도 조회가 가능하다. 즉 후발업체지만 대기업와 다를 바 없는 시스템을 구축하고 있다고 보면 된다. 반면 의사소통에 있어서는 단계를 대폭 축소해 피드백이 매우 빠르다. 오는 5월 CK공장이 완성되면 부가가치가 높은 소스, 육가공제품 위주로 PB상품을 개발해 본사의 부가가치 창출을 높일 수 있는 방안을 모색해 나갈 것이다.

대기업의 식재료 유통시장 참여에 대한 전망은

외식 프랜차이즈 시장은 성장속도가 매우 빠르고 전국 물류망에 대한 인프라를 구축하는 데도 좋은 스터디가 될 것이라 본다. 상대적으로 소액거래가 대부분이라 채권회수 면에서도 안정적이라 충분히 매력적인 시장으로 볼 수 있다. 반면 가격경쟁력 위주에서 품질을 중시하는 경향이 확산됨에 따라 향후에는 좋은 식재료를 얼마나 저렴하게 공급하느냐, 즉 가격대비 품질경쟁력 확보가 시장선점의 관건이 될 것으로 보인다. 또 부가 서비스 제공도 무시할 수 없는 요인이 될 것이다.

출처 : 월간식당, 2009년 5월호

저자약력

김은숙

세종대학교 호텔경영학과 경영학사
한양대학교 경영대학원 경영학석사
서울여자대학교 대학원 경영학박사
한양여대, 삼육대, 서울여대 강사
현, 세종대학교 평생교육원 조리외식경영학과 학과장
  한국외식산업학회 부회장
  한국호텔관광학회 이사

[저서]
현대서비스운영관리, 서비스경영론, 관광사업론, 품질경영,
서비스경영, 호텔경영론, 신품질경영 등

한동여

서울여자대학교 경영학과 경영학사
서울여자대학교 대학원 경영학석사
숙명여자대학교 대학원 경영학박사
현, 숙명여대, 세종대, 삼육대 강사
  경영지도사

[저서]
경영학원론, 마케팅원론, 소비자행동, 특수마케팅의 이론과 사례연구 등

저자와의
합의하에
인지첩부
생략

최신 외식산업의 창업 및 경영

2011년 8월 30일 초 판 1쇄 발행
2018년 2월 10일 개정판 2쇄 발행

지은이 김은숙 · 한동여
펴낸이 진욱상
펴낸곳 백산출판사
교 정 편집부
본문디자인 박채린
표지디자인 오정은

등 록 1974년 1월 9일 제406-1974-000001호
주 소 경기도 파주시 회동길 370(백산빌딩 3층)
전 화 02-914-1621(代)
팩 스 031-955-9911
이메일 edit@ibaeksan.kr
홈페이지 www.ibaeksan.kr

ISBN 978-89-6183-503-9
값 20,000원